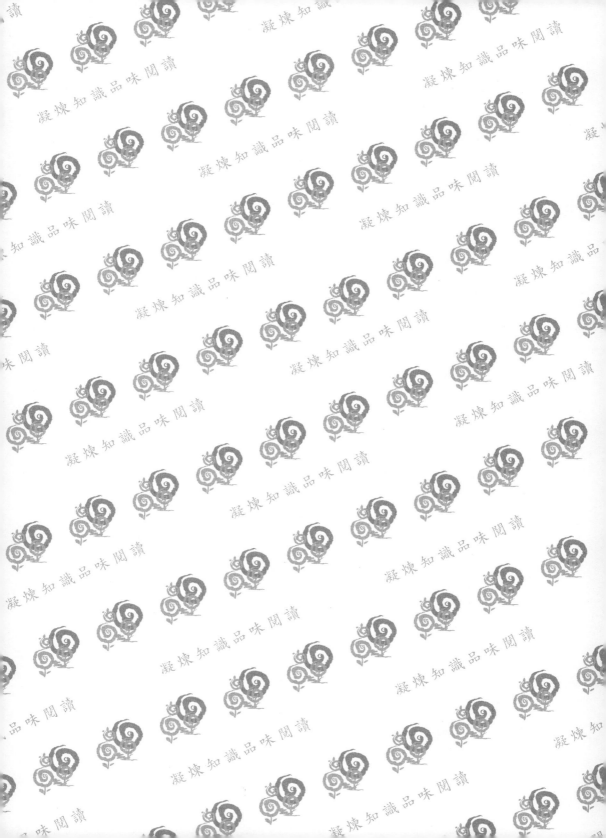

第二版

航太科技概論

Elements of Aerospace Technology

應紹基
Shaochi Ying

五南圖書出版公司 印行

自序

　　1957年10月4日蘇聯發射第一顆人造地球衛星「史潑尼克1號（Sputnik 1）」進入太空軌道，人類的太空時代由此展開；航太科技經過各航太國家60餘年來的發展、長期的進步與累積，已經非常成熟；利用航太科技不僅大幅改善了人類的生活品質與內涵，更促進了全球經濟的發展與社會的繁榮，時至今日航太科技不僅已成為現代化產業重要的一支，太空且已轉化為航太強國的寶庫與資產。1947年歸化美國的納粹德國火箭專家瓦爾特‧羅伯特‧多恩伯格（Walter Robert Dornberger）曾指出：「航太科技在軍事上意味著作戰領域的擴大；在政治上意味著國家威望的提高；在科學上將大幅增進科學知識與提升人類的生活水準。」這位火箭專家70多年前高瞻遠矚的預言，至今已經完全實現。

　　航太科技將是二十一世紀前半葉最有發展前途的新產業。美國銀行（Bank of America）2020年10月發布研究報告估計，按照過去兩年的複合年均成長率10.6%計算，太空產業的收入將從2019年的4240億美元，增至2030年的1.4萬億美元。另根據美國衛星產業協會（Satellite Industry Association）資料顯示，2021年全球太空經濟產值約3860億美元，其中全球衛星產業產值約2790億美元，2022年全球衛星產值有望達到2950億美元，其產值將繼續快速成長。人類正在進入一個激動人心的航太時代，預估未來數十年取得的進步將超過整個人類歷史。

　　我國研製人造衛星已30餘年，國內共有航太科技公司130家，4所大學設有航太工程學系，已經奠定發展航太產業的基礎。爲強化我國太空科技研發能力及產業布局，原隸屬於財團法人國家實驗研究院之國家太空中心，於2023年1月1日依照「國家太空中心設置條例」正式改制爲行政法人國家太空中心，提升爲國家科學及技術委員會（國科會）轄下新設的法人機構，俾能加速培育太空科技人才與研製能力，進而整合我國優勢的半導體科技和精密機械科技等產業，建構我國研製衛星與火箭的產業鏈，進軍全球太空市場分享即將來臨的航太時代紅利。基於配合國家發展航太產業的目標，筆者特就所學與所知撰寫《航太科技概論》一書，向我國有志於航太發展的國民傳播航太科技相關的基本概念，期盼能爲國家發展航太科技產業，貢獻棉薄之力。

　　《航太科技概論》一書共十二章，內容主要涵蓋二大部分：第一章至第六章說明航太科技相關的基本知識，第七章至第十二章說明航太科技發展的簡要歷程與展望。

　　對大多數讀者而言，航太科技十分陌生。因此第一章先由浩瀚的太空說起，從太空的起始高度，進而說明地球太空、臨近太空、月球太空、地月太空、行星際太空與恆星際太空，以及它們的環境特性。第二章說明太空飛行器的分類與識別編號，使讀者了解太空飛行器的類別，與識別編號的功用。航太（太空飛行）與航空（大氣層飛行）的特質迥異，因此第三章以對比方式說明兩者的不同，並且將航太的基本概念擇要加以說明，有助讀者閱讀本書其他各章的相關內容。發射太空飛行器與操控它按照航太動力學的規律飛行，必備具備運作太空飛行器的工程系統，第四章予以扼要說明。人造地球衛星是太空飛行器的基本型態，星球探測器與太空船皆由它研改而衍生，因此第五章先說明人造衛星的構造，並將人造衛星軌道的6項要素、各型軌道的定義與影響壽命的主要因素（飛行於地心軌道的太空飛行器皆適用），以及人

造地球衛星的星座與編隊飛行等，分別加以說明。第六章詳細說明太空飛行器的發射、進入軌道飛行，與飛返降落回到地球，如何完成其既定的飛行任務。

　　人造地球衛星具有多樣性的功能，因而能提升人類生活品質與內涵、促進經濟發展與社會繁榮，是航太科技最能產生直接效益的部分，其中以通信衛星、對地觀察衛星與導航定位衛星最能創造經濟效益，各航太國家競相研製與發射，第七章就此三類衛星擇要予以說明。第八章、第九章與第十章分別就載人太空飛行、探月與登月，以及深遠太空探測的發展歷程簡要說明，讀後能了解此三航太科技領域發展的艱辛過程，與各國航太科技能力的差距。第十一章說明六個主要航太國家發展其航太科技的歷史背景與過程，以及成為主要航太國家所必需的基本條件。第十二章說明航太科技的內涵與效益、太空飛行器與平民生活密不可分、太空愈來愈趨於「軍事化」，以及太空垃圾大量累積將使太空面臨不能使用的危機。太空已是人類的資產與未來的戰場，人類應珍惜太空與積極應對危機。

　　本書扼要說明航太科技相關的基本概念與各領域的發展歷程，可用為大專學校航太、航空與機械工程等學系的通識教育課本（附有參考資料與深度理解題目）、國高中與大學同學的科普讀物，以及社會各行從業人員的參考書籍。至於有關近年航太科技發展的新成果、新產業與新趨勢，請參閱筆者發表於《全球防衛雜誌》月刊的專文（詳見本書附錄三），以補充本書之不足。

　　筆者才學淺陋，且蒐集的資料可能不全，內容難免有錯誤與遺漏之處，尚祈專家與讀者多多不吝指正與見諒為感。

應紹基　敬誌

2023年5月

目錄

第一章

浩瀚的太空

第一節　緒言

　　1957年10月4日，蘇聯發射第一顆人造地球衛星（artificial earth satel-lite）「史瀠尼克1號（俄文Sputnik 1的音譯，意譯爲「衛星1號」）」進入太空軌道運行，開創了人類的太空時代，也促使美國對蘇聯展開航太競賽，彼此在人造衛星、載人太空飛行、探月與載人登月和深遠太空探測等領域，進行了將近20年（1957年至1975年）的激烈競爭。這種冷戰思維迫使美、蘇兩國在航太科技領域投入大量經費競相研發，其明顯的成效是航太科技得以快速成長。1970年代後，其他國家陸續加入航太科技領域的研發，致使航太科技蓬勃發展，至今已成爲持續衍生、枝葉繁茂、造福人類的高新尖端科技，參與研發航太科技的國家與分享太空科技效益的人們也逐年增加，航太科技已經融入國家的國防、經濟與人民的日常生活，航太科技相關知識已是現代國民應該具有的基本常識。

　　本書的第一章先談談浩瀚的太空。

第1-1圖　1957年10月4日，蘇聯發射人類第一顆人造地球衛星的史潑尼克號（Sputnik，也稱R-7）運載火箭，開創了人類的太空時代（圖源：Пресс-служба Роскосмоса）

第二節　太空的起始高度

　　太空（Space）也稱外太空（outer space，或稱為「空間」或「外層空間」），指的是地球大氣層以外與宇宙中諸多天體之間的浩瀚空間，是宇宙形成時就已存在的空間。它是一個幾乎真空但存在著一些低密度粒子的空間，主要存在的係氫和氦的電漿（plasma，或稱「等離子體」），以及電磁輻射（electromagnetic radiation）、磁場，中微子（neutrinos）、塵粒和宇宙射線（cosmic rays）。

　　太空是從地球的什麼高度開始的呢？由於實際上太空沒有明確的起始高度，國際航空聯合會（Fédération Aéronautique Internationale，簡稱FAI）界定地球海平面上方100公里的高度為卡門線（Kármán line），將

卡門線設定為太空的起始高度（假設的太空「底層界線」），高於卡門線的遼闊空間就是太空。實際情況是地球上空並不存在卡門線，它只是人為劃定的一條定義界線。

　　卡門線由匈牙利裔美國航太工程師和物理學家西奧多‧馮‧卡門（Theodore von Kármán）計算後提出，在這個高度附近，由於大氣過於稀薄，無法為飛行器提供足夠的升力；飛行器要在這個高度飛行，其飛行速度必須超過它在該高度環繞地球作圓周運動飛行所需的最小初始速度（稱為「環繞速度」），才能抵消地心引力（獲得「力的平衡」）而不墜落返回地球（參閱本書第三章第五節）。它的物理意義是：太空始於飛行器飛行由軌道動力主宰、空氣動力失效的地方。

　　早年美國「國家航空暨太空總署（National Aeronautics and Space Administration，簡稱NASA，本書簡稱「美國航太總署」）」（參閱本書第十一章第三節）曾認為「80公里以上就是外太空了」，並曾為8位駕駛X-15火箭動力飛機，到達80公里以上區域的飛行員授予了太空人身份，2名超過100公里高度的還獲得了太空人勳章。依據聯合國《外太空條約》：太空不屬於任何一個國家。但領空則分屬各國。如果將100公里以上高度認為是太空，那麼一個國家的衛星如果在80多公里的高度飛過，就會被認為是侵犯了其它國家的主權，因而後來美國一直反對明確設立太空的「底層界線」。

第三節　地球大氣圈是太空的一小部分

　　地球大氣圈（earth's atmosphere）又稱地球大氣層，係因重力關係而形成圍繞著地球外部的混合大氣層，它沒有確切的界線，但由於地球重力作用，幾乎大部分的空氣集中在離地面100公里的大氣層內，而其中99%集中在低於30公里的大氣層內，距離地球海平面愈高大氣愈稀薄，但在2萬公里的高度空氣仍然存在。

地球大氣層被科學家概分為5層，由下往上依序為：

1. **對流層**（Troposphere）——由海平面至距海平面12公里高；特點為溫度隨高度增高而降低，層內的空氣上下對流激烈，風速、風向經常變化，有雲、雨、霧及雪等天氣狀況。

2. **平流層**（Stratosphere，又稱「同溫層」）——距海平面12至45公里高，特點為層內空氣稀薄，風向穩定，空氣主要係水平流動，通常沒有雲、雨、霧及雪等天氣狀況，故稱「平流層」；又因此層內溫度保持於攝氏零下56.5度，故又稱為「同溫層」。

3. **中間層**（Mesosphere，又稱「中層」）——距海平面45至85公里高；此層內溫度為攝氏零下85度，水蒸氣在此結冰而形成冰雲（Ice Cloud或Noctilucent Cloud），也係大多數隕石（Meteor）進入大氣層開始燃燒的區域。

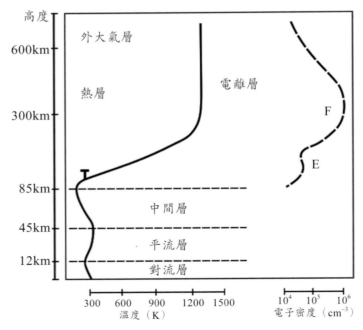

第1-2圖　地球大氣層與電離層的高度示意圖（圖源：Bhamer）

4. **熱層**（Thermosphere，又稱「熱氣層」、「電離層」）——距海平面85至700公里高；此層溫度隨高度增加而增加，可高到攝氏1500度，主要原因是臭氧（Ozone）吸收太陽輻射熱所致；層內空氣已稀薄到氣體分子必須運動1公里才有可能發生分子碰撞。熱層的下部（距海平面85至至550公里）存在著電離層（ionosphere），由低往高分為D層（距地球表面50至100公里）、E層（距地球表面100至150公里）、F層（距地球表面150至500公里）；電離層是高空中的氣體被太陽光的紫外線照射、成為帶電荷的正離子和負離子及部分自由電子形成的。

5. **外大氣層**（Exosphere或稱「外氣層」、「散逸層」）——距海平面700至10,000公里；此層主要構成氣體分子為氫氣（Hydrogen）及氦氣（Helium），氣體分子稀少到必須運動數百公里遠才有機會發生碰撞，氣體行為已不是流體（Fluid），氫與氦分子會被太陽風（Solar Wind）帶離地球或帶來地球。

界定太空起始高度的卡門線設定於海平面上方100公里的高度，位於熱層的底部，也即地球大氣圈是太空的一部分，但係浩瀚太空很小很小的一部分。

第四節　地球大氣圈造就了地球的宜居環境

構成地球大氣層的氣體主要成分為氮氣（N_2，78.084%，維持植物生長）、氧氣（O_2，20.946%，動物呼吸與物體燃燒所必需）、氬（Ar，0.934%）、二氧化碳（CO_2，0.04%，植物光合作用的原料與提供溫室效應）、水氣（H_2O，少量，形成天氣現象與使生物能夠存活），以及不到0.0434%比例的微量氣體，這些混合氣體統稱為空氣，它使地球具有生生不息的生命環境。

大氣所形成的壓力稱為氣壓；雖然每立方公尺空氣的質量僅約1.293

公斤，但接近地球表面附近的大氣壓力卻是相當驚人——在海平面每平方公尺所受的大氣壓力高達10332公斤重（kgw/m²），以國際單位制表示1個大氣壓力爲101325帕斯卡（Pascal，簡稱Pa，或「帕」）；1「帕」的定義是：每一平方公尺面積上承受1牛頓的力，也即1Pa = 1 N/m²。

　　地球大氣層具有保護功能，它避免太陽輻射（Solar radiation，尤其是紫外線）直接照射地表而使生物得以生存，也可以減少一天中極端溫差的出現。此外，地球還具有多項天然環境特點：質量大小適中，可以保存住大氣層和海洋；與太陽的距離適當，溫度適宜，可以維持液態水的存在；黃道面（地球公轉軌道面）與赤道面交角約爲23.4°，四季氣候變化不會太劇烈；有足夠的氧氣，適合生物生存。由於這些天然環境特點而促使地球適於生物生存與生長，使地球上人類的生活、經濟、科技與文明持續成長至今。地球大氣圈對地球與地球上的生物有極大的貢獻。

　　在浩瀚的太空中雖然存在著巨量的星球，但目前尚未發現一顆星球具有如此多功能而理想的大氣層與天然環境，以致人類要登陸或移民太空中的其他星球，面臨著極大的困難與挑戰。

第五節　地球太空

　　由本章第二節的說明可知：太空是地球以外與宇宙中諸多天體之間的浩瀚空間，具有無限廣寬的延伸性。太空究竟多浩瀚呢？自地球向外伸展，太空依序可概分爲：地球太空、月球太空、行星際太空與恆星際太空。本節先說明地球太空。

　　鄰近地球的太空區域被稱爲地球太空（geospace或稱「地球空間」），涵括高於海平面100公里以上地球大氣層的上層、范‧艾倫輻射帶（Van Allen radiation belts）與部分地球磁層（magnetosphere，或譯「磁圈」）。在地球太空內有極爲稀疏的氣體分子、帶電荷的低密度粒

子、磁場與引力場、輻射線，以及電離層等。地球太空沒有明顯的邊緣：通常卡門線以上至地球靜止軌道上方（約40000公里）之間的空間被視為地球太空。

　　磁層是一個天體周圍、以該天體為主的磁場空間區域，地球、木星、土星、天王星和海王星的周圍均有磁層。地球磁場以地球為中心，向太空延伸而形成地球磁層；整個地球磁場所占據的勢力範圍就是地球磁層。

　　太陽風（solar wind）係由太陽上層大氣射出的超高速電漿（plasma），它和地球的磁場與地球的電漿在交會處形成「磁層頂（magnetopause）」。通常地球磁層因太陽風作用而呈現「半截西瓜體」的形狀，因為當太陽風吹向地球時，地球原有的的磁偶極場在向陽面會被壓扁形成磁層頂，而背陽面則被拖拉成尾巴狀叫做磁尾。磁層頂在對太陽的方向離地心約為15倍地球半徑，磁尾長度則可以延伸到離地心200倍地球半徑的距離以上，由此可知地球磁層是相當龐大的。地球磁層有2項重要的功能：能屏障絕大多數外來的高能粒子與太陽風電漿，對地球有防護的作用；為地球的大氣層提供一個「蓋子」避免大氣流失太快，因而地表的大氣層歷經49億年，還能維持如此高的密度，單靠地球重力場是「拉不住」的。

　　地球太空是目前太空飛行器（詳參本書第二章第二節與第三節）的主要飛行空間。迄今人類發射最多的太空飛行器是人造地球衛星（超過總數的95%），它們皆運行於環繞地球的太空軌道上（也即其運行以地球為中心的軌道）。此外，太空梭（Space shuttle，或稱「航天飛機」）、太空實驗室（Space laboratory）、太空站（Space station，或稱「空間站」）、近地載人太空船（Near Earth Manned Spaceship，或稱「近地載人飛船」）與近地貨運太空船（Near Earth Cargo Spaceship，或稱「近地貨運飛船」），也皆運行於地球太空。

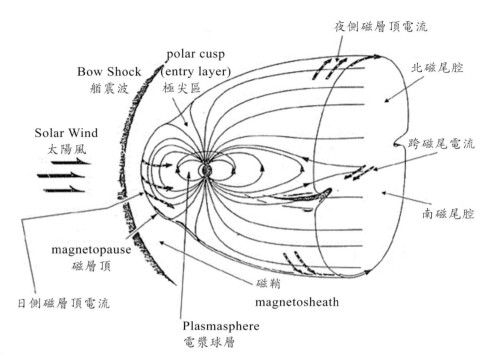

第1-3圖 地球磁層以地球為中心，由於太陽風作用，向陽面形成磁層頂，背陽面形成磁尾（圖源：國立中央大學太空科學研究所網站）

　　由於各類人造地球衛星能為人類提供各類增益性服務，直接影響平民的福祉與強國的軍事活動，因而地球太空具有高度的重要性；且因人造地球衛星已被廣泛地應用於軍事領域，已成為現代化軍隊「指揮、管制、通信、電腦、情報、監視、偵察（C4ISR）」系統的一部分，因此地球太空將係未來人類爆發太空戰爭、爭奪制太空權的戰場。

第六節　月球太空與地月太空

　　鄰近月球的太空區域稱為月球太空（lunar space，或稱「月球空間」），在月球太空的飛行器飛行於以月球為中心的軌道。地球的重力使

月球成爲地球的衛星，以27.32天的週期完整地繞行軌道一周，從地球到月球的平均距離爲384401公里，因爲月球在橢圓軌道上運行，實際的距離隨時都在變化著。

　　月球的質量約爲地球質量的0.0123倍，重力是地球的六分之一，磁場強度不到地球磁場的百分之一，以及具有一個非常稀薄、接近眞空的大氣層，大氣壓力約爲0.3nPa（nPa稱爲「奈帕（nanopascal）」，$1nPa = 1.0 \times 10^{-9}$ pascals $= 1.0 \times 10^{-15}$ atm）；面對此一殊異於地球的環境，人類要登陸月球必須克服許多困難。但因月球離地球較其他星球爲近，因而太空探測器與載人太空船造訪月球太空的次數僅次於地球太空，並且月球也是人類唯一登陸過的「地外星球」。

　　地月太空（cislunar space或稱「地月空間」）通常指自地球靜止軌道上方延伸到月球軌道外、包括拉格朗日點（Lagrange points）之間的太空空間，此空間也被稱爲地月轉移太空（translunar space）；也有資料認爲，自地球的地心至月球的月心之間的太空皆可稱爲地月太空。

　　由於多年累積航太科技而形成的航太實力，美國與中國已先後將地月太空列爲未來航太發展的重要空間，主要發展領域有三方面：安全防衛——保護地球、地球軌道和地月太空等空間的安全；開採礦藏——開發月球與小行星礦藏以支持地球經濟；在軌製造與發展運輸能量——開發無／低重力軌道環境大規模製造技術，以及建構地月太空的運輸能量。

　　近年來美國航太總署推動載人重返月球的阿提米絲計畫（Artemis program），主導與多國合作研建運行於環繞月球的高橢圓形「近直線光環軌道（Near-Rectilinear Halo Orbit，簡稱NRHO）」的太空站——稱爲「月球軌道平台-門戶（Lunar Orbital Platform-Gateway，簡稱LOP-G）」，用爲載人登月與移民深遠太空星球的中繼站，是開發與利用地月太空的先聲（參閱本書第九章第六節）。

第七節　行星際太空

　　從地球太空、月球太空伸展出去，先進入了遼闊的「行星際太空」，再向外繼續伸展出去，則是浩瀚的「恆星際太空」；行星際太空係未來人類載人太空飛行的新疆土，恆星際太空則是未來無人太空飛行器探測的新領域。

　　行星際太空（interplanetary space或稱「行星際空間」）是太陽系內未被太陽與星球等占據、向外一直延伸到太陽風層頂（heliopause）的空間，也就是太陽風所能影響到最遠範圍之內的太空。從另一個角度思考：行星際太空可說就是太陽圈（heliosphere）空間。

　　行星際介質（interplanetary medium）是填充於太陽系的物質，太陽系內的行星、小行星和彗星都在其間運行。行星際物質包括行星際的塵埃、宇宙射線以及形成太陽風的電漿。行星際物質的密度非常低，並且密度隨著與太陽距離的增加而以平方反比地降低。由於行星際物質主要是電漿，因而具有的電漿特性遠多於單純的氣體。行星際介質的溫度離太陽愈遠則愈低，從攝氏零下數十度到攝氏零下兩百多度。

　　在太陽日冕層（solar corona）的高溫（幾百萬度K）作用下，氫、氦等原子已經被電離成帶正電的質子、氦原子核和帶負電的自由電子等，這些帶電粒子運動速度極快，以致不斷有帶電的粒子掙脫太陽的引力束縛而形成電漿，射向太陽的外圍而形成速度約為350～400公里／秒的太陽風。太陽風對著各行星的太空向外吹，其壓力會以與太陽距離平方成反比地逐漸減弱。當太陽風遠離太陽到足夠遠的距離後，恆星際太空的「恆星際介質（interstellar medium，參閱本章第九節的說明）」之壓力變得使太陽風的速度降至音速之下——太陽風中的顆粒速度由400公里／秒降低至約0.33公里／秒，因而形成了震波，稱為「終端震波（termination shock）」。終端震波的位置距離太陽約80～95天文單位（Astronomical Union，簡寫AU，1AU相當於1.49598億公里，或1天文單位 ＝ 150×10^6公

里），並隨著耀斑等太陽活動的不同而改變。

　　太陽風繼續向外吹，來到太陽風的壓力與恆星太空的「恆星際介質」所滲入的壓力形成平衡處，此太陽風遭遇到恆星際介質而停滯的邊界稱為「太陽風層頂（heliopause）」，被認為是太陽所能支配或控制區域的「邊緣」，被此「邊緣」圈於其內的太陽圈空間就是行星際太空。太陽風層頂與太陽的距離約為100～120天文單位，因而行星際太空係一非常廣袤的空間。太空飛行器越過了太陽風層頂就離開了行星際太空，進入了恆星際太空。

　　在終端震波和太陽風層頂中間有一過渡區域稱為「日鞘（heliosheath）」，日鞘與太陽的距離約為90～100天文單位。在太陽風層頂之外，因恆星際介質和太陽風層頂的交互作用、而在太陽風前進方向的前方產生「艏震波（bow shock）」。

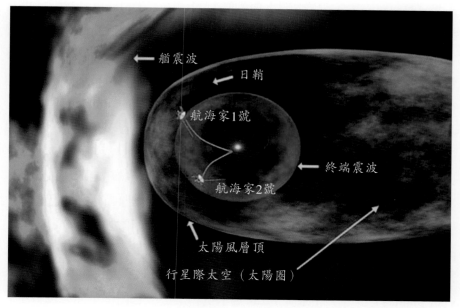

第1-4圖　行星際太空是太陽風層頂以內的廣袤空間。圖中藍色圓邊緣的航海家1號與航海家2號探測器，飛行了31年才飛出或接近終端震波（圖源：NASA/Walt Feimer，2008年繪圖）

第八節　行星際太空內天體的概況

　　地球太空是1957年以來航太科技發展的主要領域，行星際太空則曾是美國與蘇聯以無人太空探測器（robotic space probe）探勘的熱門太空，數十年來行星際太空的各行星幾乎多被美、蘇無人探測器探測或登陸過；近年來第二梯隊的航太國家也在競相計畫以無人探測器探測或著陸各行星，至於載人登陸火星與移民火星則是美國航太科技界研發的新課題。本節將行星際太空內天體的情況作一扼要說明。

　　行星際太空中有一個受太陽引力約束在一起、直接或間接圍繞太陽運動的行星系統。在直接圍繞太陽運動的天體中，由近而遠被稱行星的8顆行星為水星（Mercury）、金星（Venus）、地球（Earth）、火星（Mars）、木星（Jupiter）、土星（Saturn）、天王星（Uranus）和海王星（Neptune），另有5顆主要的矮行星（dwarf planet，或稱「準行星」），由近而遠被稱為穀神星（Ceres）、冥王星（Pluto）、妊神星（Haumea）、鳥神星（Makemake）與鬩神星（Eris）；而太陽系內的8顆行星、4顆以上的矮行星與一些小天體，都有天然的衛星環繞著它們運行。通常太陽與地球之間的天體，稱為地球內側天體——如水星與金星；其他的則稱為地球外側天體——如火星、木星、土星、天王星、海王星等。

　　太陽系內大部分的質量都集中於太陽，行星中質量最大的則是木星。位於太陽系內側的水星、金星、地球和火星，是4顆較小的行星，主要由岩石和金屬構成（與地球類似）因而被稱為「類地行星（terrestrial planets）」；外側的4顆行星——木星、土星、天王星和海王星其質量比類地行星大得多，被稱為「巨行星（giant planet）」或「類木行星（Jovian planets）」。其中最大的2顆是木星和土星，它們都是氣態巨行星，主要成分是氫和氦，才是真正的類木行星；最外側2顆行星的天王星和海

王星是冰巨星，主要由水、氨和甲烷組成，構成的成分與木星不同。所有的行星幾乎都在靠近黃道平面各別的橢圓軌道上運行。

第1-5圖　太陽系8顆行星與5顆矮行星的體積大小、以及與太陽（最左側）的相關位置示意圖（距離未依照比例尺）；太陽與地球之間的天體，稱為地球內側天體，其他的稱為地球外側天體（圖源：NASA/Patricka）

　　太陽系中還有一些較小的天體。位於火星和木星軌道之間的小行星密集區域被稱為小行星帶（asteroid belt），主要由岩石和金屬組成。在海王星軌道之外有古柏帶（Kuiper belt），係主要由冰組成的盤狀區域（disc-shaped region）。

　　太陽系各行星與其衛星的環境各不相同。它們有些沒有大氣（如水星、月球），有的只有稀薄的大氣（如火星），有的則有濃密的大氣（如金星、地球、木星）；而大氣的成分也各不相同，如金星大氣的主要成分是二氧化碳，木星大氣主要是氫；有的有固體表面（如水星、金星、地球、火星、月球），有的沒有固體表面（如木星、天王星、海王星）；有

的表面溫度極高（如金星高達470℃），而有的表面溫度極低（如冥王星最低達–253℃）。

　　行星際太空除了具有太陽產生的磁場，木星、土星、水星和地球等行星也產生磁球，這些磁場由於太陽風影響而形成「半截蛋體」的形狀，長尾向外延伸於行星後方（類似地球磁層）。同時這些磁場因為捕捉來自太陽風和其他來源的粒子，形成帶電粒子帶，如地球的范・艾倫輻射帶（Van Allen radiation belt）。

第九節　恆星際太空

　　恆星際太空（interstellar space或譯「星際太空」）是自行星際太空（即太陽系太空）外部、伸展至銀河際太空（Intergalactic space）之邊緣、未被恆星或它們的行星系占據的空間，它距離地球更遙遠，比行星際太空更為浩瀚。恆星際太空內散布著「恆星際介質（interstellar medium，簡稱ISM）」

　　「恆星際介質」是極度稀薄（與地球的水準比較）的電漿（等離子體）、氣體和塵埃組成，包括離子，原子，分子，較大的塵埃顆粒，電磁輻射，宇宙射線和磁場的混合物。恆星際太空內的微弱氣體和塵埃中，氣體約占99%，塵埃約占1%；氣體中約90%為氫氣，9%為氦氣。恆星際介質的物質密度變化甚大，平均值約為每立方公尺10^6個粒子，但冷分子雲卻高達每公方公尺$10^8 \sim 10^{12}$個粒子。

　　恆星際太空中成群的塵埃雲能形成暗星雲（dark nebula），它們吸收光線因而顯得比太空中其他區域更暗。恆星際太空中存在的冷分子雲和原子氫通過幾億年的引力吸引能形成恆星，因而恆星際太空是新星的誕生地。

　　恆星際太空距離地球太遠了！以目前的航太科技，太空飛行器要飛

30～40年才能飛進恆星際太空，此時太空飛行器的電源、燃料等可能消耗殆盡，且因與地球相距太遠，發自地球的控制指令與飛行器傳送的探勘資訊不僅信號微弱且需時近20小時，已難形成實質遙控與接收探測的成果，太空飛行器全賴已有的航速、慣性導引系統與自動飛航系統（如果功能正常）持續飛向太空深處，對太空探測已難產生實質效益。只有人類能增加太空飛行器的飛行速度（縮短飛行時間）、突破太空飛行器與地球間的通訊技術與體系，才能執行有意義的恆星際太空探測。因此，恆星際太空係有待人類創新航太科技後的太空探測新疆域。

第十節　深遠太空

「深遠太空（deep space或稱「深遠空間」）」這個詞彙常在航太相關資料中見到。但深遠太空始自何處的定義至少有2種：

• 美國政府與其航太機構將「深遠太空」定義為「地月太空」以外的任何空間。也即越過月球的太空就是「深遠太空」。

• 主管全球無線電通信（與衛星軌道）的國際電信聯盟（The International Telecommunication Union）則定義「深遠太空」是始自距地球200萬公里（2×10^6公里）之處的太空。國際電信聯盟定義的「深遠太空」起始處，比美國定義者遠了約5倍。離地球93萬公里處被認為地球重力為零，該處才脫離地球重力的影響。國際電信聯盟的「深遠太空」定義，顯然較為合理。

從字面上詮釋：「深遠太空」是宇宙遙遠深處的太空，顯然以「天文單位」表示距離的「行星際太空」與「恆星際太空」最符合此一定義，也即「行星際太空」與「恆星際太空」可合稱為「深遠太空」。

第十一節　臨近太空

在太空的底線卡門線下方與飛機飛行極限高度之間的空間 —— 也即距海平面高20至100公里的空間，包括大部分平流層，全部中間層和部分電離層 —— 被稱爲「臨近太空（near space，或稱「臨近空間」）」，近年來已逐漸成爲無人飛行器、高超音速武器與太空遊覽產業大顯身手的空間。

臨近太空的主要特性係空氣極爲稀薄與仍具有甚強的地球引力。因此透過在臨近太空部署「臨近太空可控性浮空器（Near Space Controllable Aerostat）」，可替代部分近地球軌道衛星的功能。在民事方面可用爲大地觀測、通信中繼、天氣預報與預警、農作物產量估計等；在軍事方面可用爲早期預警與通信中繼平臺等。研發中的有：美國飛彈防禦局（Missile Defense Agency）主導研發的「高空飛艇（High-Altitude Airship，簡稱HAA）」；中國的「圓夢號」臨近太空飛艇與「彩虹太陽能無人飛機」等。

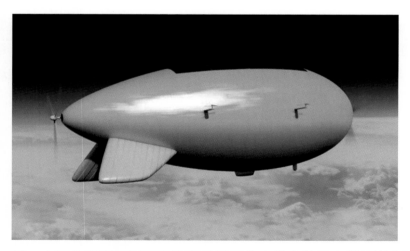

第1-6圖　中國北京南江空天科技限公司與北京航空航天大學等聯合研製的「圓夢號」臨近太空飛艇，具備持續動力、可控飛行、重複使用、滯空48小時等能力（圖源：北京南江空天科技限公司）

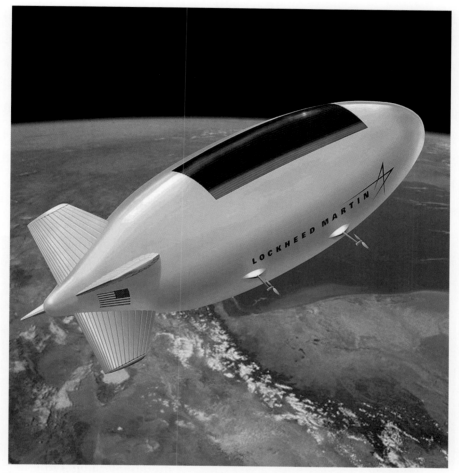

第1-7圖　美國國防部飛彈防禦局委請洛克希德‧馬丁公司研發的無人
　　　　「高空飛艇（HAA）」飛行示意圖；飛艇頂部安裝的薄膜光
　　　　電組（黑色部分）吸收太陽能轉變為電能，除了可提供驅動飛
　　　　艇「滯空定位」系統的電力外，還可供應飛艇所配置設備運作
　　　　所需的電力（圖源：United States Missile Defense Agency）

　　此外，高超音速飛行體（Hypersonic flight body，飛行速度超過5馬
赫的飛行體）在臨近太空飛行，不僅飛行阻力較小而能增加飛行距離，

且能進行「打水漂」式飛行（不是按照拋物線彈道飛行），敵方不能預測其飛行彈道（也即敵方無法攔截），係新一代創新武器，臨近太空是它們的主要飛行空間。目前已服役的高超音速飛彈有：俄羅斯的先鋒（Avangard）飛彈、鋯石（Zircon）飛彈、匕首（Dagger）飛彈；中國的東風-17高超音速飛彈、鷹擊-21高超音速反艦飛彈；研發中的有：美國陸軍的「長程高超音速武器（Long Range Hypersonic Weapon，簡稱LRHW）」、海軍的「常規迅速打擊（Conventional Prompt Strike，簡稱CPS）」飛彈、空軍的「空射快速反應武器（Air-Launched Rapid Response Weapon，簡稱ARRW）」；以及北韓的火星8號高超音速飛彈等。

第1-8圖　中國東風-17中程飛彈，配置高超音速乘波體外形的滑翔彈頭，能在臨近太空中以「打水漂」方式飛行，敵方不能預測其飛行彈道而無法攔截（圖源：每日頭條）

第1-9圖　東風-17飛彈「乘波體」彈頭以高超音速在臨近太空「打水漂」方式滑翔飛行想像圖（圖源：新華社）

　　此外，臨近太空的高度適中，可用以發展近地球太空遊覽產業，係航太經濟的新利基空間。太空遊客搭乘載具，上升至100公里高卡門線附近的臨近太空後返回地球，在這段飛行中太空遊客可以體驗幾分鐘失重狀態的滋味，與觀賞黑色天空和地球弧線等美麗的臨近太空景色。美國藍色起源公司（Blue Origin）與維珍銀河公司（Virgin Galactic）分別研發的新謝潑德號（New Shepard）亞軌道太空飛行器與白騎士二號（White Knight Two）的亞軌道太空母子飛機，以及中國研發中的整體式太空飛機等，都是針對臨近太空而研發的航太遊覽載具。

第1-10圖　美國藍色起源公司研發的新謝潑德號亞軌道太空飛行器，運載火箭上端為搭載遊覽客的太空艙，發射上升至距地球約100公里高度時，太空艙與火箭分離後以降落傘緩降，太空遊覽客可以體驗幾分鐘失重狀態，與自臨近太空觀賞美麗的地球景色（圖源：Blue Origin）

第十二節　太空的環境特性

太空的環境特性與地球表面迥然不同，主要的差異有下列多項：

12-1、接近完全真空

太空接近完全的真空；但即使在最接近真空的恆星際太空也不是空無一物，每一立方公尺中還是有少數的氫原子；相比之下，在海平面人類呼吸的空氣每立方公尺含有約10^{25}個分子。由於太空介質的密度極低，實際上不會產生摩擦阻力，因而太空中的恆星、行星和衛星能沿著其理想軌道

無阻力地運行；只有運行於地球太空低軌道的太空飛行器，才會因稀薄的空氣而受到空氣阻力。另一方面由於太空介質密度極低，電磁輻射能傳播很遠的距離而不會散射。

12-2、大氣壓力隨高度增加而逐漸降低

恆星和行星透過其重力吸住其大氣層；大氣層氣體的密度與大氣壓力則隨著距離星體的高度增加而逐漸降低成為微氣壓力，直到難以鑑別。例如地球的大氣壓力在海平面平均值為1.01325×10^5帕（Pa），但在距海平面100公里的高度大氣壓力下降到約0.032帕。大氣壓力在此高度，與來自太陽的輻射壓力和太陽風的動態壓力相比已微不足道。

12-3、輻射線充斥

太空中不僅有宇宙大爆炸時留下的輻射線，各種天體也在輻射電磁波，許多天體還向外輻射高能粒子，形成多種宇宙射線輻射——如銀河宇宙線輻射、太陽電磁輻射、太陽宇宙線輻射（太陽耀斑爆發時向外發射的高能粒子）、太陽風等。許多天體都有磁場，磁場俘獲上述高能帶電粒子，形成輻射性很強的輻射帶——如地球的范・艾倫帶。總而言之，太空是一個充斥著輻射線的環境。

12-4、重力隨軌道高度增加而衰減

重力或引力（Gravity或Gravitation）又稱萬有引力（Universal Gravitation），是指具有質量的物體之間相互吸引的作用力。在初始宇宙中，重力讓物質聚集而形成星球，同時它們之間的萬有引力使它們形成天體系統，按照一定的軌道圍繞某些大質量星體運轉。

依據牛頓萬有引力定律：「宇宙間的任何兩個質點間都具有相互吸引之力（萬有引力），且引力之大小與兩質點質量的乘積成正比，而與其間距離的平方成反比」，因而運行於各星球重力場太空飛行器所受的重力會

因軌道高度增加而減弱，軌道高度愈高則所受的重力愈微弱。

在任何星球的重力場內，物體與失去飛行速度的太空飛行器皆會因重力而向星球表面墜落。

12-5、溫度接近絕對零度

溫度是對大量分子活動劇烈程度的衡量值，取決於原子、分子等的動能。太空接近完全的真空，每一立方公尺中只有少數的氫原子（每立方公尺的地球大氣含有10^{25}個分子）。假設將一根非常精確的溫度計放在太空中，只有極少數的氣體、塵埃和電離粒子會撞到溫度計上。即使粒子撞上了溫度計，所顯示的溫度可能是絕對零度（absolute zero，寫成0K，等於–273.15℃）。但對宇宙微波背景輻射（宇宙大爆炸時遺留在太空的輻射）的研究證明，太空的平均溫度為–270.3℃（即2.85K），接近絕對零度的超低溫。準確的說法是：太空和溫度為2.85K的黑體具有相同的輻射特性。

12-6、地球太空中太陽能是太空飛行器的最佳電能來源

發自太陽的太陽光是能源的一種，透過太陽能電池板（solar panels，或稱「太陽能電池陣列（solar arrays）」）可以轉變為電能；目前效率最佳的聚光型太陽能板，已經能有31%至40.7%的轉換效率。但在地球表面，太陽光由於大氣層或雲層造成的折射或反射而被削弱，只有太空中的十分之一至五分之一到達地表。太空中大氣稀薄不會造成折射或反射，太陽光能充分照射在太陽能電池板上，電能轉換只受太陽能電池板的轉換效率限制。因此在地球太空與鄰近太陽的太空中，太空飛行器可以利用太陽能電池板充分供應其所需的電能，並將電能儲蓄於蓄電裝置中，供夜間或太陽照射不到時使用。

至於在行星際太空離太陽遙遠之處，由於太陽光的強度與距離的平方成反比，利用太陽能電池板不可能產生太空飛行器所需的電能，因而飛行

於深遠太空的太空飛行器，必須另備產生電能的裝置，如同位素溫差發電器（Radioisotope thermoelectric generator，簡稱RTG或RITEG）供電。又如著陸月球的探測器，由於「月球晝（lunar day）」與「月球夜（lunar night）」各長達地球上的14天，也必須配置同位素溫差發電器，供「月球夜」時供電。

由於太空的環境特性與地球上殊異，太空飛行器（尤其載人太空船與太空站）必須針對這些環境特性設計相關安全對應設施，才能成功達成既定的太空飛行任務。

第十三節　結語

1957年蘇聯發射第一顆人造地球衛星開創了人類的太空時代，從此航太科技持續成長，人類不僅利用太空空間與應用航太科技形成了利潤豐厚的衛星科技產業，並陸續進行了無人探測器探月、載人近地太空飛行、載人飛行登月，以及無人探測器探測行星際太空星球。

美國1977年9月5日發射的航海家1號（Voyager 1，或譯「旅行者1號」）探測器，先後探測木星、土星與其衛星，經過35年的飛行，於2012年8月25日距太陽121天文單位處越過行星際太空（太陽圈），進入恆星際太空；截至2022年10月底，它在距離地球158.25天文單位（236.742億公里）處繼續向前飛行，係人類開創太空時代以來飛行最遠的太空探測器。人類在浩瀚太空的活動，從地球太空、月球太空伸展出去，進入遼闊的「行星際太空」後再進入了浩瀚的「恆星際太空」。行星際太空是當前人類太空發展的新疆土，恆星際太空則將是人類開拓的太空探測新領域。

第二章

太空飛行器的分類與識別編號

第一節　緒言

宇宙形成時就已存在的浩瀚太空，數十億年來一直是諸多天體運行的空間，受到人類數千年來的關注與詠頌。1957年10月4日，蘇聯發射第一顆人造地球衛星「史潑尼克1號」進入太空軌道運行，開創了人類的太空時代，各種人造太空飛行器逐漸進入太空飛行，為人類創造了龐大的經濟利益，沉寂與平靜的太空逐漸成為造福人類的資產與寶庫。

人造地球衛星係最基本的人造太空飛行器，由它衍生了不同功能的人造太空飛行器（以下簡稱「太空飛行器」），本章談談太空飛行器相關的一些概念。

第二節　太空飛行器

太空飛行器（Spacecraft，或稱「空間飛行器」、「航天器」）係人造衛星、星球探測器、星球著陸器、貨運太空船、載人太空船、太空站（太空實驗室）與太空梭等的統稱，是由人類所設計與製造、靠運載火箭（或太空梭）送入太空、利用運載火箭（或太空梭）賦予的速度、按照天體力學的規律飛行，執行在軌運作、探測與著陸行星際太空星球等飛行任務，並且可以受控制改變其飛行軌道或返回地球進行回收。

　　太空飛行器要完成其飛行任務必須具備：發射場系統、發射動力系統（運載火箭或太空梭）、航太測控網系統、回收區系統等組成的完整太空飛行器工程系統之配合，在完善的運作下才能達成任務（參閱本書第四章）。太空飛行器是執行航太任務的主體，是太空飛行器工程系統的主要組成部分。

　　世界上第一個太空飛行器是蘇聯1957年10月4日發射的「史潑尼克1號」人造地球衛星；繼而由於任務需要與航太科技進步而產生了星球探測器、星球著陸器、太空船等。第一個星球探測器是蘇聯的月球3號（Luna 3，1959年10月6日發射，傳回月球背面照片29幀）；第一個星球著陸器是蘇聯的月球2號撞擊器（Luna 2 impactor，1959年9月12日發射，9月14日成功撞擊月球於「雨海（Mare Imbrium）」東部地區）；第一個載人太空飛行器是蘇聯太空人尤里‧加加林（Yuri Gagarin）乘坐的東方一號（Vostok 1）太空船（1961年4月12日發射）；第一個將人類送上月球的太空飛行器是美國的阿波羅11號太空船（Apollo 11，1969年7月16日發射）；第一個太空站是蘇聯發射的禮炮1號（Salyut 1，1971年4月19日）；第一個兼有運載火箭、太空飛行器和飛機特徵的太空飛行器是美國哥倫比亞號（STS Columbia OV-102）太空梭（Space Shuttle，或稱「航天飛機」）。

　　至今，太空飛行器基本上都在地球太空飛行，少數太空飛行器——星球探測器與星球著陸器則在行星際太空（太陽系）內飛行或著陸；先後已飛出行星際太空飛進入恆星際太空的太空飛行器有：航海家1號探測器、航海家2號探測器等。（參閱本書第十章第6-3節與第6-4節）

第三節　太空飛行器的分類

　　由於科技與工藝的持續進步，以及需求的持續增加，太空飛行器已

由1960年代的科學人造地球衛星，衍生爲多種不同功能的人造衛星，進而發展出太空探測器，更由無人太空飛行器發展出載人太空飛行器（太空船）與太空站等，以執行各項特定太空任務。目前太空飛行器可概略分類如第2-1表。

		科學衛星
太空飛行器（或稱「空間飛行器」、「航天器」）	無人太空飛行器	通信衛星
		氣象衛星
		對地觀察衛星
		其他衛星
		各類軍事衛星
	無人太空船	貨運太空船
	無人太空飛機	X-37B軌道測試飛行器
	太空探測器／著陸器	月球探測器／著陸器
		行星際探測器／著陸器
	載人太空飛行器	近地載人太空船
	載人太空船	登月載人太空船
		行星際載人太空船
	太空工作基地	太空實驗室／太空站
	太空運載器	太空梭（航天飛機）

第2-1表　太空飛行器的分類

　　綜合第2-1表的各類太空飛行器可以了解：人造地球衛星應用、載人太空飛行（也稱「載人航太」或「載人航天」）和深遠太空探測是數十年來航太科技發展的三大領域，各主要航太國家先後在此三大領域創下很多輝煌的研發成果，不僅驅動航太科技持續進步與蓬勃發展，並且已成爲航太強國的商業利基與國防基石。

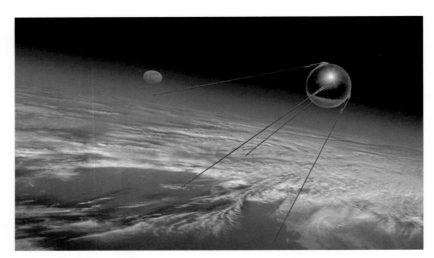

第2-1圖　蘇聯發射人類第一顆人造衛星史潑尼克1號（Sputnik 1）的仿製模型，陳列於美國空軍國家博物館（圖源：U.S. Air Force）

第2-2圖　月球3號是第一個星球探測器，傳回月球背面照片29幀。圖為陳列於莫斯科航天博物館的模型（圖源：Московский музей космонавтики）

第2-3圖　蘇聯的東方一號太空船是第一個載人太空飛行器（複製模型），右上方的球形體係返回艙（太空人座艙），其後方的黑色部分係服務艙（為東方一號太空船飛行與太空人生命提供環境及技術支持），左下方的柱形體係運載火箭的第三級（圖源：Пресс-служба Роскосмоса）

第2-4圖　美國發現號太空梭發射飛離發射平台之情形。太空梭由軌道飛行器（Orbiter Vehicle，外形類似飛機）、外部燃料槽（紅色）和2具固體火箭助推器（白色）組成；軌道飛行器能載運太空人與酬載，可重複使用，返回地球時能以滑翔方式在機場水平降落著陸（圖源：NASA）（詳參本書第六章第九節）

第2-5圖　X-37B軌道測試飛行器（Orbital Test Vehicle，簡稱OTV）飛
行示意圖。X-37B係2010年代美國空軍主導研發的無人太空飛
機，外形類似「迷你太空梭」，但大小只有太空梭的1/4，由
運載火箭發射進入太空近地球軌道，能在太空長時間飛行與多
次機動變軌飛行，完成任務後點燃火箭發動機脫離軌道，以滑
翔方式如飛機般在加州范登堡空軍基地自主著陸。美國至今對
X-37B的功用高度保密，軍事專家們推測它可能將是人類首架
多功能太空戰鬥機（圖源：NASA）

第四節　各國自主發射的第一顆衛星

　　人造地球衛星係最基本的太空飛行器：以自製的運載火箭發射本國自
製的人造衛星進入太空軌道運行，是一個國家成為「太空俱樂部」成員必
須具備的基本航太科技實力。人類進入太空時代雖然已經60餘年，但能
以自製火箭發射人造衛星的國家至今只有11個。

　　1957年10月4日，蘇聯以史潑尼克（俄文Sputnik的音譯，或意譯「衛星號」，也稱R-7）運載火箭、發射了人類的第一顆人造地球衛星「史潑尼克1號」進入太空軌道運行，開創了人類的太空時代。

　　接著美國於1958年2月1日以朱諾一號（Juno 1）運載火箭，發射了它的第一顆人造衛星「探險者-1號（Explorer 1）」進入太空軌道，成為「航太國家俱樂部」的第二位成員。

　　繼而法國（1965年）、日本（1970年）、中國（1970年）、英國（1971年）、印度（1980年）、以色列（1988年）、伊朗（2009年）、朝鮮（北韓，2012年）和韓國（南韓，2022年）陸續以自製的火箭發射了該國的第一顆人造衛星。各國發射第一顆人造地球衛星的時間雖然相隔數年至四十多年，但它們卻是全球曾經能自主研製與發射衛星的11個國家。這11個國衛星的質量（mass）各不相同，它反映各國所研製運載火箭的運載能量。各國所研製與發射第一顆人造衛星的基本數據請參閱第2-2表。

次序	發射時間（UTC）	國家	衛星名稱	質量（公斤）	軌道高度（公里）	軌道傾角（度）	週期（分鐘）	衛星功能
1	1957年10月4日	蘇聯	史潑尼克1號 Sputnik 1	83.6	215×939	65.1	96.2	播送無線電波信號、研究地球電離層等
2	1958年2月1日	美國	探險者1號 Explorer 1	13.97	358×2,550	33.24	114.8	探測宇宙射線、微隕石與衛星軌道高度的大氣密度
3	1965年11月26日	法國	阿斯泰利克斯 Astérix	42	527×1,697	34.30	107.5	測試火箭投射酬載功能

次序	發射時間（UTC）	國家	衛星名稱	質量（公斤）	軌道高度（公里）	軌道傾角（度）	週期（分鐘）	衛星功能
4	1970年2月11日	日本	大隅號 Ohsumi	24	350×5,140	31.0	144.0	測火箭級間分離和投射酬載功能
5	1970年4月24日	中國	東方紅一號 Dong Fang Hong I	173	441×2,286	68.42	114.09	探測空間環境，軌道測控，播送東方紅樂曲
6	1971年10月28日	英國	普羅斯帕羅 Prospero	66	534×1,314	82.04	103.36	試驗輕型太陽電池、熱控和電子設備，測量宇宙塵
7	1980年7月18日	印度	羅希尼1B號 Rohini-1B	35	305×919	44.7	96.9	測試投射酬載功能，評價衛星和地面測控系統性能
8	1988年9月19日	以色列	地平線1號 Ofeq 1	155	249×1149	142.9	98.8	進行太陽能電池和無線電傳輸測試
9	2009年2月2日	伊朗	希望號衛星 Omid	26	258×364.8	55.5	90.7	通信測試
10	2012年12月12日	朝鮮北韓	光明星3號-2 Kwangmyŏngsŏng-3 Unit 2	100	498×581	97.41	95.43	對地球觀測、氣象探測
11	2022年6月21日	韓國南韓	PVSAT衛星與質量模擬器	1500	702×714	98.0	98.8	測試投射酬載功能

第2-2表　各國以自製的火箭發射其第一顆衛星的日期與衛星質量等相關資料表（依據Wikipedia, the free encyclopedia與Gunter's Space Page之資料彙編）

　　從1957年蘇聯發射第一顆人造衛星到2023年4月19日，60多年中全球累計共實施過6410次航太發射（其中398次失敗，發射成功率爲93.93%），累計總共將15495個太空飛行器送進太空軌道（依據Gunter's Space Page的Chronology of Space Launches統計），其中人造地球衛星超過總數的95%，遠遠超過載人太空船、月球探測器與深遠太空探測器的總和，其原因是人造地球衛星具有很多應用功能，係航太科技領域最能創造效益的產物，因而被大量發射。

第2-6圖　美國發射第一顆人造衛星探險者1號的朱諾1號運載火箭，它係蘇聯發射史潑尼克1號衛星後、美國緊急研製發射其人造衛星的火箭（圖源：US Army）

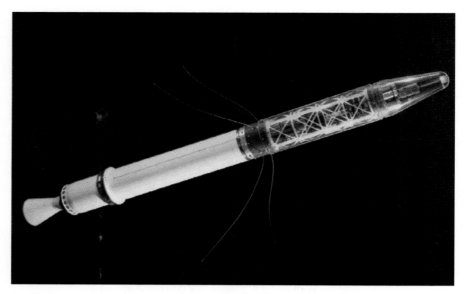

第2-7圖　1958年2月1日，美國發射入軌的第一顆人造衛星探險者-1號。
　　　　　前半段配置探測儀器，後半段為運載火箭的第四級，中段外部
　　　　　裝有4支鞭狀天線（圖源：NASA）

第五節　太空飛行器的國際識別編號

　　自1957年蘇聯發射第一顆人造地球衛星史潑尼克1號，每一個進入太空軌道飛行的人造太空飛行器，都被賦予一個國際太空飛行器識別編號，以資識別與紀錄。

　　國際太空飛行器識別編號有2種，一為**國際衛星識別碼**（COSPAR ID），另一為**衛星目錄序號**（Satellite Catalog Number），兩者皆係依據人造太空飛行器發射順序編列的識別號碼。

5-1、國際衛星識別碼（COSPAR ID/International Designator）

COSPAR是「太空研究委員會（Committee on Space Research）」的簡稱，它是「國際科學理事會（International Council for Science，世界上最大的非政府組織及國際學術組織之一，總部設於法國巴黎）」的下屬組織。COSPAR ID的編錄工作由美國航太總署（NASA）下轄的「國家太空科學數據中心（National Space Science Data Center，簡稱NSSDC）」負責，在美國COSPAR ID則被稱作國際衛星識別碼（International Designator），或NSSDC ID（National Space Science Data Center ID，中譯「國家太空科學數據中心識別碼」）。

國際衛星識別碼由2組數字與1組英文字母組成。第一組數字爲該太空飛行器的發射年份；第二組數字爲該太空飛行器在其發射年份的全球發射順序，跟在第二組數字右側的英文字母則用以標識該次發射任務中分離出的多個物件。例如：全球第一顆人造地球衛星史潑尼克1號的「國際衛星識別碼（COSPAR ID）」爲1957-001B──第一組數字1957是該衛星的發射年份；第二組數字001表示該衛星是在該年第一次發射任務中進入太空軌道的；第二組數字右方的B代表它是這次發射進入軌道分離出來的第二部分（第一部分是史潑尼克號運載火箭的最後一級火箭，它的COSPAR ID是1957-001A）。又如美國發射的第一顆人造衛星探險者-1號（Explorer 1）其COSPAR ID爲1958-001A，顯示它是1958年第1次發射任務中進入太空軌道人造飛行器的第一部分（運載火箭的第四級未與衛星分離，見第2-7圖的說明）。

5-2、衛星目錄序號（Satellite Catalog Number/Space Command ID）

衛星目錄序號（Satellite Catalog Number）也被稱爲NORAD Catalog

Number、NASA catalog number、USSPACECOM object number或簡稱 Space Command ID（太空司令部識別碼），是由美國航太司令部（United States Space Command，簡稱USSPACECOM）依照發射或發現順序進入 或留在太空軌道所有人造物體（太空飛行器與尺寸大於10公分的太空垃 圾）登錄的1組5位數字編碼。第一個進入太空軌道的登錄物體、是發射 第一顆人造地球衛星史瀣尼克1號的最後一級火箭，目錄編號為00001； 史瀣尼克1號衛星的登錄號碼為00002。美國第一顆人造衛星探險者-1號的 衛星目錄序號為00004。

　　每一個進入太空軌道的人造太空飛行器皆分別被賦予COSPAR ID 與Satellite Catalog Number。例如哈伯太空望遠鏡的COSPAR ID為1990- 037B，Satellite Catalog Number為20580號；美國太空探索（SpaceX）公 司2014年9月23日發射的CRS-4天龍號貨運太空船，COSPAR ID為2014- 056A，Satellite Catalog Number是40210；2018年12月23日美國發射的 NAVSTAR 77（USA 289）衛星，COSPAR ID為2018-109A，Satellite Catalog Number是43873。

　　我國福爾摩沙衛星一號（FORMOSAT-1，簡稱福衛一號，1999年1 月27日發射）的COSPAR ID是1999-002A，Satellite Catalog Number是 25616。福爾摩沙衛星七號（FORMOSAT-7，共6顆衛星，2019年6月25日 發射）的COSPAR ID是2019-036E/L/M/N/Q/V，Satellite Catalog Number 是44343/49/50/51/53/58（由美國太空探索公司的重型獵鷹火箭發射，共 將多國的24顆衛星先後送入不同軌道）。

　　太空飛行器的識別編號有如個人的姓名，各國航天機構以它記錄每 一個在軌太空飛行器的飛行動態。讀者透過多個國際航太相關組織的平臺 或網站，也能查詢到太空飛行器的相關資訊。例如美國N2YO.com網站， 目前（2023年4月19日）提供27116個太空飛行器的軌道相關追蹤數據； 讀者登入https://www.n2yo.com/database/網頁，可以依據：國際衛星識 別碼（International Designator）、太空司令部識別碼（Space Command

ID）、太空飛行器名稱（Satellite Name）或發射日期（Launch Date）查到該太空飛行器的相關資料。

第六節　結語

　　本章就太空飛行器的分類與識別等作了簡要說明，以利讀者建立基本概念，於閱讀航太科技相關資料時有所幫助。

　　在此順便要指出：人類進入太空時代雖然已經60餘年，以自製火箭發射人造衛星的國家至今曾有11個；但每年以本國研製的運載火箭、發射太空飛行器或衛星1次以上的國家只有6個，它們分別是：蘇聯／俄羅斯、美國、中國、日本、歐洲與印度，這6個國家是目前全球的「主要航太國家」（參閱本書第十一章）。運載火箭與太空飛行器係科技密集工業與資本密集工業的產物，必須是高新科技與綜合國力名列世界前茅的國家，才能永續研製與發射運載火箭與太空飛行器。一般國家多僅研製人造衛星或星球探測器，委請主要航太國家的運載火箭發射，才符合成本效益。更多的國家則委請主要航太國家代製並代為發射衛星（多為通信衛星與對地觀察衛星），然後營運與管理，俾能享受航太科技的功能與效益。

第三章

航太的基本概念

第一節　緒言

　　飛行器在大氣中飛行稱為航空（Aviation），在太空飛行稱為航太（Aerospace，也稱「航天」），基本差異是飛行器在兩個不同的空間遵照不同的規律飛行——航空在地球大氣圈內按照空氣動力學（Aerodynamics）的規律飛行；航太則在太空中按照航太動力學（Astrodynamics或Orbital mechanics）的規律飛行，兩者的特質迥然不同。

　　本章將針對航太的基本概念予以扼要說明。

第二節　航空的特質

　　先談談航空的特質，俾了解與航太的特質之差異。航空飛行器可概分為：浮空器（氣球）、飛艇、滑翔飛機、動力飛機與直升機（旋翼機）等，它們都在地球的大氣圈內飛行。

　　航空飛行器按照空氣動力學的規律飛行，必須在大氣內產生升力才能浮於空中而不墜落於地面，必須具備驅動它的動力才能有速度地飛行。浮空器與飛艇等輕於空氣的航空飛行器，依靠空氣對它產生的升力而飄浮於空中或飛行；滑翔飛機、動力飛機與直升機等重於空氣的飛行器，則必須對空氣進行水平或垂直的相對運動才能產生升力而飛行。

　　航空飛行的發展歷史悠久：1783年11月21日，法國人進行了第一次熱氣球載人飛行；1852年9月24日，法國人進行了第一次有動力飛艇的載人飛行；1853年8月，英國人製造的滑翔機載著一位成人飛過一個小山谷；1903年12月17日，美國人萊特兄弟（Wilbur and Orville Wright）進行了首次有動力飛機載人飛行；1907年8月，法國人保羅‧科爾尼（Paul Cornu）研製出一架全尺寸載人直升機，並在同年11月13日試飛成功。20世紀初隨著工業革命帶來的科技進步，航空飛行得以迅速蓬勃發展、而成為成熟的科技與龐大的工業與商業體系。

　　由於大氣層內空氣的密度隨高度而遞降，因而致使每種航空飛行器皆有其飛行的極限高度。浮空器的實用上升極限紀錄是美國航太總署（NASA）的「超壓氣球（Super Pressure Balloon，氣球的體積不隨外界溫度而改變，因而氣球能長時間保持於穩定的高度）」於2016年7月3日創下33.8公里的上升高度；另有2002年日本「太空與航太科學研究所（The Institute of Space and Astronautical Science）」Takamasa Yamagami 博士研製的實驗氦氣球，上升高度達到了53公里，創下浮空器飛得最高的紀錄。

　　飛艇具有推進系統，主要功能係用於運輸。2016年，英國「混合飛艇公司（Hybrid Air Vehicles Ltd.）」研製的「飛行著陸者10號（Airlander 10）」飛艇，載重10噸，最高時速可達148公里，實用航高6100公尺。

　　動力飛機與直升機（旋翼機）也因大氣層內空氣的密度隨高度遞降而有上升的極限：世界升限最高的動力飛機是蘇聯／俄羅斯的米格-25狐蝠（MiG-25 Foxbat）戰鬥機，升限達到37.65公里，甚至超過美國SR-71黑鳥式（SR-71 Blackbird）偵察機的30.50公里；世界上升限最高的直升機是法國的SA315B美洲駝（SA315B Lama），創造12.422公里的飛行高度世界紀錄。

第3-1圖　美國航太總署的「超壓氣球」創下33.8公里的航高。與背景中的工作人員身高比較可了解該氣球之龐大（圖源：NASA/Bill Rodman）

第3-2圖　「飛行著陸者10號」飛艇被注入3.68萬立方公尺的氦氣，最高可上升至6900公尺。圖為2016年8月17日首飛後準備著陸（圖源：AFP Photo/Justin Tallis）

第三節　航太（太空飛行）的特質

　　科學界一般將飛行器在太陽系太空（行星際太空）內的飛行活動稱為「航太（也稱「航天」）」，將在太陽系外的恆星際太空之飛行活動稱為「航宇」。太陽系太空包括地球太空、地月太空、月球太空與行星際太空；太空飛行器（Spacecraft，也稱為「航天器」）係指人造地球衛星、行星探測器、行星著陸器（planet lander）、載人太空船、貨運太空船、太空實驗室與太空站等。

　　「航太」的歷史始自1957年蘇聯發射人類的第一顆人造衛星進入太空軌道，至今才60餘年，但發展十分蓬勃，成績斐然。60餘年來太空飛行器主要的活動空間是地球太空，次要活動空間是月球太空與行星際太空，至今已有1977年發射的航海家1號（Voyager 1）與航海家2號（Voyager 2）行星探測器，歷經漫長的飛行，已飛進恆星際太空，繼續向前飛行中。

　　太空飛行器通常靠運載火箭或太空梭送入真空的太空飛行，它具備下列三項特質：

3-1、太空飛行器必須被賦予足夠的飛行速度，才能在太空飛行

　　太空接近完全真空，飛行器在太空中飛行不可能產生升力；太空飛行器是利用其高飛行速度產生的離心力抵消地心引力而不墜返地球。

　　依照物理原理，當物體作圓周運動時即會產生離心力，離心力的大小與圓周運動速度的平方成正比——速度愈大則離心力愈強，當其離心力與地心引力達到平衡時，物體即可環繞地球運行而不墜落。也即太空飛行器能在太空飛行的基本條件是：其飛行速度產生的離心力必須大到能平衡地心引力，才能繞地球飛行而不墜返地球。

從地球表面發射太空飛行器，必須賦予它7.8公里／秒（等於28080公里／小時）的飛行速度，它才能進入地球太空飛行，否則就必然墜落返回地球。這是非常高的飛行速度，係飛行器進入地球太空的一道門檻，而此速度被科學家稱為**第一宇宙速度**（The first cosmic velocity）。

3-2、太空飛行器按照航太動力學的規律飛行，但必須透過航太測控網管控才能執行其飛行任務

太空飛行器的飛行機制與航空飛行器殊異。航空飛行器主要由駕駛員操控飛行；太空飛行器從發射至失去功能的生命週期內，隨時皆在地面航太測控網測控中心人員的了解、掌握與操控中，才能執行其既定的飛行任務。

航太測控網係太空飛行器在太空中飛行與執行其任務的關鍵性設施，必須透過完善的航太測控網，才能執行太空飛行器的發射、監控、跟蹤、測量、數據傳送、信息處理、飛行操控、飛返回收等任務，隨時掌握太空飛行器在太空飛行的軌道要素、姿態參數與飛器本身相關的情況與資訊等，以及接收太空飛行器自太空工作傳回的資訊與數據，否則太空飛行器不僅不能正常受控飛行，也不能達成其飛行任務的既定目標。

以人類發射最多的太空飛行器人造地球衛星為例，運載火箭發射人造衛星，賦予足夠的速度後進入太空，衛星按照程序展開其太陽能電池板（solar panels）、天線等組件，與航太測控網構成無線電通路。衛星飛行的初始軌道按照克卜勒第一定律（Kepler's first law）為一繞地球的橢圓，而通常衛星在圓形軌道工作，因此當衛星運行到橢圓軌道的適當位置（近地點或遠地點）時，由航太測控網測控中心人員遙控其「推進子系統」噴出適當量的推進劑，以增加衛星適當的飛行速度而將衛星送入圓形軌道（參閱本章第十節「霍曼轉移」）。經航太測控網進行與通過系統測試與校正等作業，衛星才能正式在軌工作，下傳其探測與蒐集的資訊。在衛星的工作期間（生命週期），航太測控網的測控中心時時透過衛星的

「遙測、通訊、指令與數據處理子系統」了解衛星在軌飛行與工作情況，並予以管控，以及進行「軌道保持」（參閱本章第十一節）與「軟體更新」等作業，直至衛星失去功能。

又如2013年11月5日印度發射曼加里安號（Mangalyaan）火星軌道探測器，由於PSLV-XL運載火箭的推力不夠強大，不能使曼加里安號達到飛離地球重力場的第二宇宙速度11.2公里／秒，因此PSLV-XL火箭先將曼加里安號送入環繞地球的橢圓形停泊軌道（parking orbit）飛行，航太測控網測控中心人員於曼加里安號飛抵其軌道的近地點時，遙控它的「推進子系統」噴出推進劑一段時間以增加其飛行速度（又是「霍曼轉移」），如此逐圈於軌道近地點增加飛行速度，進而擴大軌道的遠地點，至其飛行速度接近第二宇宙速度後，測控中心再遙控曼加里安號採「霍曼轉移」進入其「地球－火星轉移軌道」，離開地球太空進入日心軌道而飛向火星；在飛往火星途中，測控中心執行數次航道校正作業；接近火星太空時，測控中心遙控曼加里安號減速切入環繞火星的軌道飛行，然後再經過測控中心進行前一段所述（衛星）的一系列操控，使曼加里安號在軌執行其探測火星任務與回傳探測資訊。此後，測控中心時時管控與維護曼加里安號，直至它喪失功能或失去聯絡。（參閱本書第六章第7-1節）

簡而言之，太空飛行器在太空按照航太動力學的規律飛行，但必須透過航太測控網測控中心隨時控管，才能達成其飛行任務。

3-3、航太沒有飛行的極限，但航宇（恆星際太空飛行）面臨難題

太空始自地球海平面上方100公里的卡門線，向外伸展依序可概分為：地球太空、地月太空、月球太空、行星際太空（太陽系太空）與恆星際太空；地球太空、地月太空與月球太空涵括在行星際太空中。

行星際太空（太陽系）以內的行星之間相距不大於30個天文單位（Astronomical unit，簡寫AU，1天文單位 = 150×10⁶公里），行星際太

空與恆星際太空的邊界是「太陽風層頂（heliopause）」（參閱本書第一章第1-4圖），它與太陽的距離約為100～120天文單位，這已是非常遙遠的距離了。

　　恆星際太空內恆星之間相距通常卻是上千個天文單位，以至於不得不以光年來表示相距的單位。例如與行星際太空最近的南門二（Alpha Centauri或Toliman）星系，它與太陽的距離已達4.3光年。距離地球第二近的巴納德星（Barnard's Star），與太陽相距離遠達6光年。目前已知最遠的TRAPPIST-1星（2017年2月發現），與太陽相距離更遠達39.13光年。恆星際太空實在非常非常浩瀚。

　　航空飛行器必須產生升力才能在大氣層內飛行，由於大氣層內空氣的密度隨高度而遞降，致使每種航空飛行器皆有其飛行的極限高度；太空飛行器只要飛行速度達到第一宇宙速度，就能在地球太空飛行，達到第二宇宙速度就能進入行星際太空飛行，達到第三宇宙速度就能飛進恆星際太空，理論上沒有飛行的極限。

　　航海家1號（Voyager 1）是美國航太總署（NASA）研製的行星（太陽系）太空探測器，質量825.5公斤，執行探測木星、土星與其衛星以及土星環的任務，1977年9月5日發射，受惠於數次重力助推（Gravity assist）（參閱本章第十二節與本書第六章第7-2節），使其飛行速度達到約16.9公里／秒，比現有飛向地球外側天體的任何一個太空飛行器都快（參閱本書第十章第6-1、6-2、6-3與6-4節）。在完成其探測任務後，於2012年8月25日距太陽121天文單位（AU）處越過行星際太空進入恆星際太空飛行，成為第一個進入恆星際太空的太空飛行器。2022年10月底，它在距離地球158.25天文單位（236.742億公里）處繼續向前飛行，係人類開創太空時代以來飛行最遠與飛行最久（超過45年）的太空探測器。

　　美國航太總署建有全球性能最完善的航太測控網，它由近空測控網（Near Earth Network）、太空測控網（Space Network）與深空測控網（Deep Space Network）3大系統整合而成（參閱本書第四章第五節），

但面對航宇（恆星際太空飛行）已瀕臨功能不足。

　　航海家1號配置了直徑3.7公尺的拋物面高增益天線（對質量825.5公斤的探測器是一個超大型天線），其3個同位素溫差發電器（Radioisotope Thermoelectric Generator）可運作至2025年；雖然至今深空測控網仍能與航海家1號傳送指令與接收探測資訊，但無線電信號需時20小時才能到達，並且信號微弱。如此長時間的無線電信號延遲，航太測控網對飛行於恆星際太空的飛行器已不能進行實質遙控與操作了。此外，航海家1號配置的探測儀器始自2007年開始陸續失效，航海家1號已失去其大部分探測功能。

　　恆星際太空離地球十分遙遠，並且非常浩瀚遼闊，除非人類能研建創新型的航太測控網系統（大幅改進信息傳遞能力），與大幅提升太空飛行器的飛行速度（縮短飛行時間），否則太空飛行器在恆星際太空飛行甚難具有實質的探測價值。

　　以下再分別說明一些航太相關的基本概念。

第四節　發射窗口

　　發射窗口（launch window），也稱「發射視窗」，是指運載火箭自地面發射太空飛行器進入預定軌道面（orbital plane）比較合適的一個時間範圍（即允許發射太空飛行器的時間範圍）。它是根據天體運行軌道條件、發射場的經度與緯度、太空飛行器的軌道要求、太空飛行器的工作條件要求、和地面追蹤、測控、通信、氣象要求等，建立一個數學模型、輸入相關數據，再經過精心計算推導出來的。窗口寬度有寬有窄，寬的以小時計，甚至以天計算，窄的只有幾十秒鐘，甚至為幾秒鐘。發射窗口有多次，其間相隔的時間或長或短，決定於前述的數學模型。

　　影響和限制發射窗口的主要因素有：1.預定軌道面與發射場的經度

與緯度間的關係；2.地面觀察的要求；3.地面目標光照條件的要求；4.太空飛行器上太陽能板光照條件的要求；5.太空飛行器上姿態測量設備的要求；6.太空飛行器軌道精度的要求等。

　　若發射行星探測器，由於各行星與地球分別在不同的橢圓形軌道上繞太陽運行，相互間的距離呈週期性變化，兩者相距最近時才是發射的有利時機，探測器才能於最短的時間內飛抵該星球。例如火星與地球通常每26個月才會兩者間距離運行至最近，因此發射火星探測器的「發射窗口」每26個月才出現一次。

第五節　第一宇宙速度（環繞速度）

　　宇宙速度（cosmic velocity）是太空飛行中、幾個具有代表性的飛行速度之統稱。3個最常使用的為第一宇宙速度（The first cosmic velocity）、第二宇宙速度（The second cosmic velocity）與第三宇宙速度（The third cosmic velocity）。

　　第一宇宙速度是指在地球上發射的物體不墜返地球表面、而繞地球作圓周運動飛行所需的最小初始速度，因此又稱為「環繞速度」，根據計算數值為7.9公里／秒。

　　例如在地球上以火炮發射炮彈，假設沒有大氣圈環繞地球（沒有空氣阻力），炮彈離開炮管口的初始速度必須達到第一宇宙速度7.9公里／秒，它才能在太空中環繞地球飛行而不墜返地面；如果初始速度小於7.9公里／秒，無論它飛行多遠終究會因重力場之引力作用而墜返地面。

　　第一宇宙速度高達7.9公里／秒（等於28440公里/小時），在地球上以火炮或任何設備都無法一次產生足夠的推力而達到這樣的高速度；即使能達到這樣高的速度，炮彈會因不能承受非常龐大的加速度而碎裂，並且地球被大氣圈環繞，高速飛行因與空氣摩擦產生的高熱也會使炮彈焚燬。在太空飛行領域，太空飛行器必須利用多級運載火箭（multistage rocket）分級持續供給推力、爲太空飛行器逐漸增加其飛行速度，達到第一宇宙速度後它才能環繞地球飛行（作圓周運動）。

由於地球表面存在稠密的大氣層，太空飛行器不可能貼近地球表面進行高速圓周運動（空氣阻力太大，會因產生高熱而焚燬），必須在空氣稀薄的180公里以上高度才能高速環繞地球飛行。

第六節　第二宇宙速度（逃逸速度）

第二宇宙速度是從地球表面投射物體直接飛離地球太空所必須具有的初始速度，計算數值爲11.2公里／秒；物體具有此速度才能擺脫地球引力束縛，沿一條拋物線軌道飛離地球太空而進入以太陽爲中心的日心軌道（heliocentric orbit）飛行，因此第二宇宙速度11.2公里／秒被稱爲太空飛行器飛離地球重力場的「逃逸速度（escape velocity）」。

由於逃逸速度係爲擺脫一個星球重力場的引力束縛、飛離該重力場所需的最低速度，每個星球各有其重力場，因此自每個星球發射太空飛行器離開該星球皆各有逃逸速度。逃逸速度與星球的質量成正相關——星球的質量大其引力則強，逃逸速度值也就高。例如擺脫不同星球引力束縛的逃逸速度：月球爲2.4公里／秒、水星爲4.3公里／秒、火星爲5.0公里／秒、金星爲10.3公里／秒（詳參本章第3-1表）。

由於發射太空飛行器不是一次性賦予其飛行速度，而是利用多級運載火箭逐漸增加其飛行速度與軌道高度，當太空飛行器的軌道離地心已數十萬公里時，其飛行速度也已甚高，在此高度下太空飛行器的逃逸速度較小——約爲10.9公里／秒，就能擺脫地球引力束縛而環繞太陽飛行。

1959年1月2日，蘇聯發射的月球1號（Luna 1）探測器飛往月球，由於其運載火箭的燒燃時間出現誤差，致使月球1號在月球上空5995公里處飛掠（flyby）而過（距離地球中心約40萬公里），進入日心軌道飛行，軌道介於地球與火星之間，成爲第一個繞太陽運行的人造飛行器。

星球名稱	擺脫的引力	逃逸速度
太陽	太陽引力	42.1公里／秒
水星	水星引力	4.3 公里／秒
金星	金星引力	10.3公里／秒
地球	地球引力	11.2公里／秒
月球	月球引力	2.4公里／秒
火星	火星引力	5.0公里／秒
木星	木星引力	59.5公里／秒
土星	土星引力	35.6公里／秒
天王星	天王星引力	21.2公里／秒
海王星	海王星引力	23.6公里／秒

第3-1表　脫離太陽系各星球引力的逃逸速度（來源：Solar System Data，美國Georgia State University網站）

第七節　第三宇宙速度

　　第三宇宙速度是從地球表面投射物體、擺脫太陽引力的束縛飛出太陽系，進入浩瀚的恆星際太空飛行所需要的初始速度，計算值為16.7公里／秒。物體達到16.7公里／秒的初始速度，便沿雙曲線軌道飛離地球（相對太陽而言它沿拋物線飛離太陽）。值得注意的是，「16.7公里／秒」是所投射物體的入軌速度與地球公轉速度方向一致時計算出的第三宇宙速度；如果方向不一致，所需速度就要大於16.7公里／秒。由於太空飛行器是利用多級運載火箭逐漸增加其飛行速度與軌道高度，且其飛行軌道離太陽已甚遠，其飛行速度也已甚高，因而此時太空飛行器的飛行速度小於16.7公里／秒，就能擺脫太陽引力束縛而進入恆星際太空（銀河系）飛行。

　　由於第二與第三宇宙速度係分別指太空飛行器從地球發射、要脫離地球與太陽的引力束縛所必需具有之初始速度，因而也分別稱為脫離地球系

與太陽系的「逃逸速度（Escape Velocity）」。

　　至此再一次強調：宇宙速度是從地球表面投射物體（太空飛行器）進入太空、要不墜落返回地球表面，或飛離地球太空、行星際太空（太陽系）所需初始速度的計算數據，只適用於一次性賦予速度的投射物體——如火炮發射炮彈；但太空飛行器係利用多級運載火箭，自地球表面逐漸增加其飛行速度與軌道高度，因此它的軌道「環繞速度」與「逃逸速度」皆低於對應的「宇宙速度」。

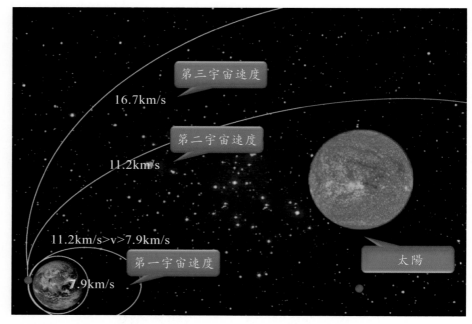

第3-3圖　3個最常使用的宇宙速度：第一宇宙速度是物體繞地球作圓周飛行所需的最小初始速度，又稱「環繞速度」；第二宇宙速度是物體擺脫地球引力束縛環繞太陽飛行所需的最小初始速度，又稱「逃逸速度」；第三宇宙速度是物體擺脫太陽引力的束縛飛出太陽系所需要的初始速度，也係一種「逃逸速度」（圖源：新浪網財經頭條）

第八節　軌道太空飛行與亞軌道（次軌道）太空飛行

　　以運載火箭發射太空飛行器（或任何飛行器）進入太空（飛行高度越過距地球海平面上方100公里的卡門線），係由多級火箭持續供給推力而增加飛行速度，並控制其飛行曲線自垂直逐漸轉為與地面平行飛行；當各級火箭逐漸燃畢被拋棄、太空飛行器進入其預定軌道時，若其速度達到第一宇宙速度7.9公里／秒，太空飛行器繞地球飛行速度所產生之離心力、與地球重力場的引力相等（達成平衡），因而太空飛行器能在軌道上環繞地球飛行，而不會墜落返回地球。若太空飛行器能達成環繞地球飛行一圈，這種飛行現象稱為「軌道太空飛行（orbital spaceflight）」，簡稱「軌道飛行」。

　　若太空飛行器繞地球飛行的速度較低，所產生的離心力低於地球重力場的引力，太空飛行器將無法環繞地球飛行一圈（也即不能進行「軌道太空飛行」），它在到達軌道的最高點之後其高度就會逐漸降低，並且在繞回出發點之前落地。太空飛行器（或任何飛行器）的這種飛行現象稱為「亞軌道太空飛行（sub-orbital spaceflight，或譯「次軌道太空飛行」），簡稱「亞軌道飛行」或「次軌道飛行」。就學術性的觀點而言：亞軌道飛行可視為一個遠地點（Apogee，即軌道的最高點）在太空中、近地點（Perigee）在地面以下（也即近地點距離小於地球半徑）的橢圓軌道；也可以視為一種特殊的拋物線軌道運動。

　　軌道太空飛行主要運用於人造地球衛星、太空船與太空站在地球太空之飛行；亞軌道太空飛行則應用於彈道飛彈與太空旅遊。發射彈道飛彈時通過控制飛彈飛行途中的俯仰（Pitch）角度與偏擺（Yaw）角度，可以大範圍調整其彈道的最高點、射距與落點，使彈道飛彈成為射程能覆蓋大片區域的武器。在太空旅遊方面，太空觀光客搭乘載具，衝出100公里高的

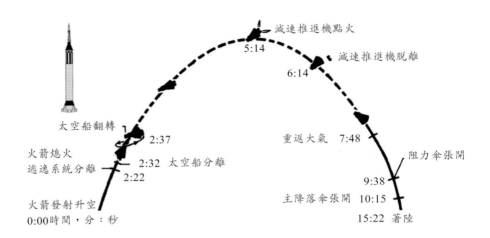

減速推進機點火
5:14
減速推進機脫離
6:14

太空船翻轉
2:37
火箭熄火
逃逸系統分離
2:32　太空船分離
2:22
火箭發射升空
0:00時間，分：秒

重返大氣　7:48
阻力傘張開
9:38
主降落傘張開　10:15
15:22　著陸

第3-4圖　1961年5月5日，美國太空人謝潑德（Alan Bartlett Shepard Jr.）搭載自由7號太空船（Freedom 7）進行亞軌道飛行，成為第一位進入太空的美國太空人：此圖為其亞軌道飛行剖面圖，火箭在前2分22秒推升太空船、虛線為無重力狀態（圖源：NASA）

大氣層後、近似於直上直下的拋物線飛行返回地球，在這段飛行中太空遊覽客可以體驗幾分鐘失重狀態的滋味，與觀賞黑色天空和地球弧線等美麗的近太空景色。

　　值得注意的是：太空飛行器環繞地球運行的速度與軌道高度相關。若太空飛行器繞地球圓形軌道運行，其運行的軌道高度愈低，其環繞速度必須愈高；軌道高度愈高則環繞速度愈低，請參閱第3-2表所列舉的幾個典型軌道高度之環繞速度；或參閱第3-10圖，也可了解運行於地球太空圓軌道的太空飛行器其環繞速度值與軌道高度之關係。

軌道高度（公里）	環繞速度（公里／秒）
200	7.8
500	7.6
1000	7.4
5000	5.9
10000	4.9
20200	3.9
35800	3.1

第3-2表　運行於地球太空圓軌道的太空飛行器，其不同軌道高度之對應環繞速度值

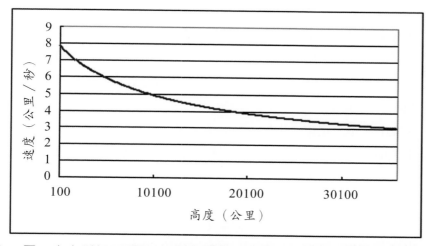

第3-5圖　太空飛行器環繞地球圓形軌道運行時、環繞速度與軌道高度之關係圖

第九節　太空飛行器的初始運行軌道

通常太空飛行器的運動方式主要有兩種：一係環繞地球運行 —— 如人造地球衛星、太空船、太空站等；二係飛離地球在行星際太空航行 ——

如行星探測器、行星著陸器等；但絕大多數的太空飛行器進入太空的初期皆係環繞地球飛行，然後再被控進入環繞地球的工作軌道或飛往行星際太空。

飛行軌道是太空飛行器質心的飛行軌跡，環繞地球進行「軌道飛行」的軌道是一條封閉的曲線，這條曲線形成的平面稱爲太空飛行器的「軌道面」（或「軌道平面」），軌道面與地球赤道面的夾角稱爲「軌道傾角」（參閱本書第五章第三節）。本節以環繞地球飛行的人造地球衛星爲例，談談太空飛行器進入地球太空的初始運行軌道。

太陽系各行星在太空中運行皆遵循「克卜勒三定律（Kepler's Three Laws）」；運載火箭將人造地球衛星送入地球太空，衛星繞地球飛行也遵循克卜勒三定律。人造地球衛星遵循克卜勒三定律的要點如下：

‧**克卜勒第一定律**（**也稱「橢圓定律」**）——人造地球衛星繞地球運行的初始軌道爲一橢圓，地球在橢圓的一個焦點上；其長軸的兩個端點是衛星離地球最近和最遠的點，分別被命名爲「近地點（Perigee）」和「遠地點（Apogee）」。

‧**克卜勒第二定律**（**也稱「等面積定律」**）——人造地球衛星在橢圓軌道上繞地球運行時，其運行速度是變化的，在遠地點時速度最低，在近地點時速度最高。速度的變化遵循「等面積定律」——即衛星的向徑（衛星至地球的連線）在相同的時間內掃過的面積相等。

‧**克卜勒第三定律**（**也稱「週期定律」**）——人造地球衛星在橢圓軌道上繞地球運行，其運行週期取決於軌道的半長軸——運行週期的平方和橢圓軌道的半長軸的立方成正比。依據第三定律，不管衛星運行的軌道形狀如何，只要半長軸相同，它們就有相同的運行週期。

由以上的說明可知，運載火箭發射人造地球衛星進入的初始軌道（initial orbit）爲一個橢圓軌道（請參閱本書第二章第2-2表的「軌道高度」欄）。爲執行既定任務，當人造地球衛星必須在圓形軌道運行或轉移至更高的橢圓形軌道上時，通常是於人造地球衛星運行到軌道的適當位置

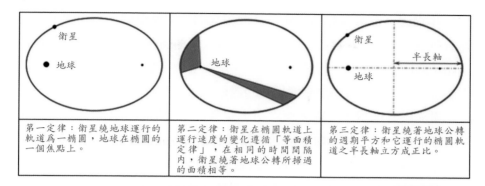

| 第一定律：衛星繞地球運行的軌道為一橢圓，地球在橢圓的一個焦點上。 | 第二定律：衛星在橢圓軌道上運行速度的變化遵循「等面積定律」，在相同的時間間隔內，衛星繞著地球公轉所掃過的面積相等。 | 第三定律：衛星繞著地球公轉的週期平方和它運行的橢圓軌道之半長軸立方成正比。 |

第3-6圖　人造地球衛星的初始軌道是遵循克卜勒三定律的橢圓形軌道

時，啟動衛星上的發動機為衛星增加速度，使衛星進行「霍曼轉移」而進入圓形軌道或更大的橢圓軌道運行。

　　此外，人造地球衛星初始軌道的形狀和大小決定於它的半長軸和半短軸之數值：半長軸和半短軸的數值愈大，則軌道愈高；半長軸與半短軸數值相差愈多，軌道的橢圓形愈扁長；半長軸與半短軸相等則為圓形軌道。

第十節　霍曼轉移

　　運載火箭為了充分利用其投送太空飛行器的能量，或因推力不足以將太空飛行器送到遠離地球的高軌道，通常先將它送入「停泊軌道（parking orbit）」，再進行「軌道轉移」，使它進入預定的目標軌道或高軌道。這項「作為」稱為「軌道轉移」（簡稱「變軌」）；變換軌道的「中間軌道」稱為「轉移軌道」或「過渡軌道」。

　　「霍曼轉移（Hohmann transfer）」是太空飛行器節省推力能量的「軌道轉移」操作，能利用較少的推力將太空飛行器從低軌道送入高軌道，其所飛行的軌道稱為「霍曼轉移軌道（Hohmann transfer orbit）」。

　　霍曼轉移係德國科學家瓦爾特・霍曼（Walter Hohmann）博士於

1925年提出。在兩條傾角相同、高度相異的圓形軌道間，將太空飛行器
從低軌道（如：初始軌道、停泊軌道）沿一條橢圓形轉移軌道送往高軌道
（如：地球同步軌道、行星際軌道）、是太空飛行器進入高軌道最節省推
力能量之方法，這種軌道高度提升的過程稱爲「霍曼轉移」。

　　霍曼轉移過程中，需要兩次對太空飛行器施加推力以增加其飛行速
度，才能由較低的圓形軌道轉進至較高的圓形軌道飛行。參閱第3-7圖，
太空飛行器在（綠色）低軌道1的適當位置，火箭或太空飛行器啓動推進
系統發動機增加適量的飛行速度，太空飛行器會轉入一個半長軸增長的橢
圓形（黃色）轉移軌道2飛行，該加速位置是橢圓形軌道的近地點；太空
飛行器抵達橢圓形軌道的遠地點時，再一次啓動推進系統發動機增加適量
的飛行速度，太空飛行器則轉入圓形軌道3（紅色）飛行；若在其遠地點
不賦予飛行速度，太空飛行器則沿黃色虛線的橢圓形軌道飛行。簡而言
之，經過兩次於適當的位置點增加適量的飛行速度，太空飛行器得以從低
圓軌道的轉移至高圓軌道；若只進行一次增加適量的飛行速度，太空飛行

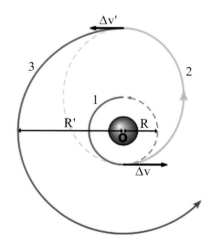

第3-7圖　霍曼轉移是太空飛行器從低軌道進入高軌道最節省推力能量之
　　　　方法（圖源：維基百科中文版）

器則進入一條較大的橢圓形軌道飛行。霍曼轉移雖然火箭或太空飛行器所用到的能量最低，但太空飛行器的飛行時間卻增長了。

　　反過來，霍曼轉移也可將太空飛行器從高軌道送往較低的軌道，不過是兩次減速而非加速。

　　同一枚運載火箭發射衛星進入地球同步軌道，透過經由霍曼轉移進入地球同步軌道的投送能力，遠較直接將衛星發射進入地球同步軌道的投送能力大多了。以美國三角洲（Delta）四號重型運載火箭發射衛星進入地球同步軌道為例，採用霍曼轉移（這條特殊軌道稱為「地球同步轉移軌道」，參閱本書第五章第4-7節）的投送能力為13,130公斤，直接送入地球同步軌道的投送能力僅為6,276公斤，顯而易見「霍曼轉移」是運載火箭將太空飛行器、送入高地球軌道或行星際軌道最節省推力能量的方法。

　　「霍曼轉移」在太空飛行器執行月球太空飛行與行星際太空飛行任務時經常被應用，本書第六章第7-1節以印度發射曼加里安號火星軌道探測器（Mangalyaan Mars Orbiter）飛往火星為例，詳加說明。

第十一節　軌道保持

　　太空飛行器的「軌道保持（orbit keeping）」也稱「軌道維持」。當太空飛行器進入工作軌道運行一段時間後，在外界的干擾作用下會逐漸偏離預定軌道，必須定時由航太測控站經過測量與計算，發出控制指令，遙控飛行器上推進子系統的某些小發動機啟動，給予適量的推力，調整太空飛行器的軌道參數，對其飛行軌道進行修正，使太空飛行器恢復飛行於既定的軌道。

　　太空飛行器的軌道保持主要有：低地球軌道保持、太陽同步軌道保持與地球靜止軌道位置保持3類，分別說明於下：

11-1、低地球軌道保持

　　太空飛行器繞地球運行的軌道高度介於300公里至2000公里之間者、稱之爲低地球軌道或低軌道，高度低於500公里的軌道則可稱爲「甚低地球軌道」，太空船、太空站與少數人造地球衛星運行於「甚低地球軌道」。軌道高度低於500公里的地球太空具有稀薄的空氣，會對運行的太空飛行器產生阻力　，加上地心引力、微弱的太陽和月球引力之干擾作用，以及地球不是質量均勻的圓球體的影響，因而運行於「甚低地球軌道」的太空飛行器會較快地降低軌道高度而偏離預定的軌道，必須進行軌道保持。例如運行於近地點約爲347公里、遠地點約爲360公里、軌道傾角爲51.6度近地球軌道（資料日期：2010年6月18日）的國際太空站（International Space Station，簡稱ISS），其運行軌道每月降低2公里，必須定時進行軌道保持，上升至既定的運行軌道。因此航太測控中心必須經常遙測太空飛行器的軌道與姿態資料，於適當時機發出指令、通過太空飛行器上推進子系統的小型發動機噴出推進劑（或稱「燃料」）增加它的飛行速度，使它上升至預定的軌道運行；若太空飛行器的姿態有所改變，也必須利用推進子系統的小型發動機噴出推進劑產生作用力，使太空飛行器回歸正確的姿態。

11-2、太陽同步軌道保持

　　太陽同步軌道對地球觀測衛星（如照相、氣象、地球資源、海洋和環境監測衛星等）特別重要，因爲它能提供一個恒定太陽方位角，使衛星獲得相同的良好光照條件，對地球進行最佳的觀測與對比。

　　太陽同步軌道的定義是衛星軌道面進動（the precession of the orbital plane）的速度與地球對太陽的公轉速度相等。這是由於地球係一個稍微扁圓的球體（赤道直徑約較極直徑多22公里），接近赤道的多餘質量造成人造地球衛星的高傾角軌道面自動繞著地球軸線慢速旋轉（稱爲「進

動」），旋轉（進動）的速度取決於軌道的高度和傾角。當軌道高度約為600至1000公里、週期在96至100分鐘間，軌道傾角約為98度（輕微的逆轉軌道）時，軌道面每天向東移動0.9863度（與地球公轉的角速度相同），也即這條衛星軌道與太陽相對位置保持不變，因而稱為太陽同步軌道（參閱第五章第4-5-3節）。

　　發射太陽同步軌道衛星時，選擇適當的軌道高度和傾角來保證衛星進入預定的軌道運行；運行於太陽同步軌道的衛星則由地面測控站適時地發出指令、啟動衛星推進子系統的發動機，對軌道的高度和傾角進行修正，就能使它「恢復」到預定太陽同步軌道運行。

11-3、地球靜止軌道保持

　　運行於地球靜止軌道的衛星，其相對地球的位置與指向必須保持精確，才能正常工作。位置保持精確是為了避免相鄰衛星之間的通信干擾，為此各個對地靜止衛星的間隔有一定限制；衛星的指向精確才能執行優質的工作——例如通訊衛星能經常保持其天線指向的精度要求，可簡化大量的地面接收天線，同時防止天線增益下降和覆蓋區域的波動。

　　地球靜止軌道衛星的軌道保持方式可以分為地面控制（非自主）和自主控制兩種類型。地面控制的軌道保持系統由地面遙測、跟蹤、指令、資料處理和控制設備，以及衛星上對應的測量和控制設備組成。其中以地面設備為主體，由它來測量、處理衛星的姿態和軌道資料，確定全部指令參數如點火相位、時間和次數等，並向衛星發送執行指令，使地球靜止軌道衛星的位置與指向恢復至預定的數值。目前絕大多數通信衛星的軌道保持採用地面控制方式，其優點係星上設備簡單可靠，使用時靈活性強。

　　自主控制的軌道保持系統的整個測量控制回路都設置於衛星上。這種自主位置保持的優點是不需要地面遙測、跟蹤和指令站以及控制和資料處理中心，可以避免因星載指令接收系統受干擾和地面設備受破壞而影響工作，對軍用通信而言很有價值。自主位置保持已成為今後的發展方向。

第十二節　重力助推

　　重力助推（gravity assist）也稱爲「重力彈弓效應（gravitational slingshot）」，或「繞行星變軌（around the planet swing-by）」。在航太動力學中，太空飛行器可利用與行星或其他天體的相對運動和重力、來增加（或降低）其飛行速度與改變其飛行方向，而達到節省推進劑、減少飛行任務時間與成本之目的。重力助推的「助力」係由重力體（行星）的運動而作用於太空飛行器的。

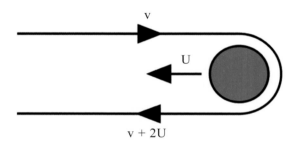

第3-8圖　太空飛行器以v速率、繞飛掠過以U運行速率的行星可設想爲
　　　　　「彈性碰撞」，在符合動量守恆定律、能量守恆定律、以及行
　　　　　星的質量遠大於太空飛行器的質量之條件下，太空飛行器繞飛
　　　　　後的飛行速率增加爲v＋2U（圖源：維基百科中文版）

　　行星際飛行器引力助推的數學計算十分複雜，但可予以簡化從物理原理以動量守恆定律來解釋。參考第3-8圖所示的例子，圖中所示爲太空飛行器（如航海家1號）飛越掠過行星（如土星）的情形。
　　重力助推之所以被稱爲「重力彈弓效應」，因爲它與「彈性碰撞」頗爲類似。重力助推係利用太空飛行器與行星或其他天體的相對運動與重力，使太空飛行器與行星交換軌道能量，像彈弓一樣把太空飛行器拋出去。第3-8圖中的太空飛行器以速率v飛向軌道運行速率爲U（逆向）的行

星，繞飛行星後方飛離行星時成為與行星運行方向相同；這樣現象可設想為太空飛行器與行星「彈性相撞」後被彈回來。太空飛行器以速率v與逆向速率為U的行星相撞，太空飛行器相對於行星的速率為v + U；假設碰撞是彈性的，並且由於行星的質量比太空飛行器大很多，太空飛行器的質量可忽略不計，以及行星的運行速率未受影響仍以原有的速率U運行，那麼飛行器反彈時相對行星的速率仍然是v + U，但相對於天體系統而言太空飛行器反彈後的速度v + 2U，也即太空飛行器得到了2倍行星速率的「速度增值」。

　　上面的邏輯是否違背「守恆定律」？當然沒有違背。由於行星的質量相對於太空飛行器實在太大了，行星被「彈性相撞」後只發生一點極其微小的擾動，而太空飛行器增加的動能則來自行星（可衍生為任何星體）。只有同時符合動量守恆定律、能量守恆定律、以及行星的質量遠大於太空飛行器的質量，才能得到飛行器的新速度為2U + v。

　　重力助推的應用有下列3類方式，應用實例參閱本書第六章第7-2節：

　　• **重力加速** —— 從天體的後面（以行星在軌道上運行的方向為「前面」）追上天體，在飛過的同時獲得重力加速。通常只適用於探測地球外側天體（如木星、土星等）的探測器上，如航海家1號、2號探測器（參閱本書第六章第7-2-1節）、卡西尼-惠更斯（Cassini-Huygens）探測器、伽利略（Galileo）探測器、新視野（New Horizons）探測器等。（有關「地球外側、地球內側天體」參閱本書第一章第1-5圖）

　　• **重力減速** —— 從天體的前面通過，飛臨的時候會被天體的重力減速。通常只適用於發射地球內側天體（如水星、金星）的探測器上。水星距離太陽太近，探測器在飛向水星的過程中會被太陽引力加速飛向太陽，最終無法被水星的引力捕獲。所以為了要使探測器被水星引力捕獲進入水星軌道，必須利用金星和地球等的引力為探測器減速。（有關重力減速的實例之一，參閱本書第六章第7-2-2節與第十章第2-2節）

　　• **無動力回歸式飛過**（free-return flyby）—— 無動力回歸式飛過是已

遠離主天體（如地球）的太空飛行器，飛過（繞飛）次級天體（如月球）時由於次級天體的重力助推，導致太空飛行器在無動力（推進器不作用）的情況下返回到主天體（如地球）。最有名實例為推進系統失去功能的阿波羅13號太空船，3名太空人利用無動力回歸式飛過、繞飛月球後安返地球而救了他們（參閱本書第六章第7-2-3節，或詳參《阿波羅13號》一書，顏安譯，五南圖書出版公司印行）。

第十三節　結語

「航太」係一門非常廣博與深奧的科學，本章只介紹一些必須了解的基本概念，讀者透過閱讀本書各章或其他相關書籍可獲得較為完整的基本概念。

第四章

運作太空飛行器必需的工程系統

第一節　緒言

　　人造地球衛星、太空船、太空站、太空梭（航天飛機）、太空探測器等太空飛行器（也稱「航天器」），需要將它自地球表面發射送至太空、並控制它進入預定的軌道飛行（或運行），才能執行其既定任務；當返回式人造衛星、太空船與太空梭完成任務後，其返回艙與太空梭軌道飛行器（Orbiter Vehicle，參閱本書第二章第2-4圖之說明與第六章第九節）還必須返回地球，安全地降落於地球表面，才圓滿完成其既定任務。本章將就實施太空飛行器的發射、入軌與返回必需的工程系統，作一扼要說明。

第二節　發射與回收太空飛行器必需的工程系統

　　要將太空飛行器（航天器）成功發射、進入太空軌道、執行預定的任務，以及達成飛行任務後回收，必需的太空飛行器工程系統通常由以下多個系統組成：

2-1、發射場系統

　　發射場系統係發射太空飛行器的專用場地。傳統皆設置於陸地，自陸

地發射運載火箭或太空梭將太空飛行器送入太空軌道；極少數發射場設置於巨型船舶上，自海上發射火箭將太空飛行器送入軌道；也有利用大型飛機載運火箭至空中，自空中釋放火箭，再由火箭將太空飛行器送入太空軌道。

在陸地發射場與海上發射船舶，必須設有發射控制中心、複雜而完備的發射台和發射塔架（空中發射則爲發射飛機）、測試廠房、各種測試儀器與設備、燃料儲存庫和加注系統、氣象觀測系統、各種光學和無線電的跟蹤測量系統等；發射控制中心對發射太空飛行器全過程的作業進行指揮與控制，並作出各種決策。

2-2、發射動力系統

太空飛行器必須由一種動力系統將它送上太空，並使它達到第一宇宙或第二宇宙速度，才能在軌道上圍繞地球運行或飛向其他星球，目前唯一的發射動力系統是運載火箭。1981至2011年間，美國曾有一些太空飛行器利用太空梭載運至太空近地軌道釋放入軌，或釋放後再以上面級火箭（如「慣性上面級（Inertial Upper Stage）」或「有效載荷輔助模組（Payload Assist Module）」等）將它發射進入其預定軌道。

2-3、太空飛行器系統

太空飛行器包括人造衛星、太空船、太空站、太空梭、太空探測器等進入太空的飛行器，分別係一個能執行既定飛行任務、功能完整的飛行器系統。有關太空飛行器的基本構造可以參考本書第五章第二節──「人造衛星的構造」。

2-4、航太測控網系統

航太測控網系統是一個全球設站組網、大範圍和全天候、對運載火箭與太空飛行器的飛行與操作進行遙測與控制，使太空飛行器得以按照既定

的任務目標與程序、順利進入軌道與運行的龐大複雜系統。詳細參閱本章
第三節、第四節與第五節的說明。

2-5、航太產品（數據與資料）收集與應用系統

　　航太產品（數據與資料）收集與應用系統負責太空飛行器所探測、勘
察的數據與資料之接收、處理、彙整與存儲，以及數據與資料應用之分發
與推廣等。

第4-1圖　　完成組裝與測試的中國長征五號火箭（發射動力系統）聳立
　　　　　於自走式承載平台上，正由海南文昌發射場的總裝大樓行進至
　　　　　101發射工位（圖中左側的龐大建築物）（圖源：9ifly.cn）

2-6、回收區系統

　　返回式人造衛星與太空船的返回艙以及太空梭的軌道飛行器，必須
飛返地球在回收區著陸。通常返回艙的回收區系統由廣大平坦原野，與偵
測、尋覓以及回收返回艙的相關設備、車輛、直升機等組成；美國太空船
的返回艙主要濺落（splashing down）於廣闊的海洋，利用軍艦與直升機
進行回收。

　　美國太空梭軌道飛行器的著陸區為特定的飛機場，水平飛行降落於機
場跑道（參閱本書第六章第九節）。

第4-2圖　中國的神舟號系列太空船返回艙的回收區為內蒙古四子王旗的廣大平坦原野；圖為神舟一號（無人）太空船返回艙降落之瞬間（圖源：新華社）

第4-3圖　美國太空船返回艙的回收區為海洋，返回艙濺落於海上後，由等候於附近的美國軍艦派出直升機吊掛運回軍艦（圖源：NASA）

第三節　航太測控網系統

　　太空飛行器是人類所設計與製造，靠火箭或太空梭送入太空、由人類操控按照天體力學的規律在地心軌道或日心軌道飛行、執行既定任務的各類飛行器，航太測控網系統就是人類操控太空飛行器的唯一通道。

3-1、航太測控網系統的功能

　　航太測控網系統的全名係「航太追蹤、遙測與控制網系統（Aerospace Tracking, Telemetry and Command Network Systems）」，是用以對飛行中的運載火箭和太空飛行器進行追蹤、遙測和遙控，以及接收與處理所獲的追蹤與遙測資料、發送遙控指令的專用綜合電子網路系統。航太測控網的主要技術指標包括測量精度與距離、測控覆蓋率、天地資料傳輸速率、多工支援能力等。

　　當運載火箭自發射台發射升空，承載著太空飛行器飛向太空，運載火箭與從火箭釋放後的太空飛行器一直處於航太測控網系統的控制狀態，依照程序進行預定的操作，以達成既定的任務；具體而言：航太測控網是用以對運載火箭、各種太空飛行器提供高精度的測量與控制支援服務，來實現太空飛行器飛向太空、進入預定的軌道（或飛行航道）、軌道保持、軌道轉移、地球靜止軌道定點、多星組網飛行、返回艙返回地面、太空船交會對接等作業的遙控系統。

3-2、航太測控網系統的組成

　　航太測控網系統主要由下列數個作業分系統經系統整合而組成：

　　• 追蹤測量分系統——利用追蹤站的大天線追蹤飛行中的運載火箭或太空飛行器，即時測量出它們的軌道位置、速度和方位角等參數，進而測定其飛行軌跡或運行軌道。

•**遙測分系統**——接收飛行中運載火箭或太空飛行器各分系統的工作情況數據，或太空飛行器上各感測器所測得的資訊，經轉換為電子數位代碼（digital code），傳送至接收站，經處理後供分析與應用。

•**遙控分系統**——依據前兩分系統所蒐集的資料，經分析、對比、判斷與處理後，通過無線電對運載火箭或太空飛行器的姿態、軌道和其他運作進行控制與操作。

•**運算分系統**——用以進行測控網系統內相關的資料處理與計算作業。

•**時間統一分系統**——為整個測控系統提供標準時刻和時標。

•**顯示與紀錄分系統**——顯示火箭或太空飛行器的遙測資訊、飛行軌道和其他參數等之變化情況，以及相關影像，並予以紀錄存檔。

•**通信與資料傳輸分系統**——係測控網系統內各種電子設備和各站台間的信息傳輸網路，用以傳輸各個分系統間的資訊，以及實現指揮與調度。

以上7個作業分系統分別安裝在地理位置適當的多個測控站（包括陸地測控站、海上的測量船、空中的測控飛機，以及太空中地球靜止軌道上的數據中繼衛星系統）和多個測控中心，通過網路聯接構成整體「航太測控網系統」。

航太測控網依據其測控任務可分為運載火箭測控網、人造地球衛星測控網、載人航太測控網和深空測控網。這是由於不同任務所需的測控要求不同，因而測控網站布局、設備配置與設備性能等皆有所差異。例如：運載火箭發射時，要求對發射段全航程測控覆蓋，目標具有高加速性和高動態性；人造地球衛星在軌運行或太空飛行器深空飛行時，則只要求每天進行數次定時測控；載人太空飛行則要求對太空船入軌、交會對接、返回艙分離、再入與著陸等進行全航程測控覆蓋，並要求有語音、電視、圖像和雙向資訊傳輸通道；深空測控網因太空飛行器離地球甚遠，無線電波傳輸距離很遠，除了既有的測控網，還需要有直徑30～100公尺的跟蹤天線組

成的「甚長基線干涉測量網」協助測控。

第四節 中國的航太測控網系統

中國的航太測控網系統由統一S波段航太測控網、天鏈跟蹤和資料中繼衛星網、甚長基線干涉測量系統、深空測控網等整合組成。

4-1、統一S波段航太測控網

統一S波段（Unified S-Band，簡稱USB）航太測控網是指使用S波段的微波，將太空飛行器的跟蹤測軌、遙測、遙控和天地通信等功能合成一體的無線電測控系統，係中國測控運載火箭、人造地球衛星、太空船與深空探測器等太空飛行器的主要測控網。

統一S波段航太測控網由西安衛星測控中心為中樞，整合北京航太飛行控制中心，西昌、太原、酒泉、文昌航太發射中心，渭南站、東風站、長城站、青島站、密雲站、黃河站、廈門站、昆明站、佳木斯站、喀什站、銅鼓嶺站、三亞站與西沙站等國內測控站，與巴基斯坦的卡拉奇（Karachi）站、肯亞的馬林迪（Malindi，Kenya或譯「肯尼亞」）站、西南非洲納米比亞的斯瓦科普蒙德（Swakopmund）站、南美洲智利的聖地亞哥（Santiago）、巴西的阿爾坎塔拉（Alcântara）站、阿根廷的內烏肯（Neuquén）站、法國屬地的凱爾蓋朗（Kerguelen）站、瑞典的基律納（Kiruna）站等國外測控站，以及4艘遠望號測量船與天鏈數據中繼衛星星座整合而成。它是一個使用S波段（約2.2GHz，因其在大氣層中的衰減為所有波段中最少）的微波統一測控網，利用S波段為統一公共射頻通訊通道，將太空飛行器的追蹤、測軌、遙測、遙控與天地通信等功能合成一體的無線電測控系統。這個龐大航太測控網的中樞——西安衛星測控中心、目前管理的在軌太空飛行器已超過700顆，並且已經具備同時對900顆在軌太空飛行器實施「軌道測定、狀態監視、姿態調整、軌道控制、維

護維修」的能力。

　　在這個航太測控網中，西安衛星測控中心負責對分布在國內、外的多個測控站、船、中繼衛星組成的測控網實施管理；北京航太飛行控制中心是太空飛行器飛行任務全過程的指揮與控制神經中樞，是所有測控資訊的集散地，太空飛行器飛行任務的各階段資料注入與指揮控制，均由北京航太飛行控制中心負責；西昌、太原、酒泉與文昌航太發射中心主要負責發射時對火箭的測控任務，準確判斷運載火箭飛行狀態，在發生故障、情況危急時立即正確分析情況並做出因應決策，保證發射段火箭與太空飛行器的安全，並接收、記錄北京中心轉發的太空飛行器遙測資料以及必要時對太空飛行器上傳注入指令等。

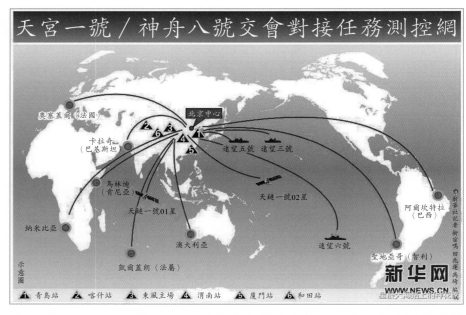

第4-4圖　2011年11月3日，中國神舟八號太空船與天宮一號實驗性軌道飛行器在太空軌道交會對接，當時執行任務的航太測控網之測控中心、觀測站（船）與天鏈中繼衛星等分布示意圖（圖源：新華網）

　　各測控站（船）的主要設備有：1.衛星通信系統──確保每一個測控站（船）和測控指揮中心之間的信息傳輸；2.單脈衝雷達（Monopulse radar）──用於捕獲和追蹤太空飛行器；3.微波統一測控系統（microwave unified monitoring and control system）──是主要測控設備，按照應答式雷達原理工作，太空飛行器收到它的微波信號後會發出回答信號；遙測、遙控、通信的數位信號全靠它來上下傳送。各測控站（船）在這些設備運作下，指揮中心、測控站（船）和太空飛行器之間形成了一個雙向暢通的資訊迴路。

4-2、天鏈跟蹤和數據中繼衛星網

　　中國於2008年、2011年與2012年陸續發射天鏈一號衛星01星、02星與03星，分別定點於地球靜止軌道的77.0°E、176.72°E、16.86°E，於2012年組網、形成初期的天鏈跟蹤和數據中繼衛星網。2016年與2021年再陸續發射天鏈一號衛星04星（76.95°E）與天鏈一號衛星05星（106.2653°E）；以及2019年發射天鏈二號衛星01星（79.9°E）、2021年與2022年發射天鏈二號衛星02星（171.04°）與03星（定點經度待查），8顆天鏈衛星共組新一代多功能的天鏈跟蹤和數據中繼衛星網，用為中國統一S頻段航太測控網的增強系統。

　　天鏈跟蹤和數據中繼衛星網能執行下列三項主要功能：

　　1.對中、低軌道衛星進行連續跟蹤，以及通過轉發它們與測控站之間的測距和多普勒頻移（Doppler Shift）資訊，實現對這些衛星軌道的精確測定。

　　2.為對地觀測衛星即時轉發其遙感、遙測資料數據給地面接收站。

　　3.為神舟系列載人太空船、天宮一號與天宮二號實驗性軌道飛行器、天宮太空站，與航太測控中心之間的通信和資料數據傳輸進行中繼傳遞。

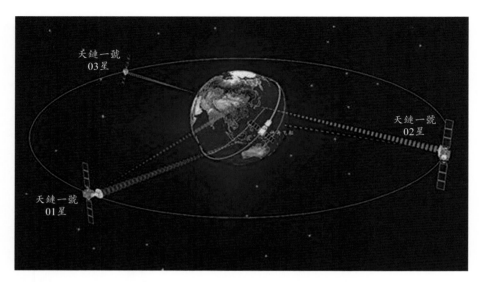

第4-5圖　中國「天鏈一號」衛星組網示意圖。天鏈一號衛星的01星、
　　　　02星與03星分別定點於地球靜止軌道上的77.0°E、176.72°E、
　　　　16.86°E，於2012年形成中國初期的跟蹤和數據中繼衛星網
　　　　（圖源：中國航天科技集團）

4-3、甚長基線干涉測量系統

　　甚長基線干涉測量（Very Long Baseline Interferometry，簡稱VLBI）
系統係利用相距甚遠（也就是基線甚長）的數座大直徑無線電望遠鏡
（radio telescope，或稱「射電望遠鏡」）整合為系統，同時觀測一個天
體或飛行目標，以產生一座大小相當於射電望遠鏡之間最大間隔距離的巨
型虛擬望遠鏡之觀測效果。

　　中國的「甚長基線干涉測量」系統由中國科學院建設，係以該院所
屬（北京密雲）國家天文台、上海天文台、昆明天文台和烏魯木齊天文台
的4座射電望遠鏡，以及位於上海天文臺之資料處理中心組成。這樣VLBI
系統所構成的望遠鏡解析度相當於口徑為3000多公里的巨大的綜合望遠
鏡，測角精度可以達到百分之幾角秒，甚至更高，能追蹤測得遠距離目標

飛行軌道的精密數據，因而被稱爲「VLBI測軌分系統」納入中國的航太測控網系統。

　　中國嫦娥系列月球探測器飛往月球的航太測控作業，由於地-月間的距離遠達38萬餘公里，除了使用統一S波段航太測控網外，必須將「甚長基線干涉測量」系統用爲嫦娥系列月球探勘器的測軌分系統，進行即時軌道參數高精度測定，在嫦娥一、二、三、四、五號的探月、著月或採樣返回，以及嫦娥二號探測圖塔蒂斯（Toutatis）小行星等過程中皆發揮了重要的作用，爲嫦娥探測器飛行任務的成功作出卓越的貢獻（有關嫦娥系列探測器探月、著月及著月採樣返回，請參閱本書第九章第4-6節、第4-9節、4-12節、4-13節，與4-16節）。

　　2020年7月23日中國發射天問一號火星探測器，「甚長基線干涉測量」系統負責「天問一號」在地火轉移段、火星捕獲段、停泊段、離軌著陸段、科學探測段等各個飛行段的VLBI測量和軌道計算任務（有關「天問一號探測火星」請參閱本書第十章第5-1節）。

4-4、深空測控網

　　中國於2016年建成由3個測控站聯網組成的深空測控網系統。這3個測控站的主要設備是：喀什測控站增建的直徑35公尺測控天線、佳木斯測控站新建的直徑66公尺測控天線（皆已於2012年完成），與南美洲阿根廷南部內烏肯（Neuquén）省新建的直徑35公尺測控天線（於2016年建成），以及具備S、X和Ka三個頻段功能的測控和資料接收能力之裝備等。喀什站與佳木斯站兩地相距約2000公里，經過驗證其測控能力已可達到6400萬公里。但由於地球自轉，僅這2個深空測控站還不能實現全天24小時覆蓋，每天會有8～10個小時的測控盲區，2016年在阿根廷內烏肯站增建35公尺測控天線後，測控覆蓋率提高到90%。2018年在納米比亞站增建18公尺S/X雙頻段測控設備後，進而達成100%的測控覆蓋率。中國係繼美國和歐洲之後，第3個建成全球布站深空網的國家。由於深空網各站

皆配置了干涉信號採集終端，因而進一步提升了中國甚長基線干涉測量系統追蹤測定目標飛行軌道數據的精準度。

　　據媒體報導，2019年6月5日中國在黃海海域成功實施首次海上發射衛星，「測控任務」係由中國商業航天測控與數據傳收服務公司「航天馭星」承擔。航天馭星公司成立於2016年10月，具有6個測控站、1個衛星測控指揮中心，是一個能夠提供包括火箭測控、衛星在軌測控與運控管理（簡稱「測運控」）、衛星碰撞預警等服務在內的衛星在軌綜合管理服務商。這次海上發射長征11號火箭，該公司調動了國內外6個衛星測控站為火箭發射及7顆衛星中的4顆衛星入軌提供測控服務，這是中國民營商業衛星測控公司首次完整執行火箭測控、衛星入軌測控及境外測控任務，未來中國可能擁有公營與民營兩組航太測控網系統，相輔相成地執行航太測控任務。

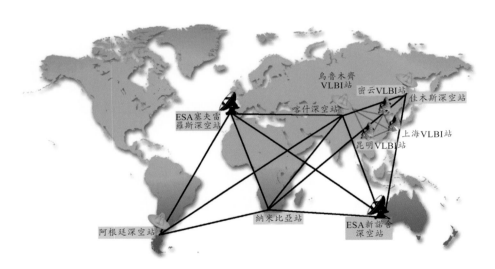

第4-6圖　中國「甚長基線干涉測量系統」與「深空測控網系統」的各測控站示意圖。圖中各測控站與歐洲太空總署（ESA）的2個測控站聯網作業，能更進一步優化干涉測量基線幾何構型，提高測量精度（圖源：吳偉仁等：《中國深空測控網現狀與展望》）

第五節　美國的航太測控網系統

美國航太總署的航太測控網系統由近空網（Near Earth Network，簡稱NEN）、太空網（Space Network，簡稱SN）與深空網（Deep Space Network，簡稱DSN）3大系統整合而成，它們的主要功能係對太空飛行器進行跟蹤、遙測、遙控（指令）與提供通訊，爲美國與外國官方或企業機構的航太飛行任務提供相關服務，扼要說明於下。

5-1、近空網

近空網爲低地球軌道（LEO）太空飛行器、地球同步軌道（GSO）太空飛行器、高橢圓軌道（HEO）太空飛行器與月球軌道太空飛行器等，提供遙測、地面跟蹤、遙控、數據和通信等服務。

近空網整合了全球多處美國航太總署（NASA）和外國機構的相關航太設施來提供前述的服務。外國機構有挪威康士伯衛星服務公司（KONGSBERG SATELLITE SERVICES，簡稱KSAT）、瑞典太空服務公司（Swedish Space Corporation，簡稱SSC）與南非國家太空署（The South African National Space Agency，簡稱SANSA）、分別各提供了3座、6座與1座地面追蹤站的設備（天線直徑6.1至18.3公尺，VHF、S、S/X、S/Ka等頻段）組網服務。請參閱第4-7圖。

座落於美國馬里蘭州綠帶市（Greenbelt, MD，位於華盛頓特區東北方約6.5公里處）的戈達德太空飛行中心（Goddard Space Flight Center）負責近空網的運作。

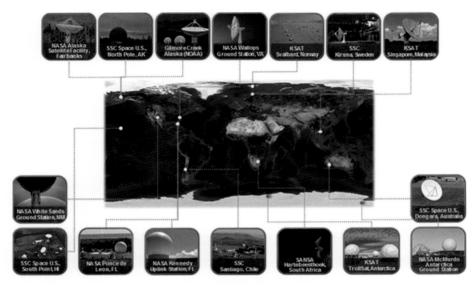

第4-7圖　美國航太測控網系統近空網的全球布局示意圖。圖中除顯
　　　　示各站的地理位置，並顯示該站的主要設備與提供機構（如
　　　　NASA、KSAT、SSC、SANSA等）（圖源：NASA）

5-2、太空網（「跟蹤與數據中繼衛星」）系統

　　太空網也被稱為「跟蹤與數據中繼衛星（Tracking and Data Relay
Satellite，簡稱TDRS）網」系統，建構始自1980年代初期，取代美國航
太總署原有的全球地面跟蹤站網（曾支援美國載人航太飛行），能為在軌
運行的衛星與地面接收站之間提供近乎不中斷的通信鏈路，用以服務地球
太空中軌道高度介於73公里至3000公里太空飛行器的通訊、跟蹤、時鐘
校準，以及相關測試數據的轉傳（中繼）等，也為美國軍用衛星系統中繼
數據資料。

　　太空網系統包括：

　　•一組由部署於地球靜止軌道的通訊衛星組成「跟蹤與數據中繼衛
星（Tracking and Data Relay Satellite，簡稱TDRS）」星座，目前在軌運
作的共有第一代的F3、F5、F6、F7（也稱TDRS-3、TDRS-5、TDRS-6、

TDRS-7）、、第二代的F8、F9、F10（也稱TDRS-8、TDRS-5、TDRS-9、TDRS-10）與第三代的F11、F12、F13（也稱TDRS-11、TDRS-12、TDRS-13）共10顆衛星。

　　• 二座跟蹤數據中繼衛星的地面終端站（相隔約5公里）設立於美國新墨西哥州的航太總署白沙站區（NASA White Sands Complex），所有上傳中繼衛星的指令與衛星下傳的遙測資料皆經由白沙基地終端站進行。

　　• 一組雙邊測距轉發器系統（Bilateration ranging transponder system，簡稱BRTS）為跟蹤與數據中繼衛星提供精確的跟蹤支持；雙邊測距轉發器系統的設備部署於新墨西哥州的白沙飛彈測試場（White Sands Missile Range）、關島、阿森松島（Ascension Island）與澳洲愛麗絲泉（Alice Springs, Australia）。

　　座落於美國馬里蘭州綠帶市的戈達德太空飛行中心負責太空網的運作。

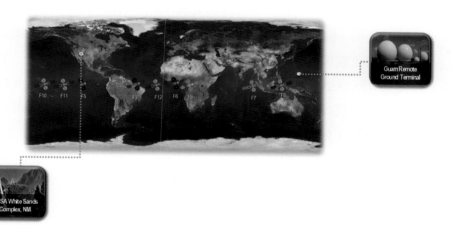

第4-8圖　美國航太測控網系統的太空網全球布局示意圖。圖中中間橫線
　　　　所示為部署於地球靜止軌道的跟蹤與數據中繼衛星，左下方為
　　　　航太總署白沙基地，右側為雙邊測距轉發器系統部署地之一的
　　　　關島（圖源：NASA）

5-3、深空網系統

　　深空網係用以跟蹤、監測與遙控飛行於深遠太空的太空飛行器，也可對深遠太空的小行星（asteroid）的性質、行星和其衛星的內部進行科學研究；深空網為指揮深遠太空的飛行器、與接收飛行器所蒐集的珍貴科學資訊，提供了至關重要的聯繫通道，係太空飛行器在地球太空之外進行飛行任務不可或缺的環節。

　　深空網的設備部署於全球3個基地，分別是美國加州的金石市（Goldstone, Cal.）、西班牙的馬德里市郊區與澳洲的堪培拉市（Canberra, Australia）附近，這3地在經度上相隔120度，在緯度上有北緯、南緯，因而能與深遠太空的飛行器每天24小時保持聯繫，不會因為地球自轉而錯過任務通訊。

　　深空網的主要設備有：1.直徑70公尺天線──每一基地有1座，係深空網功能最強和最敏感的天線，能與飛行於百億公里級的太空飛行器通聯；2.直徑34公尺的天線──有高效天線（high-efficiency antenna）與波束波導天線（beam waveguide antenna）2種，每一基地皆有1座高效天線，至於波束波導天線，加州金石市基地3座、馬德里市基地2座、堪培拉市基地1座；3.26公尺天線每一基地各1座。26公尺天線當初係為支持阿波羅計畫載人航太飛行任務（1967年至1972年）而建設，曾長期用以為軌道高度160至1,000公里的太空飛行器服務，後納入深空網系統。

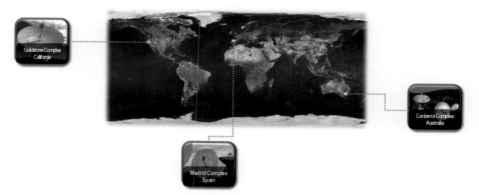

第4-9圖　美國航太測控網系統之深空網全球布局示意圖。全球部署的3個基地──美國加州的金石市、西班牙的馬德里市郊區與澳洲的堪培拉市附近，在經度上相隔120度，在緯度上有北緯、南緯，因而能與深遠太空的飛行器每天24小時保持聯繫，不會因為地球自轉而錯過任務通訊（圖源：NASA）

第4-10圖　美國航太測控網系統深空網澳洲堪培拉基地的大直徑天線群（圖源：NASA）

第六節　結語

　　運作太空飛行器必需的工程系統十分龐大且複雜，但係發展航太科技的必要設施，蘇聯／俄羅斯、美國、中國、日本、歐洲與印度6個主要航太國家皆耗費大量經費、漫長時間與千萬科技人員的心力，才逐步建成與完善的。各主要航太國家航太測控網系統的測控能力雖有差距，但可透過協調達成相互支援，來完成太空飛行器飛往月球太空與行星際太空的測控作業。例如2013年印度發射曼加里安號（Mangalyaan）火星軌道探測器，在美國深空網的協助下才得以進入環繞火星的軌道飛行與在軌探測。

　　一般國家自製或委製的太空飛行器（主要為人造地球衛星），皆係交由各主要航太國家的商業運載火箭公司、透過各航太國家的發射場與測控中心予以發射，進入預定軌道後再交由該太空飛行器的物主自行執行在軌測控與運控管理（簡稱「測運控」），因而各太空飛行器的物主必須建構基本的「測運控」中心，否則必須委請商業「測運控」中心執行其在軌期間的「測運控」，其太空飛行器才能於生命週期內正常在太空軌道運行與執行既定任務。

第五章

人造地球衛星的基本概念

第一節　緒言

　　人造衛星（artificial satellite）是由人類所設計、製造，利用運載火箭或太空梭送入太空執行既定任務的無人太空飛行器，爲了方便有時簡稱爲「衛星（satellite）」；至於宇宙中各星球的天然衛星（如地球的月球、土星的土衛六等），通常稱爲「天然衛星（natural satellite）」以資區別。

　　人造衛星皆環繞地球飛行，也就是在地心軌道（geocentric orbit）上運行的人造衛星，因此常被稱爲人造地球衛星（artificial satellites orbiting earth），它們是人類發射數量最多、用途最廣、發展最快、經濟效益最高的太空飛行器，讀者理應了解，特以本章予以說明。

第二節　人造衛星的構造

　　人造衛星一般由**衛星平台系統**（satellite bus system）與**有效載荷系統**（payload system，或譯「**酬載系統**」）兩部分整合組成。衛星平台系統是衛星的主體部分，用以支持衛星的有效載荷系統在太空正常工作所必需的平台，爲衛星運行與有效載荷操作提供環境及技術支持條件，因此也稱爲「**服務模組系統**（service module system）」；**有效載荷系統**是衛星執行其任務所必需的儀器與設備之統稱。星球探測器與星球著陸器由人造

衛星衍生而成，基本構造與人造衛星相同，僅其服務模組的少數子系統與有效載荷因配合飛行任務而不同，基本構造可參考本節之說明。

　　技術成熟的人造衛星製造公司，通常會設計與批量生產數型衛星平台備用，接到衛星訂單時可針對有效載荷系統的重量與尺寸，選擇適合的衛星平台予以少量的適應性修改，與有效載荷整合即可於短期內製造出一顆衛星。這類具有通用性的衛星平台稱為「**衛星公用平台**」。衛星公用平台的優點有：降低衛星的造價、縮短衛星製造時間、公用平台因歷經使用與考驗而故障率低。目前各國多採衛星公用平台方式製造人造衛星，俾利用上述的優點。典型的衛星公用平台有：美國波音公司的Boeing 601、Boeing 702；洛・馬（Lockheed Martin）公司的A2100，阿斯特里姆（Astrium）公司的歐洲星3000（Eurostar E3000），中國的東方紅三號、四號、五號衛星平台等。

2-1、衛星平台系統／服務模組系統

　　衛星平台系統／服務模組系統通常由下列數個子系統（subsystem）整合而成。

2-1-1、機械與結構子系統（**structure & mechanisms subsystem**）

　　機械與結構子系統是安裝有效載荷系統與整合衛星平台系統的各子系統的結構體，主要包括衛星本體之骨幹，板面和各種形式之支撐體等，以及釋放、展開太陽能電池板（solar cell panel，簡稱solar panel）與天線等的機構等。此子系統的另一功用是為衛星提供足夠強度的剛性（stiffness）、以承受發射過程中所受的應力和振動，與保持在太空軌道運行時衛星的完整性和穩定性、以及保護衛星免受極端溫度變化和微隕石損傷。

2-1-2、遙測、通訊、指令與數據處理子系統（**telemetry、communication、command and data handling subsystem**）

　　包括衛星本體的各種感測器、星載（on-board）電腦、記憶體、資料

處理器、通訊設備、天線、雙工器（diplexer）等組件整合而成。人造衛
星在軌道運行時，透過此子系統紀錄衛星上設備與儀器的運作情況與轉換
爲數據，並將數據傳送給地面控制站，以及接受地面控制站的指令進行設
備與儀器的操作與調整。

2-1-3、電力子系統（electrical power subsystem）

爲星載設備與儀器提供電能的子系統，包含太陽能電池板或體裝式
太陽能電池組（如1984年中國發射的東方紅2號通信衛星，表面貼有約2
萬片太陽能電池片）、蓄電池組與相關組件。少數月球或行星際探測器則
以同位素溫差發電器（Radioisotope thermoelectric generator，簡稱RTG或
RITEG）取代太陽能電池板，如中國著陸月球的嫦娥三號、嫦娥四號等探
測器。太陽能電池板或太陽能電池組將太陽能轉變爲電能，經此子系統調
壓與分配給設備與儀器使用，部分儲存於蓄電池組中；當衛星飛行於地球
的陰影下時，由電池組供應電能。

2-1-4、姿態控制子系統（attitude determination & control subsystem）

控制衛星在軌運行時保持於預定的方位及指向，有自旋穩定和三軸穩
定兩種。目前主流的三軸穩定主要由感測及控制衛星姿態和方位之機電組
件組成，有：陀螺儀（gyroscope）、地平線感測儀（horizon sensor）、
星光追蹤儀（star tracker）、太陽敏感器（sun sensor）、磁強計（magnetometer）、制動輪（reaction wheel）、動量輪（momentum wheel）
等。感測器多半利用紅外線感測及光電效應等原理；而轉動元件控制衛星
姿態，都是利用動量不滅原理而運作。

2-1-5、熱控制子系統（thermal control subsystem）

衛星被太陽曝曬（向陽）的一邊溫度可高達121℃，背陽的一邊的溫
度卻可能低至–157℃，爲避免衛星因高、低溫差而導致電子儀器故障與

損壞，人造衛星必需有「熱控制分系統」以調節和控制衛星結構分系統內部組件的溫度。熱控制分系統由熱控制管（thermister）、散熱板（radiator）、電熱片（heater)、導熱管（heat pipe）等整合而成。

2-1-6、推進子系統（propulsion subsystem）

　　在軌運行的衛星常需進行軌道維持修正、姿態方位修正、軌道轉換等操作，必須利用推進子系統來進行；推進子系統一般由噴氣推進組件（俗稱「小火箭」或「小發動機」）、控制模組與推進劑儲筒等組成〔推進劑主要為不對稱二甲基胼（UDMH）與四氧化二氮（N_2O_4）〕。新型的衛星平台已改採離子推進系統（Ion thruster，推進劑為惰性氣體氙或氪），能節省下大量的推進劑質量而能增加衛星的酬載質量或在軌壽命。

　　一些高軌道衛星的推進子系統還必須具有「遠地點發動機（apogee engine或apogee kick motor）」，衛星經地球同步轉移軌道變軌後，在軌道的遠地點利用遠地點發動機賦予衛星飛行速度與方向的改變量，衛星才能進入地球同步軌道或地球靜止軌道（參閱本書第六章第三節）。

2-1-7、軟體子系統（software subsystem）

　　控制各子系統的軟體，與將衛星各子系統整合為一體進行系統化運作的軟體之統稱，係衛星正常運作的靈魂。軟體子系統可經由通訊與指令子系統注入新的程式，予以更新與強化。

2-2、有效載荷系統（payload system）

　　有效載荷系統係針對衛星的任務所配置不同儀器與設備的整合體，是衛星執行其既定任務的專用系統，不同功能的衛星配置不同的有效載荷系統。例如：科學衛星的有效載荷系統主要是各類科學儀器與設備等；通訊衛星的有效載荷系統主要是接收和發射裝置組成的轉發器與通信天線等；光電成像衛星的有效載荷系統主要是可見光照相機、多光譜相機、多光譜掃描器、紅外線相機、微波輻射計和微波掃描器等；雷達成像衛星的有效

載荷系統主要是合成孔徑雷達等；氣象衛星的有效載荷系統主要是掃描輻射計、紅外線分光計、垂直大氣探測器和大氣溫度探測器等；導航衛星的有效載荷系統主要是信號產生器、星載原子鐘、導航資料記憶體及資料注入接收機；天文衛星的有效載荷系統主要是紅外線天文望遠鏡、可見光天文望遠鏡與紫外線天文望遠鏡等。

第三節　人造地球衛星軌道的6項要素

人造地球衛星與繞地球飛行的太空飛行器沿著軌道繞地球運行，可以利用下列6項軌道要素（orbital elements）來確定任何時刻衛星在太空的位置（參閱第5-1圖）：

1. **軌道半長軸**（semi-major axis，**符號a**）——用於描述橢圓軌道的大小。它等於遠地點與近地點之間距離的一半。

2. **軌道偏心率**（eccentricity，**符號e**）——用於說明軌道的形狀。它等於橢圓半焦距與半長軸之比。

3. **軌道傾角**（inclination，**符號i**）——用於描述軌道平面在太空的方向。它是在升交點位置量測到的向北方向的軌道面與赤道面之間的夾角，也即人造衛星軌道平面與地球赤道平面的夾角。（**升交點**是衛星由南向北穿過赤道時，衛星軌道與赤道面的交點；**降交點**是衛星由北向南穿過赤道時，衛星軌道與赤道面的交點。）

4. **近地點幅角**（argument of perigee，**符號ω**）——用於確定軌道在軌道面內的指向。它是軌道面內近地點到升交點的地心夾角）。

5. **升交點赤經**（longitude of the ascending node，**符號Ω**）——用於確定軌道平面在空間方向的另一參數。它是衛星軌道面和赤道面的交線、與地心和春分點連線間的夾角（**春分點方向**是指在春季第一天連接地心與太陽中心的直線之方向）。

6. **過近地點時**（the time of periapsis passage，**符號**tp）**或眞近點角**（the true anomaly，**符號**f）——用於確定衛星在軌道上的位置。前者係以衛星經過近地點的時刻爲基準，確定衛星在軌道上離開近地點的運行時間；後者爲近地點與衛星相對地心的夾角。

以上人造地球衛星的6項軌道要素，也可稱爲6項軌道參數（orbital parameter）。

此外，還應了解的有：

• **星下點**——衛星在地球表面的投影稱爲星下點（即衛星和地心的連線與地面的交點）。

• **星下點軌跡**——衛星的星下點連成之曲線稱爲星下點軌跡。在軌道設計中，常用星下點軌跡圖來表示衛星飛經的區域。

• **衛星運行的軌道不同，星下點軌跡也不同**——在麥卡托投影（Mercator projection，是一種等角的圓柱形地圖投影法）地圖上，近地軌道衛星的星下點軌跡像一條正弦曲線（sinusoid）。地球同步軌道衛星的星下點軌跡是一條8字形的封閉曲線。靜止衛星的星下點軌跡是一個點。

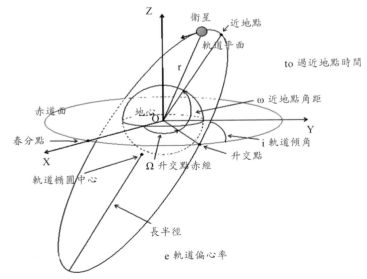

第5-1圖　人造地球衛星軌道的6項軌道參數（圖源：百度百科）

第四節　人造地球衛星／太空飛行器的任務 軌道

　　人造地球衛星／太空飛行器為執行其既定任務，通常在預定的任務軌道運行。人造地球衛星／太空飛行器的任務軌道有多種類型，可按軌道的繞飛中心、離地面的高度、軌道的形狀、軌道的傾角等分類，計有下列數類：

4-1、按軌道的繞飛中心分類

　　大多數太空飛行器主要在地球太空中飛行或運行，如各類人造地球衛星、太空船與太空站等，只有少數的星球探測器（如太陽、水星、金星、火星、土星探測器等）脫離地球太空，進入行星際太空（太陽系太空）中飛行。由於飛行的太空不同，其飛行軌道環繞的中心也相異，因此太空飛行器的軌道按繞飛的中心可分為：

4-1-1、地心軌道

　　太空飛行器的飛行軌道以地球為環繞中心者稱為地心軌道（Geocentric orbit），月球與人造地球衛星，以及太空垃圾的飛行軌道皆屬地心軌道。地心軌道按軌道高度、軌道形狀、軌道傾角、繞地球轉動方向等又可細分為多種不同的任務軌道，將在以下數節中分別予以說明。

4-1-2、日心軌道

　　太空飛行器的的飛行軌道以太陽為環繞中心者稱為日心軌道（Heliocentric orbit），星球探測器、星球著陸器與太陽系行星、彗星和小行星的飛行軌道皆屬日心軌道。

　　星球探測器與星球著陸器自地球發射後，先進入地心軌道飛行，當其飛行速度達到第二宇宙速度（數值為11.2公里／秒，參閱本書第三章第

六節），才能擺脫地球引力束縛，沿一條拋物線軌道飛離地球太空，進入行星際太空的日心軌道飛行。行星際飛行器從地心軌道進入日心軌道後，才能飛往其預定的目標星球（過程詳參本書第六章第六節）；也有一些人造地球衛星或深空探測器因發射失誤而進入日心軌道失去其既定任務地飛行，成為環繞太陽飛行的太空垃圾。

4-2、按照軌道高度分類

人造地球衛星運行的任務軌道，按軌道離地面的高度可概分為：

4-2-1、低地球軌道

低地球軌道（Low Earth Orbit，簡稱LEO），又稱「近地軌道」、「低軌道」，軌道高度介於300公里至2000公里近乎圓形的地心軌道稱之為低地球軌道。

4-2-2、中地球軌道

中地球軌道（Medium Earth Orbit，簡稱MEO），又稱「中軌道」，軌道高度介於2000公里至35,786公里、近乎圓形的地心軌道稱之為中地球軌道。

4-2-3、高地球軌道

高地球軌道（High Earth Orbit，又稱「高軌道」），軌道高度達35,786公里與更高、近乎圓形的地心軌道稱之為高地球軌道。

4-2-4、墓地軌道

墓地軌道（graveyard orbit）係比地球同步軌道（35,786公里）約高數百公里的軌道，又稱「報廢軌道（disposal orbit）」或「垃圾軌道（junk orbit）」。用以供地球同步軌道的衛星在壽命將結束前、被控轉進到更高的墓地軌道飛行，騰出珍貴的地球同步軌道位置供新衛星使用。

4-2-5、莫尼亞軌道

　　莫尼亞軌道（Molniya orbit）係軌道傾角爲63.4度的高橢圓地心軌道，軌道週期爲半個恆星日。蘇聯自1960年發射的Molniya（意爲「閃電」）通訊衛星使用此軌道因而得名，也被稱爲「**閃電軌道**」、「**高橢圓軌道**（Highly Elliptical Orbit，**簡稱HEO**）」或「**苔原軌道**（Tundra orbit）」。莫尼亞軌道是一種具有較低近地點和極高遠地點的橢圓地心軌道，其遠地點高度大於地球同步軌道的高度（達40000公里）。軌道上的衛星運行於遠地點附近時速度較慢（克卜勒第二定律，參閱第三章第九節），因此在遠地點附近停留的時間較長；當衛星運行於遠地點附近時，衛星對於北半球的俄羅斯、北歐、格陵蘭及加拿大都有很好的「通視性（intervisibility）」，有利於傳送無線電電波。爲了在北半球有連續的高覆蓋率，莫尼亞軌道上至少需要4顆人造衛星才能24小時通訊。

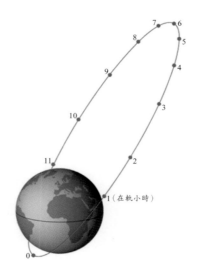

　第5-2圖　莫尼亞軌道衛星的有效覆蓋示意圖。軌道面上的每一節點代表
　　　　　在軌時間（單位爲「小時」），假設1顆衛星運行於近地點時
　　　　　爲零小時，該衛星在近地點後的第2小時至第10小時均位在北
　　　　　半球的上空，其有效載荷在此8小時內皆能覆蓋北半球，因此
　　　　　運行於莫尼亞軌道的通信衛星最適宜爲位居北半球高緯度的俄
　　　　　羅斯提供24小時的衛星通信（圖源：維基百科網站）

4-3、按照軌道形狀分類

　　人造地球衛星運行的任務軌道，按軌道形狀可概分為：

4-3-1、圓形軌道

　　圓形軌道（Circular Orbit）的軌道偏心率（eccentricity）為0，軌道的形狀為圓形，圓心為地心。

4-3-2、橢圓軌道

　　橢圓軌道（Elliptic Orbit）的軌道偏心率（eccentricity）大於0、小於1，軌道的形狀為橢圓形，地心為焦點之一。

4-3-3、高橢圓軌道

　　高橢圓軌道（Highly Elliptical Orbit，簡稱HEO）是一種具有較低近地點和極高遠地點的扁橢圓地心軌道，也稱「莫尼亞軌道（Molniya or-bit）」。參閱本章第4-2-5節與第5-2圖。

4-4、按照軌道傾角分類

　　人造地球衛星運行的任務軌道，按軌道傾角可概分為：

4-4-1、傾斜軌道

　　傾斜軌道（Inclined Orbit）係衛星軌道平面的傾角大於0度的軌道。

4-4-2、赤道軌道

　　赤道軌道（Equatorial Orbit）係衛星軌道平面的傾角等於0度的軌道，也即其軌道平面與赤道平面重合。實用的赤道軌道只有1條，名為地球靜止軌道（Geostationary Orbit或Geosynchronous Equatorial Orbit，簡稱GEO），它距地面的高度為35786公里。

4-4-3、極地軌道

　　極地軌道（Polar Orbit）係衛星軌道平面的傾角為90度或接近90度，

通過南極與北極（或附近），運行於極地軌道的衛星每圈都從地球兩極（或附近）上空經過。

4-5、按照繞地球轉動方向分類

人造地球衛星運行的任務軌道，按其繞地球轉動方向可概分為：

4-5-1、順行軌道（Prograde Orbit）——衛星軌道繞地球轉動方向和地球繞太陽轉動（公轉）方向相同者稱為順行軌道，它的軌道傾角小於90度。

4-5-2、逆行軌道（Retrograde Orbit）——衛星軌道繞地球轉動方向和地球繞太陽轉動（公轉）方向相反者稱為逆行軌道，它的軌道傾角大於90度。欲把衛星送入逆行軌道運行，在地球北半球的地區運載火箭需要朝西南方向發射。不僅無法利用地球自轉的部分速度，而且還要付出額外能量克服地球自轉。

4-5-3、太陽同步軌道（Sun-synchronous Orbit，簡稱SSO，或稱Heliosynchronous Orbit）——係一條以地球公轉角速度「進動」的特殊軌道。由於地球自轉，並且它是一個稍微扁圓的球體（赤道直徑約較極直徑大22公里），接近赤道的多餘質量造成人造地球衛星的高傾角軌道面自動「進動（precession）」，慢慢地繞著地球軸線旋轉，進動的速度取決於軌道的高度和衛星的傾角。當軌道高度約為600至1000公里、週期在96至100分鐘間，軌道傾角約為98度（輕微的逆轉軌道）時，軌道面每天向東移動0.9863度（與地球公轉的角速度相同，即360度／365天 = 0.9863度／天），也即這條衛星軌道與太陽相對位置保持不變，因而稱為太陽同步軌道。

由於地球上任何地點在一天當中，太陽光照的方向與強度是不同的；而依靠光學遙感酬載觀測地面目標的衛星，通常要求每天都能在相同的光照條件下進行觀測，以利判斷目標的細微變化，進而獲得準確的觀測資訊。經過適當的設計與選擇適當的發射時間，可使在太陽同步軌道上運

行的衛星，於每天光照條件最佳的相同的時間（也即相同的光照條件下）飛經地球上同一地區的上空，俾獲得這個地區的高品質觀測資料。對地觀測衛星、軍用偵察衛星、氣象衛星等，特別適合採用太陽同步軌道執行其任務。

　　太陽同步軌道是逆行軌道，發射衛星時運載火箭要付出額外能量克服地球自轉。

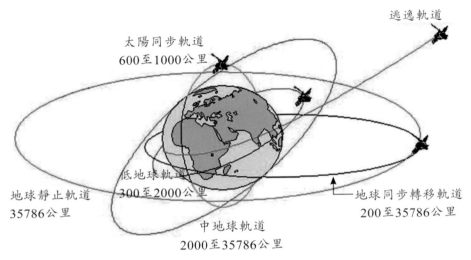

第5-3圖　幾條衛星運行的重要軌道示意圖（距離未依照比例尺）（圖
　　　　　源：中國數字技術館）

4-6、按照地面觀測點所見衛星運動狀況分類

　　人造地球衛星運行的任務軌道，按地面觀測點所見衛星運動狀況可概分為：

　　4-6-1、地球同步軌道（Geosynchronous Orbit，簡稱GSO）——軌道高度距地面35786公里、軌道週期和地球自轉週期相等（每23小時56分4秒鐘繞地球一週）的順行圓形軌道。地球同步軌道又可概分為：地球靜止軌道（軌道傾角為零度）、傾斜地球同步軌道（軌道傾角大於零度）和

極地地球同步軌道（軌道傾角等於90度或接近90度）。

　　4-6-2、地球靜止軌道（Geostationary Orbit或Geosynchronous Equatorial Orbit，簡稱GEO）——軌道高度距地面35786公里、軌道傾角為零度，軌道週期和地球自轉週期相等的順行圓形軌道。它是軌道平面與地球赤道重合的地球同步軌道，因為自地面上觀察此軌道上運行的衛星靜止不動而得名。

　　地球靜止軌道是地球同步軌道中的一條特殊軌道。兩者的差異有三：

　　1. 軌道傾角——地球靜止軌道一定在赤道平面上，因此它是軌道傾角為零度的地球同步軌道；而地球同步軌道的軌道面與赤道平面的夾角不是零度。

　　2. 地面上觀察到的現象——運行於地球靜止軌道上的衛星，每天任何時刻都處於相同地方的上空，地面觀察者看到衛星始終位於某一位置，保持靜止不動；運行於地球同步軌道上的衛星，每天於相同時間經過地球上相同地點的上空，對地面上觀察者而言，每天相同時刻衛星出現在相同的方位上，在一段連續的時間內，衛星相對於觀察者是運動的。

　　3. 星下點軌跡——地球靜止衛星的星下點軌跡是一個點；而地球同步衛星的星下點軌跡是一條8字形的封閉曲線。

4-7、地球同步轉移軌道（Geosynchronous Transfer Orbit 或 Geostationary Transfer Orbit，簡稱GTO）

　　地球同步轉移軌道係應用「霍曼轉移」（參閱本書第三章第十節）的一條常用軌道；運載火箭要將人造衛星投送至地球同步軌道，經由地球同步轉移軌道「過渡（變軌）入軌」（參閱本書第六章第2-3節），能充分利用火箭的推送能量——也即火箭能將質量較重的衛星送入地球同步軌道。

　　通常運載火箭不是將衛星直接發射送入地球同步軌道，而是先將衛星送進1條軌道高度200至400公里的停泊軌道飛行，然後火箭在停泊軌道某一適當點增加適量的速度，使衛星沿大橢圓形軌道進行「霍曼轉移」，接著火箭與衛星分離；當衛星飛行至軌道高度35786公里處，啟動其遠地點發動機賦予衛星適當之速度增量，使衛星進入軌道高度35786公里的圓形地球同步軌道飛行。（參閱本書第六章第3-1節與第6-3圖）

　　由以上的說明可知：地球同步轉移軌道係地心軌道，是應用「霍曼轉移」將人造衛星由停泊軌道，轉入地球同步軌道的1條橢圓形軌道，它的近地點在停泊軌道，遠地點則在地球同步軌道。若以本書第三章第3-7圖為例，綠色圓形線條可視為停泊軌道，紅色圓形線條可視為地球同步軌道，黃色橢圓形實線就是地球同步轉移軌道。

第五節　人造地球衛星的分類

　　人造地球衛星可按運行的軌道高度、運行的軌道類型、衛星的質量與衛星的功能，概略分類如下：

5-1、按照衛星運行的軌道高度分類

　　環繞地球運行的人造衛星，按軌道的高度可概分為：

　　5-1-1、低地球軌道衛星（Low Earth Orbit Satellite，簡稱LEO Satellite，又稱近地軌道衛星、低軌道衛星）——運行於軌道高度2000公里以下近乎圓形軌道上的人造衛星，都稱之為低地球軌道衛星。但為避免人造衛星過早隕落，低地球軌道的高度通常超過300公里。低地球軌道衛星的運行速度大約是每小時27400公里（約合每秒7.61公里），環繞地球一周的時間大約為90分鐘左右。低地球軌道衛星離地面較近，對地觀察較為有利，因而絕大多數對地觀測衛星、地球資源衛星、太空站等都採用近地軌道。

　　5-1-2、中地球軌道衛星（Medium Earth Orbit Satellite，簡稱MEO Satellite，又稱中軌道衛星）——運行於軌道高度介於低地球軌道（2000公里）以上、地球同步軌道（35,786公里）以下近乎圓形軌道上的人造衛星，都稱之為中地球軌道衛星。導航定位衛星多是中地球軌道衛星，例如：美國的「全球定位系統（Global Positioning System，簡稱GPS）」之衛星運行於20,200公里的軌道上、蘇聯／俄羅斯的「格洛納斯系統（GLONASS）」之衛星運行於19,100公里的軌道上、中國的北斗衛星導航系統（BeiDou Navigation Satellite System）的部分衛星運行於21,500公里的軌道上、以及歐洲的「伽利略定位系統（Galileo satellite navigation system）」之衛星運行於23,222公里的軌道上。

　　5-1-3、高地球軌道衛星（High Earth Orbit Satellite，簡稱HEO Satellite，又稱高軌道衛星）——運行於地球同步軌道與地球靜止軌道（軌道高度35,786公里）的人造衛星，稱之為高地球軌道衛星。海事衛星通信系統（INMARST）、美國的國防衛星通信系統（DSCS）、中國的烽火與神通通信衛星系統、美國與中國等的「跟蹤與數據中繼衛星系統」等的衛星，皆係高地球軌道衛星。

　　5-1-4、莫尼亞軌道衛星（Molniya Orbit Satellite）或「高橢圓軌道衛星（Highly Elliptical Orbit Satellite，簡稱HEO Satellite）」——運行於莫尼亞軌道的衛星，如蘇聯的閃電（Molniya）系列通訊衛星與俄羅斯的「眼睛（OKO）」系列預警衛星。為了形成連續性的高覆蓋率，莫尼亞軌道上至少需要4顆人造衛星才能形成24小時覆蓋。

5-2、按照衛星運行的軌道類型分類

　　環繞地球運行的人造衛星，按其運行軌道的類型可概分為：

　　5-2-1、地球同步軌道衛星（Geosynchronous Orbit Satellite）——衛星運行於地球上空35786公里高度、軌道傾角介於0度至180度的軌道上，每23小時56分4秒鐘繞地球一週。此類在軌道傾角不為零的地球同步

軌道上運行的衛星，從地球上觀察是移動的，每天相同的時刻衛星會經過同一地區。地球同步軌道衛星通常用於通信、氣象、電視廣播、資料中繼、衛星導航等領域。

　　5-2-2、地球靜止軌道衛星（Geostationary Orbit Satellite）——衛星運行於地球赤道上空（軌道傾角為0度）35786公里高度的軌道上，每23小時56分4秒鐘繞地球一週，一顆衛星可覆蓋約40%的地球面積。因為衛星與地球自轉的週期相同，因而自地面上觀察此類衛星靜止不動而得名。有時被簡稱「靜止軌道衛星」。通信衛星、廣播衛星、氣象衛星、飛彈預警衛星等運行於此軌道，以實現對同一地區的連續工作。

　　5-2-3、太陽同步軌道衛星（Sun-synchronous Orbit Satellite）——衛星運行於太陽同步軌道。由於軌道面與地球繞太陽公轉的速率相同，因而太陽同步軌道衛星總是在相同的「地方時」經過地面上的同一地區，每天能以大致相同的太陽對地光照條件觀測地面。低軌道氣象衛星、照相偵察衛星和地球資源衛星等皆運行於太陽同步軌道，以利獲取較佳的觀察資料。太陽同步軌道衛星運行的高度通常在1000公里以下。

　　5-2-4、極地軌道衛星（Polar Orbit Satellite）——衛星運行於傾角為90度的軌道上，衛星每圈都從地球兩極附近上空經過，常為地球測繪衛星、遙感衛星、通信衛星、偵察衛星和一些地球資源衛星、氣象衛星所採用。

　　當極軌道同時又是高橢圓軌道時，若其遠地點位於極點上空，便可實現對極地地區的長時間觀測或通信（但係從一個極遠的距離進行觀測或通信）。典型的例子是蘇聯所發展的閃電（Molniya）軌道，蘇聯的閃電（Molniya）系列通訊衛星與俄羅斯的「眼睛（OKO）」系列預警衛星運行在這種軌道上。

5-3、按衛星的質量分類

　　環繞地球運行的人造衛星，按其質量分類，各國不盡相同，頗為紊

亂。

《科學百科全書》（Encyclopedia of Science，The Worlds of David Darling）的分類最為完整與詳細，如5-1表：

分類		質量區間	範例衛星
大型衛星（Large satellite）		超過1000公斤	美國長曲棍球偵察衛星
中型衛星（Medium-sized satellite）		500～1000公斤	中國風雲一號衛星
小型衛星（Small satellite）	迷你衛星（minisatellite）	100～500公斤	我國福爾摩沙衛星一號
	微衛星（microsatellite）	10～100公斤	中國天巡一號衛星
	奈米衛星（nanosatellite）	1～10公斤	中國南理工二號衛星
	皮米衛星（picosatellite）	0.1～1公斤	中國浙大皮星一號A衛星
	費米衛星（femtosatellite）中國譯為「飛衛星」	小於0.1公斤	

第5-1表　《科學百科全書》的人造衛星質量分類表

通常國際間針對衛星的質量將衛星概分為「大衛星」與「小衛星」兩大類，再細分「小衛星」。美國的分類：質量在500公斤以上者稱為「大衛星」，在500公斤以下者稱為「小衛星」；小衛星又分為：迷你型衛星（minisatellite）、微衛星（microsatellite）與奈米衛星（nanosatellite）。

小衛星研製權威英國薩瑞公司（Surrey Co.，由薩瑞大學衍生）的分類：質量在1000公斤以上者稱為「大衛星」，在1000公斤以下者稱為「小衛星」；「小衛星」又可分為：100公斤至500公斤者為「小型衛星

（minisat）」，10公斤至100公斤者爲「微型衛星（microsat）」，1公斤至10公斤者爲「奈米型」衛星（Nanosat，或稱「納型」衛星、「毫微」衛星），1公斤以內者爲「皮米型」衛星（Picosatellite，或稱「微微」衛星）。

中國航太界的分類：質量大於3000公斤者稱爲「大型衛星」，小於3000公斤者稱爲「中型衛星」，小於1000公斤者稱爲「小型衛星」，小於150公斤者稱爲「迷你型衛星」，50公斤以下者稱爲「微衛星」。

第5-4圖　美國的「長曲棍球」雷達成像偵察衛星（Lacrosse Radar Imaging Reconnaissance Satellite）正在廠房裝配中。該系列衛質量約14,500至16,000公斤，太陽能電池板展開達45公尺，屬於超級大型衛星（圖源：National Reconnaissance Office）

第5-5圖　中國的第一代風雲一號衛星質量介於750至954公斤，屬於中型衛星（圖源：中國航天科技集團公司）

第5-6圖　我國福爾摩沙衛星一號是1顆低軌道科學實驗衛星，發射質
　　　　量401公斤，屬於小型衛星類的迷你衛星，1999年1月27日發
　　　　射，運行於傾角35度、高度600公里的低軌道，在軌工作5.5年
　　　　（圖源：國家太空中心）

第5-7圖　中國南京航空航天大學師生研製的天巡一號微衛星，質量61
　　　　公斤，係1顆對地照像衛星，星體表面貼滿太陽能電池片，於
　　　　2011年11月9日發射升空，運行於500公里的軌道（圖源：中國
　　　　青年報）

　　近年來在衛星按質量分類中流行一種「立方衛星（CubeSat，或譯「立方體衛星」）」，它係一種特殊構型的奈米衛星。1999年，美國史坦福大學（Stanford University）羅伯特‧特威格斯（Robert J. Twiggs）教授在推動研發微小型衛星時，基於「小型化、標准化、模塊化」的設計理念，訂立了一個規格：邊長為10公分×10公分×10公分的衛星稱為「立方衛星」，由於它的體積為1公升因而也稱為「1單元立方星」或簡稱「1U星」（代表1公升體積的衛星），它的質量約為1～1.33公斤。基於此標準尺寸的擴展，結構尺寸為10公分×10公分米×20公分的立方衛星就稱為2單元立方星或2U星，結構尺寸10公分×20公分×30公分的立方衛星就稱為6單元立方星或6U星，以此類推。近年來，國際上以立方衛星為代表的奈衛星快速發展，功能日趨完善，應用廣泛，迄今全球已發射了

第5-8圖　南理工二號（NJUST-2）衛星係中國南京理工大學研製的1顆2單元立方星，重2.3公斤，應邀參與全球大學共同研製50顆微小衛星探測90至300公里大氣層的計畫（簡稱QB50 Project）。南理工二號衛星於2017年4月19日搭乘美國天鵝座（Cygnus）貨運太空船，抵達國際太空站（ISS）後拋投入軌運行（圖源：China Spaceflight）

超過1000顆立方衛星，應用於軍用，民用和商業航太領域，不僅引領風潮，並且大量發展下去可能危及太空飛行器的飛行安全。

目前大多數立方衛星都不具備「推進子系統」，不能進行變軌、調整姿態與軌道保持，通常只能在一個既定的低地球軌道上運行，衛星的壽命相對較短，一般約1年，失效後墜入地球大氣層燒毀。各國的研究機構與大學皆以研發立方衛星為研製衛星的起點。我國自主研製的「立方衛星」有：飛鼠衛星（中央大學、3U星）、堅果衛星（虎尾科技大學、2U星）、玉山衛星（騰暉等公司、1.5U星）。

5-4、按衛星的功能分類

依據衛星的有效載荷（酬載）分系統與功能，可細分為：科學衛星、通訊衛星、照相衛星、氣象衛星、地球資源衛星、海洋衛星、環境監測衛星、定位導航衛星等，其中應用最廣、附加價值最高的係通訊衛星、照相衛星與定位導航衛星，參閱本書第七章相關各節。

人造衛星依據其設計目的可概分為民用與軍用兩大類。軍用衛星係專為軍事目的而研製與發射入軌的衛星；民用衛星則係為一般目的而研製與發射，雖然其功能係為民用目的運用而設計，但性能精良者也可用於軍事目的。

第六節　人造地球衛星（太空飛行器）的軌道運行和機動飛行

人造地球衛星（太空飛行器）在太空的飛行有兩種基本方式：軌道運行和機動飛行。

軌道運行──人造地球衛星（太空飛行器）被運載火箭發射送入本章第四節所述的任何一條任務軌道後，如果沒有外力的作用，人造地球衛星

（太空飛行器）將沿著該軌道不變地運行下去，這種型態的飛行稱為「軌道運行」。

　　機動飛行——人造地球衛星（太空飛行器）在太空中有目的地改變其原有的飛行軌道，這種型態的飛行稱為「機動飛行」。機動飛行多發生於人造地球衛星（太空飛行器）軌道轉移、軌道保持，軌道修正，太空飛行器與另一太空飛行器交會、對接，以及從軌道返回地球需變軌飛行時。人造地球衛星（太空飛行器）的機動飛行是通過航太測控中心遙控其推進子系統啟動發動機來實現的。

第七節　影響在軌地球人造衛星（太空飛行器）壽命的主要因素

　　人造地球衛星自被發射入軌運行，最後它會失去功能不能執行其既定的任務，而終止了其「壽命」。這段在軌所經歷的時間就是人造地球衛星的「壽命期」。而「壽命」終止了的人造地球衛星，若仍在太空中飛行則成為一個大型太空垃圾；若自其運行的軌道持續下降則會返回地球大氣層中焚燬。地球同步軌道上壽命結束的衛星因軌道太高、空氣阻力極低、地心引力甚微，不可能返回地球大氣層，因此各航太國家在其壽命結束前控制它進入更高的「墓地軌道」飛行，避免長期占據該珍貴的軌道（請參閱本章第4-2-4節）。

　　通常衛星研製廠商設計人造衛星時，會依據衛星規格需求中的「任務時間」，挑選優良品質與高可靠度的衛星相關組件與元件，設計與研製1顆衛星，其任務需求時間就是衛星「設計壽命」的規格之一；但通常衛星在軌運行時，其執行任務的時間常超過其「設計壽命」甚多，不過最終仍會喪失功能而終止其「壽命」。

　　影響人造衛星壽命的主要因素，可概分為人造衛星本身相關者與太空

環境相關者兩部分，分別說明於下：

7-1、星上推進子系統的燃料儲備量耗盡

　　通常係大多數人造衛星壽命終結的主要原因。人造地球衛星在太空軌道運行，仍然有稀薄的空氣（儘管非常稀薄）對它產生阻力，以及地球不是質量均勻的圓球體、太陽和月球引力的干擾作用與太陽輻射壓等因素的影響，因而其飛行的軌道會逐漸降低（例如國際太空站運行於近地點約為347公里、遠地點約為360公里、軌道傾角為51.6度近地球軌道，其運行軌道每月降低2公里）。為了維持人造地球衛星的運行軌道高度，必須通過人造衛星上推進子系統的小型發動機噴出推進劑（或稱「燃料」）給它增加飛行速度，使衛星回歸正常的軌道上運行（稱為「軌道保持」，請參閱本書第三章第十一節）。有時人造衛星的姿態有所改變，也必須利用適當的星上小型發動機噴出推進劑產生作用力，使衛星回歸正確的姿態。當人造衛星所儲備的推進劑耗盡後，不能再對它進行軌道維持，衛星不能避免地會墜入大氣中燒毀或殘骸墜落地表。

　　高性能的人造地球衛星造價與發射費用皆非常昂貴，如何延長衛星的壽命是省錢且重要的課題。例如當代性能最高的美國KH-12系列光學偵察衛星（始自1990年發射），其全色解析度可達0.1～0.15公尺，總質量達18.1噸（其中偵察設備質量11.3噸、推進劑質量6.8噸），運行於近地點398公里、遠地點869公里的太陽同步軌道，設計壽命8年，可「變軌」機動到（最低時）160公里軌道高度進行「詳查」偵察。若經常「變軌」則推進劑消耗甚快，為了延長它的壽命，太空梭曾載著美國太空人飛往與KH-12衛星交會對接，由太空人為KH-12衛星加注推進劑與更換電池，不僅得以延長KH-12衛星的壽命，並且使它具有無限制的軌道機動能力。太空梭退役前，美國已在研發利用人造衛星為另一顆在軌運行衛星加注推進劑的技術，目前已經數次在軌實驗成功。

7-2、星上陀螺儀失效

陀螺儀故障則影響人造地球衛星的有效載荷「指向（對準）任務目標」與太陽能電池板「面向太陽」的正確性，前者不能準確指向任務目標則影響有效載荷的工作性能，後者不能正確對著太陽則不能持續利用太陽光轉變（產生）足夠的電能，將影響衛星本身的系統性運作。美國哈伯太空望遠鏡能在太空軌道工作三十多年，其間美國太空人曾5次搭乘太空梭、飛往哈伯望遠鏡進行維修與更換組件，陀螺儀就是多次被更換的組件。

7-3、太陽能電池板（同位素溫差發電器）或蓄電池的功能衰竭

太陽能電池板（或同位素溫差發電器）與蓄電池係衛星電力子系統的主要組件，協同提供衛星運作所需的電能，二者之一若發生功能衰竭，則不能對衛星與其運作供應足夠的電能，進而致使衛星失去其功能。

7-4、太空垃圾與流星雨造成損毀

太空中充斥著太空垃圾，尤其以近地球軌道太空最多（請參閱本書第十二章第六節，與第12-3、12-4圖）。太空垃圾以甚高的速度在太空中飛行，若一塊10公分大小的太空垃圾與衛星相撞，就會嚴重摧毀衛星；若一塊1公分大小的太空垃圾與太陽能板碰撞，則可能損傷太陽能板。太空中也會偶發地颼過一陣流星雨，若與衛星碰撞也可能損毀或損傷衛星或太陽能板。

7-5、長時間的強烈地球磁暴（磁場風暴）會促使人造衛星失去其功能

運行於地球同步軌道的衛星，由於軌道高度高而大氣極為稀薄，當地球磁暴（磁場風暴）發生時，在地球同步軌道高度的地球磁場會發生劇烈

的變化；這些本來靠著地球磁場來分辨方位的衛星，很容易迷失正確的指向，致使其太陽能板不能對準太陽而停止產生電能，以及其有效載荷不能指向任務目標而不能執行既定的任務。等到磁暴過去了，地面控制站再要糾正衛星的指向可能已經來不及了。倘若衛星電力子系統的電池所儲電能尚未耗盡，還能接受地面控制站的指令，利用姿態控制子系統與所儲備的推進劑來矯正衛星的姿態，尚能挽救衛星的「生命」。但若連續遇上幾個磁暴，將電池電能或攜帶的有限燃料耗盡，衛星就提前結束其壽命了。

　　上述影響人造衛星壽命的5項主要因素，前3項與人造衛星本身相關，後2項與太空環境相關。

　　人造地球衛星是太空飛行器的一類，其他各類太空飛行器也皆各有其壽命，影響各類太空飛行器壽命的主要因素、大致與人造地球衛星相同。

第八節　人造地球衛星星座

　　人造地球衛星星座（satellite constellation，或稱「星系」）是運行於數個至數十個軌道面的數顆至數萬顆衛星，它們在控制下保持同步性協同地工作，以數顆至數萬顆衛星的有效載荷形成對地球大面積的連續性覆蓋，執行既定任務。2018年以前的衛星星座，通常軌道面的數目為1至8個，各有固定的軌道傾角，每個軌道面上運行的衛星為二至十餘顆；近年由於低軌道衛星星座興起，衛星星座的軌道面數量與每個軌道面上運行的衛星數量皆已分別多達數十個與數十顆，突破了以前的形態。

　　通常人造地球衛星係單顆衛星運行於太空軌道，執行其既定任務；但由於低地球軌道（LEO，也稱「近地軌道」）衛星運行於距離地球表面2000公里的以下軌道上，加上其運行的速度甚高，因而單顆低地球軌道衛星之有效載荷對地面的覆蓋面積甚小、覆蓋時間甚短，致使單顆低地球軌道衛星的功能在一些的應用領域甚為不彰；利用多顆低軌道衛星組成人

造衛星星座，不僅能同時獲得高空間分辨率、高時間分辨率，形成對地球大面積連續性覆蓋，並且還能減少信號衰減與信號延遲（因傳播距離短），以及大幅提高太空系統的生存能力和體系的彈性，實現單顆大衛星難以實現的功能和性能。因而人造地球衛星星座（尤其低軌者）愈來愈被重視，各國競相建造中。

例如美國銥通訊公司（Iridium Communications Inc.）的第一代銥通訊衛星星座（Iridium satellite constellation），由66顆銥通訊衛星組成，每11顆衛星均勻地運行於6個傾角為86度、高度765公里的極軌道面上，形成的銥衛星星座能為全球任何地區（包括南、北極）提供24小時的衛星通訊；否則必須利用多顆運行於地球靜止的通訊衛星組網，才能形成85%全球性覆蓋（參閱本書第七章第3-3節）。

又如法國Astrium Services公司管理與營運的斯波特（SPOT）系列的SPOT 6、SPOT 7光電照相衛星、與昴宿星（Pléiades）系列的Pléiades 1A與Pléiades 1B光電照相衛星，分別運行於4條高度695公里的太陽同步軌道，軌道面相互間隔90度，組成一個照相衛星星座。SPOT 6與SPOT 7提供60公里幅寬和1.5公尺解析度的大幅寬影像；Pléiades 1A與Pléiades 1B則提供相同地區的較小幅寬但解析度更高（50公分）的細節影像，因而此一星座每天可對地球上的任意點分別進行一次高解析度和極高解析度的觀測，兼備「普查」與「詳查」雙重能力。通過此一4星星座，不僅能使對地觀察（照相）的重訪時間縮短、監測地面（如災情、軍情等）變化的速度與精確度獲得極佳的優勢（參閱本書第七章第4-1節與第4-2節）。

另歐洲太空總署的哨兵一號（Sentinel-1）衛星星座，由2顆運行於1個極軌道的2顆C波段合成孔徑雷達（Sentinel-1A與Sentinel-1B）組成，2星相隔180度，軌道高度693公里、傾角98.18度的太陽同步軌道運行，如此設計能對地面進行最佳覆蓋，星座對地觀測重訪週期僅為6天（單顆衛星為12天），可以提供密集的全球雷達觀測資料。

除了低地球軌道衛星，中地球軌道（MEO，也稱「中軌道」）衛星

也組成星座，以形成大區域的連續覆蓋，全球性的衛星定位導航系統皆係組成星座來產生其功能。以美國的「全球定位系統（Global Positioning System，通常簡稱GPS）」衛星星座爲例，最初的基本型由24顆導航衛星組成，每4顆衛星均勻地運行於6個傾角爲55度、高度20200公里的圓形軌道面上，形成的星座能爲全球任何地區提供24小時的定位與導航功能。俄羅斯的格洛納斯衛星導航系統（GLONASS）、中國的北斗衛星導航系統（BeiDou Navigation Satellite System）與歐盟的伽利略衛星導航系統（Galileo satellite navigation system），也皆係組成星座爲全球任何地區提供24小時的定位與導航功能（參閱本書第七章第5-3節至5-6節的說明）。

　　運行於地球靜止軌道的衛星也透過組成星座（由於衛星皆在同一個軌道面上也被稱爲「組網」），以形成大面積覆蓋。以美國的「國防衛星通信系統（Defense Satellite Communication System，簡稱DSCS）」爲例，其第三代（即DSCS-3，1982年至2003年間發射）星座由14顆DSCS-3衛星組成，12顆爲工作星，2顆爲備份星，全部部署於地球靜止軌道上，覆蓋範圍爲南北緯75度之間區域，爲美國的陸、海、空軍提供安全可靠的全球通信服務。用以取代「國防衛星通信系統」的「寬頻全球衛星通信（Wideband Global Satcom，簡稱WGS）」系統，共有10顆WGS衛星，定點於地球靜止軌道組成星座運作，爲南、北緯65度之間的美軍與澳洲軍方提供通信服務。

　　高橢圓軌道（HEO，也稱「高軌道」）衛星組成的星座皆是運行於橢圓形軌道的通訊衛星。例如俄羅斯的莫尼亞（Molniya）通訊星座，由運行於1個傾角爲63.4度橢圓形軌道面上的多顆通訊衛星組成，橢圓形軌道的遠地點爲39863公里，近地點爲504公里，如此的星座能爲地理位置居於高緯度的俄羅斯提供24小時的衛星通訊。

第5-9圖　美國「全球衛星定位系統」最初的衛星星座由24顆導航衛星組成，每4顆衛星均勻地運行於6個傾角為55度、高度20200公里的圓形軌道面上，形成的星座能為全球任何地區提供24小時的定位、導航與授時功能（圖源：National Reconnaissance Office）

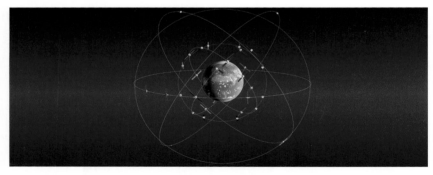

第5-10圖　中國的「北斗衛星導航系統」衛星星座由35顆導航衛星組成，其中5顆衛星運行於地球靜止軌道，3顆運行於傾角為55度的地球同步軌道，27顆運行於3個傾角為55度、高度21528公里的圓形中軌道面上，形成的星座能為全球任何地區提供24小時的定位、導航、授時與收發短報文功能（圖源：北斗衛星導航系統網站）

近年來，各國航太廠商競相研建低軌道通訊衛星星座（Communications satellite constellations），將分別在低軌道（LEO）發射多組通訊衛星星座，其中已發射衛星入軌的有：美國太空探索（SpaceX）公司、一網（OneWeb）公司、中國的航天科技公司等。例如美國太空探索公司2018年開始大量發射迷你型通信衛星（質量約227至260公斤），建構由12,000顆（初期）＋30,000顆（後期）衛星組成的「星鏈（Starlink）」低軌道衛星星座，依序先後部署於高度550公里、1150公里與340公里的軌道，提供覆蓋全球的高速網際網路存取服務，衛星星座的軌道面數量與每個軌道面上運行的衛星數量皆大幅增加（參閱第七章第3-6節）。

第九節　人造地球衛星編隊飛行

為了任務需要，人造地球衛星除了組成星座整體工作外，有時還需由數顆衛星編隊飛行（satellite formation flying）來執行既定任務，它是1990年代出現的一種新型衛星運行模式。

衛星編隊飛行係指在軌運行的多顆衛星構成一個特定形狀，各衛星之間通過星間通信相互聯繫、協同工作，共同承擔資訊的採集與處理，整個衛星群構成一個滿足既定任務需要、規模較大的「虛擬衛星」，執行對應的探測和成像等任務。

衛星編隊飛行的主要技術特徵如下，與衛星星座迥然不同：

1. 編隊飛行衛星間的距離短（與星座比較），各衛星之間有動力學聯繫。

2. 編隊飛行中各衛星的載荷可以是相同的，也可以是不同的，但要求協同工作，完成複雜任務。

3. 編隊飛行衛星利用「空間分布」特性，使得衛星編隊系統具有傳統衛星所不具備的「長基線觀測」和「大空間視角」，所形成的一個「虛

擬大型衛星」，能提升衛星有效載荷的工作性能。

　　4. 編隊飛行衛星具有「集群化」特性，當少數衛星功能喪失或少數衛星被反衛星武器摧毀時，「虛擬大型衛星」僅降低其功能，並不會完全失效，因而具有較高的太空生存能力。

　　最典型的編隊飛行衛星是美國的第一代「白雲（White Cloud）」電子偵察型海洋監視衛星系統。每一組「白雲」衛星由1顆主衛星和3顆子衛星各自保持固定的間隔距離與幾何形態，在軌道上同步飛行，用於發現和跟蹤海上軍用艦船與探測海洋的各種特性；主衛星主要利用各種偵察有效載荷來獲取影像情報，子衛星則裝有射頻天線，通過射頻天線測定的電子信號到達時間，來計算出精確的信號發射源距離和方位。由4組衛星組成的「白雲」星座，能夠對地球上大部分地區每天監視30次以上。

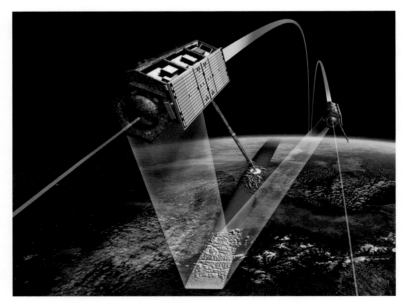

第5-11圖　德國的TerraSAR-X與TanDEM-X地球雷達衛星，保持相隔200至300公尺的距離在軌編隊飛行，進行三維立體掃描示意圖（圖源：ScienceDirect）

又如德國的TerraSAR-X與TanDEM-X陸地X波段合成孔徑雷達衛星，保持相隔200至300公尺的距離組成編隊在軌飛行（以得到有效的觀測基線），有如人類的雙眼般對地球表面進行有史以來最精確的三維（3D）立體掃描，對地球表面進行若干次測量，進而產生一個高精度的三維地球地形的高度（海拔）數位模型。

簡而言之，衛星編隊飛行不同於傳統的單顆衛星與衛星星座，它具有特殊的運動力學特徵與突出的技術優勢，因此已經被各航太強國所青睞，紛紛競相研發與應用。

第十節　結語

人造地球衛星是人類發射進入太空數量最多、用途最廣、發展最快的太空飛行器，造福人類最多，對科技進步與經濟繁榮貢獻最大；同時人造地球衛星在軍事領域應用的發展，也是十分顯著的。目前在軌運行的軍用人造地球衛星已經被整合爲強國的天基「指管通資情監偵（Command、Control、Communications、Computers、Intelligence、Surveillance、Reconnaissance，簡稱C4ISR）」系統，成爲強國的「戰力倍增器（force multiplier）」。本章各節僅就人造地球衛星的基本概念作一系統性地說明，至於人造地球衛星的主要應用請參閱本書第七章。

第六章

太空飛行器的發射、入軌與返回

第一節　緒言

　　人造地球衛星、太空船、太空站、太空梭（航天飛機）、太空探測器等太空飛行器（也稱「航天器」），需要將它自地球表面發射送至太空、並控制它進入預定的軌道飛行（或運行），才能執行其既定任務；當返回式人造衛星、太空船與太空梭完成任務後，其返回艙與太空梭的軌道飛行器（orbiter vehicle，參閱本書第二章第2-4圖之說明，與本章第九節）還必須返回地球，安全地降落於地球表面，才圓滿完成其既定任務。本章將就太空飛行器的發射、入軌與返回相關知識，作一完整說明。

第二節　運載火箭發射太空飛行器進入太空軌道的過程

　　利用運載火箭發射太空飛行器進入地球太空中的預定軌道（目標軌道）稱為「入軌」，進入預定軌道的初始位置稱為「入軌點」，太空飛行器從發射點到入軌點其質心的運動軌跡稱為「發射軌道」，發射軌道中運載火箭推進器作用期間稱為「主動段」；太空飛行器入軌後開始運作至工作壽命結束，其質心的運動軌跡則稱為「運行軌道」。本節以「人造衛

星」為例說明發射「太空飛行器」的過程。

　　發射軌道可概分為垂直起飛段、程式轉彎段和入軌段，分別說明於下：

2-1、垂直起飛段

　　以運載火箭發射太空飛行器（衛星與太空船等）採垂直發射，因為初期主要在大氣層內飛行，垂直發射能以最短的距離和最短的時間衝出濃密大氣，因此「垂直起飛段」也被稱為「大氣層內飛行段」。

　　承載太空飛行器的多級運載火箭自航太發射場的發射台垂直起飛，在離開地面後的約數十秒鐘內一直保持垂直飛行，並進行自動方位對準，以確保火箭按規定的方位飛行。達到一定的高度空氣比較稀薄後，火箭在其導控系統控制下逐漸轉彎飛行，並拋棄推進劑用盡的助推器。火箭在增加高度的同時不斷增加速度，飛行軌道也逐漸趨於與地球表面平行。第一級火箭耗盡其推力，並被運載火箭拋離。

2-2、程式轉彎段

　　第二級火箭推進飛行時已經在稠密的大氣層外，火箭按照最小能量的飛行程式──即以等角速度作低頭飛行，整流罩在第二級火箭飛行段後期被拋棄。接著第三級火箭、第四級火箭（可能有或無）持續為太空飛行器增加速度，然後進入「入軌段」。

2-3、入軌段

　　按預定軌道的高度以3種不同模式入軌：

　　1. 直接入軌──低軌道的太空飛行器在垂直起飛段與程式轉彎段（合稱「主動段」）後，於達到預定軌道的高度和對應的軌道速度時，在預定軌道的入軌點，末級火箭發動機關機並與太空飛行器分離，太空飛行器直接進入預定軌道飛行（參閱第6-1圖之左圖與第6-2圖）。

　　2. **滑行入軌**——中高軌道的太空飛行器（主要是衛星）在「主動段」後，衛星與末級火箭「組合體」的末級火箭發動機暫時關機，利用已有的動能滑行一段時間，接著末級火箭發動機點火再加速飛行一段時間，到達預定軌道的高度和對應的軌道速度時，在預定軌道的入軌點，末級火箭發動機關機並與衛星分離，衛星進入預定軌道飛行，火箭完成了發射任務（參閱第6-1圖之中圖）。

　　3. **過渡入軌**——發射衛星進入地球同步軌道皆採用過渡入軌。地球同步軌道是距離地球表面35786公里的高軌道（參閱本書第五章第4-6-1節），由於多數運載火箭公司爲了充分利用其火箭的「酬載投送能力」，多不將衛星直接送進地球同步軌道或地球靜止軌道，而採取過渡入軌——利用「霍曼轉移」（參閱本書第三章第十節）控制衛星經地球同步轉移軌道（參閱本書第五章第4-7節）的「過渡」（變軌），再進入地球同步軌道或地球靜止軌道。

　　火箭經垂直起飛段與程式轉彎段後，末級火箭與衛星的「組合體」進入一個軌道高度200至400公里、軌道傾角與航太發射場緯度相近的圓形停泊軌道（parking orbit）飛行，末級火箭發動機關機，「組合體」在停泊軌道滑行一段時間，地面測控站精確測量「組合體」的姿態和軌道參數，並隨時調整它的姿態偏差，當「組合體」從南向北穿越赤道滑行至赤道上方（此處係地球同步轉移軌道的「近地點」）時，控制末級火箭點燃發動機一段時間，適度增加「組合體」的飛行速度，「組合體」轉入一條遠地點爲35786公里的大橢圓形轉移軌道（即「地球同步轉移軌道」）飛行，末級火箭與衛星分離；地面測控站繼續測定與調控，當衛星飛至橢圓形地球同步轉移軌道的「遠地點」（此處係地球同步軌道的「入軌點」）、控制啓動衛星的「遠地點發動機」一段時間，適度增加衛星的飛行速度，衛星轉入圓形的地球同步軌道而進入了預定軌道飛行（參閱第6-1圖之右圖）。

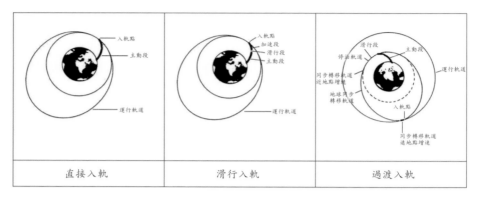

第6-1圖　發射太空飛行器進入太空軌道的3型入軌模式。

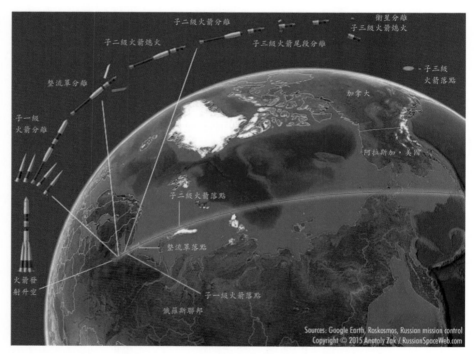

第6-2圖　運載火箭發射太空飛行器直接進入低地軌道的過程示意圖。圖中為俄羅斯聯盟號（Soyuz）運載火箭發射Yantar-4K2M（Kobalt-M）偵察衛星，採直接入軌方式進入低地軌道的過程（圖源：RussianSpaceWeb.com）

火箭發射地球同步軌道衛星或地球靜止軌道衛星，入軌段採用「過渡入軌」能充分利用火箭的「酬載投送能力」，但因消耗了部分衛星的推進劑，將會減少衛星在軌的服役壽命。並且在變軌過渡入軌段，衛星的飛行時間增長，調控操作頻密──地面測控站要精確測量它的姿態和軌道參數，並隨時調整它的姿態偏差。但無論如何，利用「霍曼轉移」的過渡入軌是充分利用火箭「酬載投送能力」的唯一途徑，因而廣為各國運載火箭公司用為發射地球同步軌道衛星與地球靜止軌道衛星的標準模式。

第三節　發射衛星進入地球靜止軌道的過程

地球靜止軌道是軌道傾角為零度（與地球赤道重合）的地球同步軌道。由於大多數的航太發射場不是位於赤道附近，採用「過渡入軌」發射衛星進入的地球同步軌道，其軌道傾角皆大於零度（軌道傾角與航太發射場的緯度概略相近），要發射衛星進入地球靜止軌道通常採用2種方式──地球同步轉移軌道方式與超同步轉移軌道方式，分別說明於下：

3-1、地球同步轉移軌道方式

通常發射衛星進入地球靜止軌道多採用地球同步轉移軌道（Geostationary Transfer Orbit，簡稱GTO，參閱本書第五章第4-7節）方式，其過程大部分與前述衛星進入地球同步軌道者相似，也是歷經垂直起飛段、程式轉彎段和過渡入軌段，不同之處在過渡入軌段時要將衛星軌道的傾角調整為零度。通常衛星的軌道傾角大致與航太發射場緯度相近，航太發射場緯度很少在赤道附近，因此必須在衛星「過渡入軌」的過程中、將軌道調整為圓形與軌道傾角調整為零度，衛星軌道才成了地球靜止軌道。全球緯度最低的航太發射場，是歐洲太空總署的蓋亞那太空中心（法文：Centre Spatial Guyanais），經度、緯度分別為西經52.761°、北緯5.238°。

火箭經垂直起飛段與程式轉彎段後，末級火箭與衛星的「組合體」

進入一個軌道高度200至400公里的停泊軌道，末級火箭發動機在C點關機（參閱第6-3圖右側大圖），「組合體」在停泊軌道滑行飛行；當衛星與末級火箭的「組合體」滑行至從南向北穿越赤道D點時，末級火箭發動機啓動一段時間適度增加「組合體」的飛行速度，使「組合體」進入遠地點為35786公里的大橢圓形地球同步轉移軌道飛行，繼而末級火箭與衛星分離；衛星飛達軌道的「遠地點」F點時，地面測控站遙控衛星的「遠地點發動機」啓動一段時間，賦予衛星適當之「變軌速度向量ΔVt」（參閱第6-3圖左側小圖）；速度向量ΔVt由「飛行速度增加量」與「速度方向改變量」2部分合成——飛行速度增加量將橢圓的地球同步轉移軌道轉變為圓形的地球同步軌道，速度方向改變量將軌道傾角修正為零度（即衛星飛行的軌道面與地球赤道面重合）；衛星經多次飛越軌道遠地點時啓動遠地點發動機持續修正軌道，衛星飛行的軌道逐漸轉變為地球靜止軌道（與赤道同一平面的地球同步軌道）。

　　依據克卜勒第二定律（參閱本書第三章第九節），人造地球衛星在橢圓軌道上繞地球飛行時，在遠地點時其飛行速度最低，因此在地球同步轉移軌道的「遠地點」遙控衛星遠地點發動機工作、賦予衛星較小的飛行速度增加量與速度方向改變量，就能達成進入地球靜止軌道的目的，能降低衛星所需消耗的推進劑。

　　通常地球靜止軌道的衛星必須定位於赤道某一特定經度的上空，才能執行其既定任務，因此衛星進入地球靜止軌道後還要進行「衛星定位」的軌道微調。衛星上除了裝有遠地點發動機外，在其各個特定方向還裝有成對的小型發動機，按不同的誤差量啓動不同的小型發動機來進行衛星位置與姿態的調整與修正，以及軌道控制，使衛星逐步貼近靜止軌道的預定經度、停止漂移、衛星主軸指向預定的方位，衛星定點於地球靜止軌道預定經度的上空與地球同步飛行，這才完成了發射地球靜止軌道衛星的作業。

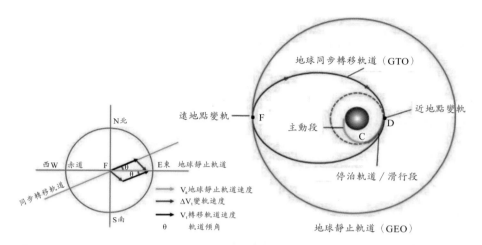

第6-3圖 發射衛星由地球同步轉移軌道轉入地球靜止軌道的過程。圖中衛星飛至停泊軌道C點時末級火箭關機滑行，至D點時末級火箭啓動發動機，衛星進行「霍曼轉移」沿地球同步轉移軌道飛行至F點（參閱小圖），衛星啓動遠地點發動機賦予衛星適當之飛行速度增加量與速度方向改變量（變軌速度向量ΔVt），多次操作後衛星乃轉入軌道面與赤道面重合的地球靜止（藍色圓形）軌道運行（圖源：《衛星與網絡》網）

3-2、超同步轉移軌道方式

超同步轉移軌道（Super-Synchronous Transfer Orbit, SSTO）方式是運載火箭先將衛星送入一個軌道高度超過地球同步軌道（35786公里）的大橢圓形轉移軌道，再遙控衛星2次變軌進入地球靜止軌道。

火箭經垂直起飛段與程式轉彎段後，末級火箭與衛星的「組合體」進入一個軌道高度200至400公里的停泊軌道，末級火箭發動機在C點關機（參閱第6-4圖右側大圖），「組合體」沿停泊軌道滑行、當從南向北穿越赤道飛行至赤道上方D點時，末級火箭發動機啓動一段時間適度增加「組合體」的飛行速度，使「組合體」進入一條遠地點超過35786公里的超大橢圓形超同步轉移軌道飛行，繼而末級火箭與衛星分離；衛星飛抵超

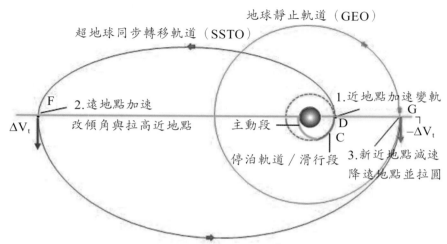

第6-4圖　發射衛星由超地球同步轉移軌道轉入地球靜止軌道的過程示意
　　　　　圖。衛星飛至停泊軌道C點時末級火箭關機滑行，至D點時末
　　　　　級火箭啓動發動機，衛星進行「霍曼轉移」沿超地球同步轉移
　　　　　軌道飛行至F點，衛星啓動遠地點發動機賦予衛星飛行速度增
　　　　　加量與速度方向改變量（變軌速度向量ΔVt）──速度方向改
　　　　　變量將軌道傾角修正爲零度，飛行速度增加量使衛星進行「霍
　　　　　曼轉移」沿一條更大橢圓軌道飛至距地球表面35786公里處的
　　　　　近地點G，衛星飛抵該近地點時遠地點發動機逆向作用一段時
　　　　　間適量降低其飛行速度，衛星再一次進行「霍曼轉移」進入高
　　　　　度35786公里的圓形軌道、至此乃進入了地球靜止軌道（藍色
　　　　　圓形）運行（圖源：《衛星與網絡》網）

同步轉移軌道遠地點F點時，衛星的「遠地點發動機」啓動一段時間，賦
予衛星適當之「變軌速度向量ΔVt」；ΔVt的速度方向改變量將軌道傾角
修正爲零度（即衛星飛行的軌道面與赤道面重合），飛行速度增加量則使
衛星沿一條更大的橢圓形軌道、再進行一次超同步轉移軌道飛至距地球表
面35786公里處的新遠地點G點；衛星飛抵G點時其發動機逆向作用一段
時間適量降低其飛行速度，衛星再一次進行「霍曼轉移」進入高度35786

公里的圓形軌道、至此衛星乃進入了地球靜止軌道飛行（此為便於了解而予以簡化的說明，實際係經多次「變軌」才進入地球靜止軌道，參閱第3-3節實例）。至於衛星進入地球靜止軌道後還要進行衛星的軌道微調與衛星定點等，請參閱前一節的相關說明。

　　前一節中已說明：人造地球衛星飛行於橢圓軌道上，在遠地點時其飛行速度最低；超同步轉移軌道的「遠地點」比地球同步轉移軌道者更遠，因而其飛行速度更低，為修正衛星軌道傾角與軌道形狀衛星遠地點發動機工作所需消耗的推進劑更少（但末級火箭必須具備較大的推力，能將衛星與末級火箭的「組合體」送進超同步轉移軌道）；也即採「超同步轉移軌道」過渡進入地球靜止軌道，可以延長衛星在軌服役的壽命。

3-3、超同步轉移軌道方式的實例

　　2017年5月15日，美國太空探索公司（SpaceX）以其獵鷹9號全推力（Falcon 9 Full Thrust，第一級火箭不回收）火箭、自卡納維拉爾角（Cape Canaveral，地理座標為北緯28.5°，西經80.5°）航太發射中心發射海事衛星組織（Inmarsat plc, International Maritime Satellite Organization，簡稱INMARSAT）的Inmarsat-5 F4衛星進入地球靜止軌道，就是採用超同步轉移軌道方式。茲以此實例進一步說明以超同步轉移軌道方式發射衛星進入地球靜止軌道的過程如下：

　　•5月15日運載火箭先將末級火箭與衛星「組合體」送進停泊軌道飛行，末級火箭發動機於「組合體」自南向北穿過赤道時開機一段時間，賦予「組合體」適當的飛行速度增加量後分離，衛星進入近地點381公里、遠地點69,844公里、傾角24.5°的超同步轉移軌道；衛星在遠地點的速度為0.924公里／秒，較地球同步轉移軌道的遠地點速度1.62公里／秒降低達0.696公里／秒之多。

　　•5月16日至23日，衛星「遠地點發動機」多次在遠地點開機，賦予衛星飛行速度改變量與速度方向改變量，多次修正軌道傾角與抬升近地

點，23日衛星進入近地點24384公里、遠地點70125公里、傾角1.5°的軌
道；軌道的近地點共升高24000公里，傾角共減小23°。

　　·5月24日，持續進行遠地點變軌操作——拉抬近地點與修正傾角，
衛星進入近地點28174公里、遠地點70103公里、傾角0.6°的軌道；近地點
升高3790公里，傾角減小0.9°。

　　·5月26日，衛星「遠地點發動機」在新近地點逆向作用（減速），
來降低遠地點與修正傾角，衛星進入近地點28071公里、遠地點49847公
里、傾角0.16°的軌道；遠地點降低20,256公里，傾角減小0.44°。

　　·5月27日至30日，衛星多次在近地點減速，持續降低遠地點與修
正傾角，衛星進入近地點28061公里、遠地點43518公里、傾角0.21°的軌
道；遠地點降低6329公里。

　　·6月1日至7月31日，持續進行軌道圓化、軌道微調與衛星定點；8
月1日衛星達成定點於東經83.3°、傾角0.07°的地球靜止軌道，完成了發射
任務。

　　由以上實例可知：獵鷹9號全推力火箭採取超同步轉移軌道方式將In-
marsat-5 F4衛星送入靜止軌道，過程中經多次修正軌道傾角與抬升近地點
的複雜操控作業，歷時2.5個月才將衛星送入預定的軌道與定點而完成發
射任務。

第四節　運載火箭直接將衛星發射進入地球同步軌道的方法

　　如果運載火箭的投送酬載能力夠大，應該是能將衛星直接發射進入地
球同步軌道的。理論上一枚總推力夠大的多級火箭、可以將衛星送入一個
遠地點為35786公里的大型橢圓形初始軌道，當衛星飛行到大橢圓軌道的
遠地點時，啟動末級火箭將衛星推入35786公里的圓軌道而進入了地球同

步軌道。要進入地球靜止軌道，則要啓動衛星的遠地點發動機將軌道傾角修正爲零度。

　　直接將衛星發射進入地球同步軌道的主要缺點，是降低了火箭的投送能力。本書第三章第十節曾提到：美國三角洲（Delta）四號重型運載火箭能將質量6276公斤的衛星、直接送入地球靜止軌道；但若利用霍曼轉移先將人造衛星送入地球同步轉移軌道、則它的投送能力可達13130公斤，因此一般運載火箭公司多採用霍曼轉移、將人造衛星送入地球同步轉移軌道再轉入地球同步軌道。

　　實用且高效益將衛星直接送入地球同步軌道的方法，是利用運載火箭的「上面級（upper stage）」來進行。「上面級」也稱「多星發射上面級（Multi-satellite Upper Stage）」，是指安裝於運載火箭最上面一級的特殊「運載器」，用以「一箭多星」部署多顆衛星，或將衛星直接送入高軌道。它具有發動機與導控系統，可多次啓動、能自主導航、工作時間可長達數小時至數天、軌道機動能力強等技術特點，因此能載著衛星在太空動力飛行與滑行，在不同的太空軌道上機動，能將多顆衛星送入不同軌道，因而也能將衛星直接送入地球同步軌道或地球靜止軌道。主要的上面級有：美國的半人馬座（Centaur Upper Stage）和慣性上面級（Inertial Upper Stage）、俄羅斯的微風（Briz）和弗雷加特（Fregat，參閱第6-6圖），中國的遠征系列等。

　　1982年10月30日，裝有「慣性上面級」的美國泰坦（Titan，或譯「大力神」）34D運載火箭，自卡納維納爾角（Cape Canaveral）發射，成功地將590公斤的國防通信衛星2型-15號（DSCS2-15，COSPAR ID爲1982-106A）和1040公斤的國防通信衛星3型-1號（DSCS3-1，COSPAR ID爲1982-106 B），分別送入37291.4公里×37332.1公里、傾角14.8°度與36414.9公里×36414.9公里、傾角14.5°度的地球同步軌道，就是實例之一。

　　中國爲加速建構北斗導航衛星系統，始自2015年3月30日的發射皆以

遠征上面級將北斗衛星，分別送入中地球軌道、傾斜地球同步軌道、地球靜止軌道，每次1或2顆衛星，至2019年12月16日共將30顆衛星送入目標軌道，成功率100%。

第五節　「一箭多星」方式發射人造地球衛星

　　「一箭多星」方式發射衛星是利用一枚運載火箭、同時或先後將2顆以上的衛星送入軌道之技術，可以充分利用運載火箭的運載能力，經濟、便捷地將多顆衛星送入地球軌道，為衛星發射服務提供一種經濟、快捷的發射模式。對於由中、小型衛星組建的全球性通信與導航衛星星座，從費用、時間以及火箭運載能力而論，最佳的發射方案就是「一箭多星」發射。

　　近年來由於「微機電系統（Micro-electromechanical Systems，簡稱MEMS）」科技與「奈米技術（nanotechnology）」的興盛，新研製的近地軌道衛星已成為愈來愈小與愈來愈輕的「微小型衛星」——如迷你衛星（minisatellite）、微衛星（microsatellite）、奈米衛星（nanosatellite）與皮米衛星（picosatellite），以及立方體衛星（CubeSat）」。「一箭多星」發射方式因其優越的發射能力與高效率、低成本等特性，是發射「微小型衛星」的最理想方式，因而在微小衛星的發射領域備受歡迎（有關各型「微小型衛星」的定義參閱本書第五章第5-3節與第5-1表）。

　　為了實現「一箭多星」方式發射人造地球衛星需要解決許多相關技術。首先是運載火箭要有強大的運載能力，以便將多顆質量與構造相同的衛星、或1顆質量較大的衛星與多顆質量較小的衛星，分別送入目標軌道；其次要設計在有限的整流罩空間內如何安置多顆衛星，以及分批或一次釋放衛星；然後掌握穩定性與平衡性，研製適當的「多衛星部署器（Multiple Satellite Dispenser，簡稱MSD）」——將衛星按預先設計的程式從「多衛星部署器」分離出來，不僅不能相互碰撞，並且需選擇最佳的

飛行路線和確定最佳分離時刻，將多顆衛星分別準確地送入各自的預定軌道上運行。

用一枚運載火箭發射多顆衛星，按入軌模式可分為兩大類：一類是當火箭抵達釋放軌道時，將衛星全部或逐批釋放出去，然後再控制它們上升至預定的軌道；另一類則是把多顆衛星分別送入不同參數的軌道（軌道高度或軌道相位有較高要求）。這兩類「一箭多星」發射方式，前者使用「多衛星部署器」，後者使用火箭上面級。

美國太空探索公司採「一箭60星」發射，建構覆蓋全球的「星鏈（Starlink）」低軌道通信衛星星座。例如2019年5月24日的第1次組網發射，獵鷹9號（Falcon 9）運載火箭搭載的60顆「星鏈」衛星（每顆質量260公斤）於起飛後約64分鐘進行「星、箭分離」，60顆衛星被多衛星部署器釋放出去，進入1條高度約270公里的軌道。由於釋放時各衛星間的微小速度差，60顆衛星會短時間內慢慢「飄」散。等到衛星間具有足夠的安全距離後，各衛星展開其太陽能板，再由SpaceX地面測控站操作，利用衛星自帶的氪離子推力器（krypton ion thruster），將它們一個一個上升至550公里的目標軌道上運行與工作。

利用火箭上面級執行「一箭多星」任務，多顆要發射的衛星配置於火箭的上面級上，通過上面級的多次點火、起動，機動至同一軌道面不同相位處或者不同軌道高度處，完成衛星釋放及軌道部署，以滿足不同衛星入軌的相位或高度要求。英國與印度合資的一網（OneWeb）公司第5次組網發射，由俄羅斯的聯盟2-1b／弗雷加特（Fregat）運載火箭採「一箭36星」發射，於2021年4月26日進行，火箭發射升空1小時28分鐘後弗雷加特上面級開始部署衛星，2次啟動發動機，共進行9次釋放，每次釋出4顆衛星，約3小時51分後全部部署完畢。衛星（每顆質量147.5公斤）被送入450公里高的近極軌道（Near-Polar Orbit），隨後花數個月時間利用衛星自帶的氙離子推力器（xenon ion thruster）升高至約1200公里、傾角87.9度的工作軌道。

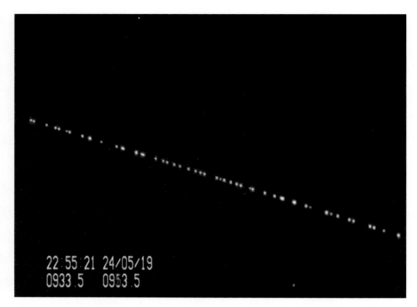

第6-5圖　獵鷹9號火箭將60 顆星鏈衛星送入太空後，衛星追蹤者在荷蘭
　　　　　萊頓拍攝的一段視頻，夜空中星鏈衛星列隊飛行，緩緩上升至
　　　　　預定軌道（圖源：Marco Langbroek via SatTrackBlog）

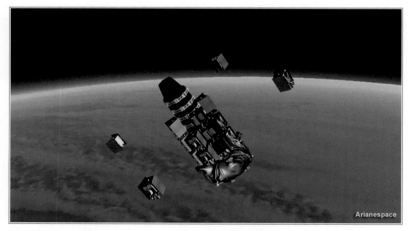

第6-6圖　聯盟號Fregat上面級與「多衛星部署器」正在部署4顆一網衛
　　　　　星的情景（圖源：Arianespace）

　　質量與體積皆小的奈米衛星與立方體衛星，常以太空船載運至太空站，再以拋投方式釋放至太空，是另類的部署衛星方式。我國的堅果2U立方衛星，於2022年11月27日由獵鷹九號火箭發射的貨運太空船載運至國際太空站（ISS），12月上旬以拋投方式釋放至太空運行。

　　「一箭多星」屬於高階技術的發射方式，標誌著發射技術和火箭與衛星分離技術的突破；「一箭多星」的發射成功，彰顯該國運載火箭投送衛星能力的升級。目前6個主要航太國家皆具備「一箭多星」技術，國際間「一箭多星」發射衛星的數量屢創新紀錄：2013年11月19日，美國米諾陶（Minotaur，或譯「牛頭怪物」）火箭創造了「一箭29星」的世界紀錄，僅僅2天後，俄羅斯的一枚第聶伯（Dnepr）火箭將32顆微型衛星送入軌道，改寫美國的紀錄。2014年6月20日，俄羅斯發射的另一枚第聶伯火箭實現「一箭37星」。2017年2月15日，印度「極軌衛星運載火箭（Polar Satellite Launch Vehicle，簡稱PSLV）」成功創下「一箭104星」的新發射紀錄；104顆衛星的總質量共1378公斤，最大的一顆質量714公斤，其餘皆係微衛星、奈米衛星與皮米衛星。2021年1月25日，美國太空探索公司獵鷹九號火箭再創「一箭143星」的發射紀錄（其中包括我國國立中央大學等研製的「飛鼠」與「玉山」立方體衛星），是目前「一箭多星」發射最多紀錄的保持者。

　　中國於1981年9月20日以一枚「風暴一號」火箭、成功將一組3顆「實踐」二號衛星送入地球軌道，繼美國、俄羅斯與歐洲太空總署之後成為第四個獨立掌握「一箭多星」發射技術的國家。此後長征系列運載火箭曾多次執行「一箭多星」的國內與國際發射任務。2013年4月26日，長征二號丁運載火箭成功將「高分一號」對地觀測衛星和其他3顆衛星分別送入不同軌道，實現「一箭四星」發射。2015年9月20日，中國長征六號火箭發射「一箭20星」成功，再創中國「一箭多星」發射衛星的新紀錄。2022年2月27日，長征八號火箭創下「1箭22星」的中國「一箭多星」發射最多新紀錄。

第六節　行星際飛行器如何飛往行星際太空星球

行星際飛行器（interplanetary space vehicle）係行星際太空飛行器的總稱，包括飛向、飛越掠過和繞飛行星際星球的太空飛行器，以及硬著陸和軟著陸行星際星球的太空著陸器等。

自地球發射行星際飛行器先進入地球太空，在「地心軌道（Geocentric orbit）飛行，若其飛行速度達到「第二宇宙速度」（11.2公里／秒。或稱「逃逸速度」），就能脫離地球引力場進入「日心軌道（heliocentric orbit）」飛行，而成為行星際（太陽系）飛行器。（有關「地心軌道」與「日心軌道」，參閱本書第五章第4-1節）

由於行星際飛行器不是一次性被賦予其飛行速度，而是利用多級火箭為它逐漸增加其飛行速度與軌道高度，當行星際飛行器的軌道離地心已達十數萬公里時，其飛行速度也已甚高，在此高度下行星際飛行器的逃逸速度較小——約為10.9公里／秒，就能擺脫地球引力束縛而環繞太陽飛行。

行星際飛行器飛往行星際太空星球的飛行過程可概分為三段：

1. 擺脫地球引力的飛行軌道（地心軌道）——倘若多級火箭的推力夠強，行星際飛行器被釋放時其速度達到10.9公里／秒，飛行器就能脫離地球引力，直接進入地日轉移軌道飛行。倘若多級火箭的推力不能使行星際飛行器達到10.9公里／秒的飛行速度，則必須將飛行器送入環繞地球的停泊軌道飛行，再遙控飛行器運用「霍曼轉移」增加其飛行速度與軌道高度，達到10.9公里／秒的飛行速度後進入地日轉移軌道飛行（參閱本章第7-1節）。

在這一段軌道上，行星際飛行器主要處在地球引力的影響範圍內，除了受地球的引力作用外，還受地球稀薄大氣的微弱阻力、月球和太陽引力的作用。就整個飛行過程而言，這一段的飛行時間相對較短。

　　2. **地星轉移軌道（日心軌道）**──係從脫離地球引力作用範圍後到進入目標星球引力作用範圍前的一段軌道，通常行星際飛行器採取「霍曼轉移」轉入一個橢圓形的轉移軌道、沿著設計的軌道飛往目標星球，該飛行軌道為日心軌道，行星際飛行器在太陽（有時還有某些行星）的引力作用下飛行。這一段係「過渡軌道」，飛行時間最長，是行星際飛行器運動的主要階段。

　　3. **繞飛目標星球的軌道（星球中心軌道）**──係行星際飛行器進入目標星球引力作用範圍後的飛行軌道。行星際飛行器沿設定的飛行軌道飛近目標行星，於適當時機利用飛行器的制動發動機（retro-rocket）適量為飛行器減速，使它被該行星的引力場「捕獲」，然後繞飛該星球進行探測、或是在星球軟著陸，進行其既定任務。在這段飛行軌道，行星際飛行器在目標星球和太陽的引力作用下飛行。

　　本章第7-1節以印度發射曼加里安號火星軌道探測器（Mangalyaan Mars Orbiter）為例，說明火星探測器飛進火星軌道的三段過程。

　　有些行星際飛行器的任務是以飛掠方式先後探測數個星球──如航海家1號（Voyager 1）以飛掠方式探測木星、土星與其衛星以及土星環後飛出行星際太空，和航海家者2號（Voyager 2）以飛掠方式探測木星、土星、天王星、海王星與其衛星後飛出行星際太空，其飛行過程除了上述3個階段外，必須考慮當進入「過路」行星的引力作用時，進行飛行軌道的調控，俾能於適當的時機脫離它們的引力作用範圍。

　　至於需要返回地球的行星際飛行器，它的飛行過程除了飛往行星的三個階段外，還有返回地球的飛行過程，也與上述的三個階段相似，只是過程相反，也就是在返回地球的飛行過程中，把目標星球當作出發星球，把地球當作目標星球。

第七節　行星際飛行器用以增減飛行速度的 「巧門」

　　行星際飛行器飛往行星際太空星球常面臨的難關有三：1.運載火箭的推力不夠大，不能使行星際飛行器達到必需脫離地球引力的「逃逸速度」；2.行星際飛行器的飛行速度嫌低，需要增加飛行器的飛行速度，才能早日飛抵「地球外側」的遙遠目標星球；3.飛往「地球內側」的星球，因受太陽引力的影響，行星際飛行器的飛行速度會愈來愈高地飛向太陽，必須降低其飛行速度，才能飛往與探測目標星球。針對此三難關，可利用「霍曼轉移」或「重力助推」的「巧門」分別予以克服，茲舉例說明於下：

7-1、運用「霍曼轉移」增加飛行速度與軌道高度

　　「霍曼轉移」在本書第三章第十節已經說明。太空飛行器從低軌道利用「霍曼轉移」沿一條橢圓形轉移軌道轉入高軌道，不僅能增加其軌道高度，並且能增加其飛行速度，是一種能彌補運載火箭推力能量不足的「巧門」。

　　運載火箭先將行星際飛行器送入預先規劃的環繞地球之大橢圓形初始軌道飛行；此後每當行星際飛行器飛回到大橢圓軌道的近地點時，行星際飛行器推進子系統的發動機啟動並作用一段時間，增加飛行器的飛行速度，飛行器乃遵循「霍曼轉移」轉進一個更大的橢圓形軌道飛行，飛行器的飛行速度與橢圓形軌道的遠地點得以逐次增加──此一操作稱為「提升遠地點軌道機動（apogee-raising orbital maneuver）」。由於在新橢圓形軌道的遠地點飛行器推進子系統不啟動（也即此「霍曼轉移」只進行一次增加飛行器的飛行速度），飛行器乃沿新橢圓形軌道飛返近地點。飛行器飛經近地點時數次啟動發動機增加飛行速度後，其軌道高度與飛行速度皆

愈來愈增加了，終於達到其脫離地球引力的「逃逸速度」。

　　茲以印度發射的曼加里安號（Mangalyaan）火星軌道探測器為例，說明運用「霍曼轉移」增加曼加里安號飛行速度與軌道高度的過程。

　　2013年11月5日，印度以PSLV-XL運載火箭發射曼加里安號火星軌道探測器飛往火星。由於PSLV-XL火箭的推力不能使曼加里安號探測器達到脫離地球引力場的「逃逸速度」，乃利用「霍曼轉移」採取一系列6次「提升遠地點軌道機動」，以增加其飛行速度與擴大飛行軌道的高度。

　　PSLV-XL運載火箭先將曼加里安探測器送入一個大橢圓形初始軌道，其近地點為250公里，遠地點為23550公里，軌道面傾角19.2度；當探

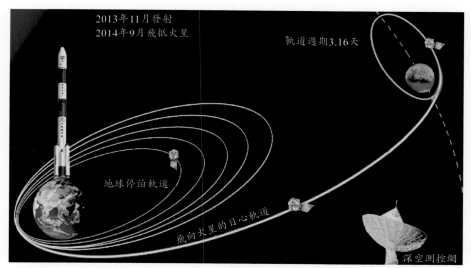

第6-7圖　由於印度PSLV-XL火箭的推力不能使曼加里安號達到脫離地球引力場的「逃逸速度」，因此印度先將曼加里安號送入地球停泊軌道繞地球飛行，於飛至每圈近地點時應用「霍曼轉移」增加其飛行速度與擴大軌道的遠地點，至其飛行速度接近第二宇宙速度後，採「霍曼轉移」進入其「地球－火星轉移軌道」，離開地球太空進入日心軌道而飛向火星（距離未按比例）（圖源：Indian Space Research Organization）

測器每次飛回到近地點時，其發動機點燃並作用一段時間（介於243.5秒鐘至707秒鐘）給予探測器新動能，使橢圓形軌道的遠地點與探測器的飛行速度逐次增加。第6次軌道機動後，探測器橢圓形軌道的遠地點已擴增至192874公里，飛行速度已達到接近第二宇宙速度，即將完成第一階段的飛行；當探測器再飛回到橢圓軌道的近地點時，其發動機點燃並作用1328.89秒鐘進行探測器飛向火星的增速，使它於2013年11月30日脫離地球引力場，轉入地火轉移軌道，結束了第一階段的飛行，共歷時25天。

　　曼加里安火星軌道探測器的第二階段航程採用消耗能量最低的霍曼轉移軌道，自外切其環繞地球運行的軌道，沿1條繞太陽的拋物線軌跡，飛行至內切其將環繞火星運行的軌道，這段航程共約7.8億公里，於2014年9月飛達火星。飛行途中計畫將進行4次軌道校正機動（trajectory correction maneuver，簡稱TCM），實際只於2013年12月11日、2014年6月11日與9月22日，先後進行3次軌道校正機動，探測器發動機分別作用40.5秒鐘、16秒鐘與4秒鐘，於2014年9月24日飛達火星附近，結束了第二階段的飛行，共歷時298天。

　　曼加里安火星軌道探測器的第三階段航程是轉入環繞火星的軌道飛行，並在軌道上執行其探測任務。當探測器飛達火星附近的適當位置，發動機作用1388.67秒鐘進行減速，2014年9月24日切入一個環繞火星的橢圓形軌道，軌道的近火點（periareon）421.7公里，遠火點（apoareon）76993.6公里，軌道面傾角150度。曼加里安探測器飛行於環繞火星軌道，利用其攜帶的4台儀器設備和1架照相機，探測火星大氣和地質的成份，以及企圖尋找甲烷，以證明火星曾有生物存在。原計畫在橢圓形軌道探測160天的曼加里安探測器，工作至2022年4月失去聯繫。

　　運用「霍曼轉移」雖係彌補運載火箭推力能量不足的「巧門」，但卻增長了星際飛行器的飛行路途與時間，並且地面測控站要長期精確測量飛行器的姿態和軌道參數，並適時調整飛行器的姿態偏差與軌道修正，以及多次在橢圓形軌道近地點、遙控啟動飛行器推進子系統作用適當的時間，

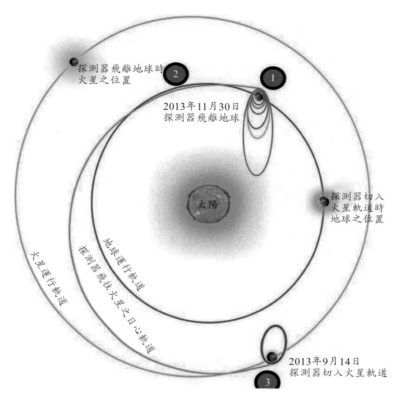

探測器飛離地球時
火星之位置

2013年11月30日
探測器飛離地球

太陽

探測器切入
火星軌道時
地球之位置

火星運行軌道

地球運行軌道

探測器飛往火星之日心軌道

2013年9月14日
探測器切入火星軌道

第6-8圖　　印度發射曼加里安號火星軌道探測器飛往火星的過程。圖中
　　　　　①顯示探測器在地球太空飛行、運用「霍曼轉移」採取6次
　　　　　「提升遠地點軌道機動」，以增加其飛行速度與擴大飛行軌
　　　　　道；圖中②顯示探測器脫離地球引力後、採取「霍曼轉移」循
　　　　　一條橢圓形的轉移軌道飛往目標行星；圖中③顯示探測器轉入
　　　　　環繞火星的軌道飛行，並在軌道上執行其探測任務（距離未按
　　　　　比例）（圖源：Indian Space Research Organization）

賦予飛行器適當的飛行速度增量，才能圓滿飛達目標星球；並且星際飛行
器必須多次啟動其推進子系統而消耗部分推進劑，直接影響飛行器的在軌
壽命。通常運用「霍曼轉移」增加飛行速度的「巧門」只適用於飛往地球
外側的星球。

7-2、運用「重力助推」增減飛行速度與改變飛行方向

　　「重力助推」係航太動力學的一項特殊現象。在航太動力學中，行星際飛行器可利用與星球或其他天體的相對運動和重力、來增加（或降低）其飛行速度與改變其飛行方向，而達到節省推進劑、減少飛行任務時間與成本，或降低飛行速度，或改變飛行方向之目的（參閱第三章第12節）。

　　飛往地球外側較遠星球——如木星、土星和天王星等的星際飛行器因航程遙遠（地球至土星的距離達8.08個天文單位，相當於12.1億公里），在飛往目標球星的漫長途中，必須運用不需消耗燃料即可為星際飛行器加速的「重力助推」巧門，以增加其飛行速度。在日心軌道飛往地球內側星球——如金星、水星的星際飛行器，由於太陽鉅大引力的作用，星際飛行器會被太陽吸引加速飛向太陽而難以飛向金星、水星，必須運用「重力減速」來降低其飛行速度，才能得以飛向金星、水星進行探測。

　　重力助推的應用有：重力加速、重力減速與無動力回歸式飛越3類方式，分別以實例說明於下：

7-2-1、重力加速的實例

　　• 航海家1號（Voyager 1，或譯「旅行者1號」）探測器——係美國發射用以探測木星、土星與其衛星以及土星環（Rings of Saturn）的行星際探測器，質量815公斤，於1977年9月5日發射，1979年飛越掠過（fly-by，簡稱「飛掠」）木星系統、1980年飛掠土星系統，是第一個提供了木星、土星以及其衛星詳細照片的探測器。航海家1號繞木星與土星後方飛掠而過時受惠於「重力助推加速」，它的飛行速度比人類任何一個飛行於地球外側太陽系的太空探測器都快，使得它與太陽的距離於1998年2月17日、達到和早在1972年3月3日發射的先鋒10號（Pioneer 10）探測器相等（都是69.419天文單位）；且因航海家1號每年較先鋒10號約多飛行1.016天文單位，繼而使它成為第一個離開太陽系的人造飛行器。

・航海家2號（Voyager 2，或譯「旅行者2號」）探測器──係美國1977年8月20日發射（較航海家1號早發射16天）、一次探測木星、土星、天王星、海王星與其衛星的深空探測器，基本設計與航海家1號相同。航海家2號利用「176年一遇的行星幾何排列」機會，採取一條較慢的飛行軌道，使它先後於1979年、1981年、1986年、1989年分別繞木星、土星、天王星與海王星後方飛過時獲得4次重力助推，但飛行速度較旅行者1號約低10%。旅行者2號探測器一次探測了4顆行星，使人類對這4顆行星與其衛星得到進一步的了解。

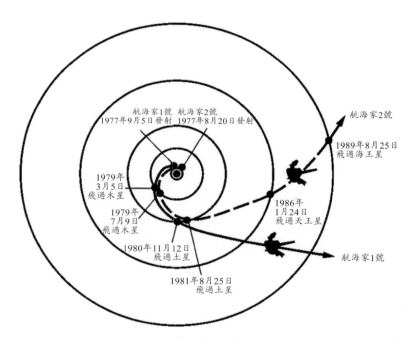

第6-9圖　「重力助推」是行星際航行的特色之一，太空飛行器利用自行星後方飛過獲得「重力彈弓效應」、而增加飛行速度，達到節省推進劑和減少費用之目的。圖中航海家1號與航海家2號探測器發射後，先後從木星、土星、天王星與海王星飛過，最後飛行速度超過第三宇宙速度而飛進恆星際太空（圖源：NASA）

此外，卡西尼-惠更斯（Cassini-Huygens）探測器、伽利略（Galileo）探測器、新視野（New Horizons）等探測器，皆於飛行途中得到重力助推（參閱本書第十章第6-5節、6-6節與6-8節）。

7-2-2、重力減速的實例

水手10號（Mariner 10）**探測器**——水手10號是第一顆探測水星的探測器，也是第一顆利用「重力助推」減速達成探測水星之探測器。水星是位於地球內側的星球，運行的軌道距離太陽過近，探測器在飛向水星的過程中會被太陽引力加速飛向太陽，而無法被水星的引力捕獲。若探測器在飛行途中從其他星球的前面通過，飛臨時會被星球的重力減速，才有可能被水星的引力捕獲，因此其飛行軌道被設計為先飛往金星，利用金星「重力減速」再飛往水星。

水手10號探測器於1973年11月3日發射，約25分鐘後進入停泊軌道，然後進入繞太陽飛往金星的日心軌道，1974年2月5日以5768公里的距離從金星前方飛過，因重力減速而降低了水手10號探測器的飛行速度與飛行軌道的近日點（perihelion）。水手10號探測器先後於1973年11月13日、1974年1月21日與1974年3月16日進行軌道修正機動，於1974年3月29日以704公里的距離第一次飛掠水星、1974年9月21日以48069公里的距離第二次飛掠水星、1975年3月16日以327公里的距離第三次飛掠水星，1975年3月24日失去聯繫。水手10號探測器利用「重力減速」，成功地探測了金星1次與水星3次。

利用重力減速的另一實例是美國2018年發射的帕克號太陽探測器（Parker Solar Probe），將陸續飛過金星7次，持續利用「重力減速」，使它得以愈飛愈近地24次探測太陽，巧妙地運用航太力學中的「重力減速」而完美地「貼近」探測了太陽（參閱本書第十章第2-2節）。

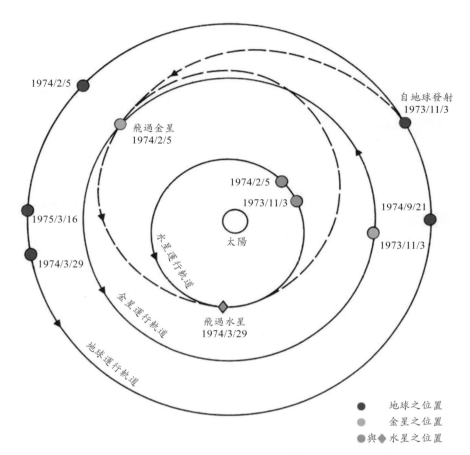

第6-10圖　水手10號探測器於1973年11月3日發射，1974年2月5日以
　　　　　5768公里的距離第一次從金星前方飛過，利用金星「重力減
　　　　　速」再飛往水星，是第一顆利用「重力助推」達成探測水星
　　　　　之探測器。圖為水手10號探測器於1974年3月29日第一次飛
　　　　　掠探測水星的飛行軌跡圖（圖源：NASA）

7-2-3、無動力回歸式飛過的實例

　　阿波羅13號太空船——美國阿波羅13號太空船於1970年4月11日發
射，飛行2天後於離地球約20萬公里處、服務艙中燃料電池系統之液氧鋼

瓶爆炸，太空船嚴重毀損，失去大部分電力和氧氣而不得不中止登月任務。在地面指揮控制中心與3位太空人的研討與應變下，阿波羅13號太空船採取「無動力回歸式飛過（free return flyby）」——阿波羅13號太空船飛到月球後方，因不能啓動推進系統的發動機爲太空船減速而不會被月球捕獲，但繞飛時由於月球的重力助推使太空船自動飛回地球——於4月15日繞過月球（次級天體）背後（軌道高度離月球表面254公里、距地球400171公里）飛返地球（主天體），於4月17日（發射後第6天）太空船的返回艙濺落（Splashdown）於太平洋。阿波羅13號太空船的乘員利用無動力返回軌道安返地球，因而阿波羅13號飛行任務被稱爲「成功的失敗（successful failure，可意譯爲『轉敗爲勝』）」，並拍攝成一部《阿波羅13號（Apollo 13）》商業電影行銷全球（詳參《阿波羅13號》一書，顏安譯，五南圖書出版公司印行）。

其他利用「無動力回歸式飛過」回到地球的實例有：蘇聯發射探測器5號（Zond 5）月球探測器與中國的嫦娥五號T1（Chang'e 5-T1）飛行試驗器。

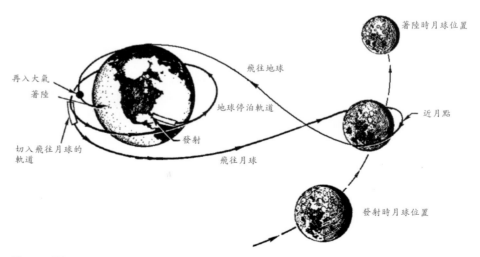

第6-11圖　服務艙損壞的阿波羅13號太空船，採取「無動力返回軌道」繞飛月球後安全飛返地球之飛行過程示意圖（圖中距離未按比例）（圖源：NASA）

第八節　太空飛行器返回地球的過程

　　有些太空飛行器——如返回式照相衛星、科學實驗衛星、載人太空船、月球或行星探勘器以及太空梭的軌道飛行器等，必須分別將承載照相膠片、實驗試品、太空人，或採集的土壤與岩石樣品等之太空飛行器，於飛行任務的最後階段安全送返地球，這個過程稱為「太空飛行器返回地球（spacecraft return to Earth，簡稱『返回』）」；由於返回時重新進入地球大氣層，也稱為「太空飛行器的再入大氣層（spacecraft re-enter the Earth's atmosphere，簡稱『再入』）」。

　　太空飛行器遵循天體力學的規律在太空軌道上運行，「返回」（或「再入」）係脫離原來的運行軌道、穿過地球大氣層安全地在地球著陸，是一個減速、下降、耗散動能和位能、阻熱（防熱）的複雜運作過程，也是太空飛行器整個飛行任務成敗的最後難關。

　　太空飛行器「返回」地球的只有太空飛行器的一部分「艙段」——通常只有稱為「返回體」（或「再入體」）的艙段返回地球；其他艙（段）皆於適當時機分離與拋棄在太空。

8-1、太空飛行器的返回軌道

　　太空飛行器的「返回體」與太空梭的「軌道飛行器」自運行軌道返回地球的軌道稱為「返回軌道」，可概分為離軌段、過渡段、再入段和著陸段。

　　•離軌段（也稱「制動飛行段」）——係指太空飛行器的「返回體」（或太空梭「軌道飛行器」）啟動發動機進行離軌機動，脫離其運行的軌道轉入飛向地球的過渡軌道前之一段軌道。

　　•過渡段（也稱「自由滑行段」）——係「返回體」從離軌段，到進入地球大氣層之前的一段飛行軌道。運行於地球太空的飛行器之過渡段長

度，與運行於地外星球太空之飛行器者相差懸殊，前者相對較短，後者甚長。

‧ 再入段（也稱「再入大氣層段」）── 係指「返回體」自進入地球大氣層後、至距地面約20公里的高度在大氣層中飛行的這段軌道。

‧ 著陸段 ── 係指「返回體」自距地面約20公里的高度，下降至軟著陸的這段軌道。

8-2、返回軌道再入段的相關說明

在返回地球軌道的再入段中，太空飛行器返回體在大氣層中急遽減速，返回體要承受嚴重的氣動力加熱、外壓力和過載（overload）的考驗，情況甚為複雜（太空人有返回體防護只承受嚴重的過載），因此再入段軌道是整個返回軌道中最危險與必須克服多項考驗的一段，特地予以說明。過載也稱為「超載」，係由於急驟減速（或加速）而產生之過度加載（load）。

返回體進入再入段的速度稱為「再入速度」，此時的速度方向與當地水平線的夾角稱為「再入角」。再入角的大小直接影響到返回體是否能返回地球、以及在大氣層中所受的氣動力加熱和過載。若再入角太小，則返回體可能只在稠密大氣層的邊緣掠過而進入不了大氣層（有如「打水漂」）；若再入角太大，則返回體受到的空氣阻力會很大，過載可能超過允許值，返回體與太空人可能承受不了，並且氣動力加熱也會過於嚴重。

返回體能安全返回地球的再入軌道之範圍稱為「再入走廊（entry corridor）」，上邊界對應於最小再入角，是返回體能進入大氣層而不再回到太空的一條界線；下邊界對應於最大再入角，是返回體承受過載極限值或氣動力加熱極限值的界線。能夠安全返回地球的再入角限於2°～6.5°的範圍，與返回體的再入速度、外形特質、能承受的過載限制等相關。

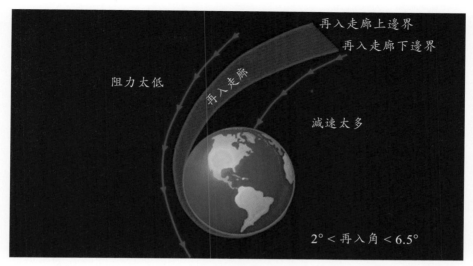

第6-12圖　「再入走廊」係太空飛行器返回體能安全返回地球再入軌道之範圍；上限對應於最小再入角，是返回體能進入大氣層而不再回到太空的一條界線；下限對應於最大再入角，是返回體承受過載極限值或氣動力加熱極限值的界線。能夠安全返回地球的再入角限於2°～6.5°的範圍，與返回體的再入速度、外形特質、能承受的過載限制等相關（圖源：Robert Frost，NASA）

　　返回體常用的再入模式有：彈道式再入、升力式再入與滑翔式再入3種類型，視返回體的再入速度或外型設計特質，採取其中的一型進行返回。返回體進入再入段的「再入速度」差異甚大，通常返回體從近地軌道返回的再入速度約8公里／秒（接近第一宇宙速度），從月球返回的再入速度接近11公里／秒（接近第二宇宙速度），從太陽系行星返回的再入速度為13～17公里／秒（因個別行星而異，但皆必須大幅減速才能安全著陸），因而基本上再入速度就決定了必須採取的再入模式。

　　再入段要解決的主要難題是「減速」與「防熱」。返回體進入大氣層後，大氣由稀薄逐漸轉為稠密，能對高速飛行的返回體產生空氣阻力的作

用。空氣阻力的大小與大氣密度、返回體的飛行速度平方值和外形的阻力面積成正比；因此利用返回體具有較大面積的一端向前，可因空氣阻力所產生的減速足以將返回體的速度大幅降低、而達到可進行安全著陸段的速度。但返回體利用大氣減速會產生兩項必須因應的難題，一為必須確保減速產生的過載不超過人體或設備所能承受的限度，另一為與空氣摩擦使返回體的表面溫度急劇升高（嚴重到可能燒毀返回體），必須防護它過熱，確保返回體外形與結構的安全與完整，克服這兩項難題是安全通過再入段的重要關鍵技術。

　　減速產生的過載是否超載只能靠調整再入角來加以控制。為使最大減速過載不超過人體所能耐受的限度（10g以下），以第一宇宙速度返回的載人返回艙，必須以2°～3°的再入角進入大氣層；無人返回體能承受較大的減速過載（15g以下），其再入角可增大到6°。以第二宇宙速度返回的返回體若採「彈道式返回」，需要相當陡峭的再入角（大於5°）才不致使返回體飛出大氣層，但這會帶來很大的減速過載，為人體所不能忍受，因此必須採用「升力式再入」方式。

　　為使高速飛行的返回體不致因與空氣激烈摩擦加熱所燒毀，首先需要儘量減少周圍熾熱氣體傳遞給返回體的熱量。通過返回體氣動外形的合理設計和再入角的選擇，可以使再入過程所產生熱量約98～99%被耗散，僅約1～2%的熱量傳遞給返回體，但這已將使返回體停滯區（stagnation zone）的溫度升高到2000℃以上，足以引發返回體在空中燒燬。因此返回體外層皆敷布燒蝕性材質層用以絕熱防護，以保證返回體承力結構有足夠的強度和防止其內部過熱（不影響太空人的安全與儀器設備的運作）。

　　在進入再入段前，採旋轉穩定的返回體需要「消旋（消除旋轉）」，以便返回體利用氣動力將其防熱端穩定於向前迎向氣流的狀態飛行；具有姿態控制能力的返回體則須調整其防熱端朝向前方的姿態飛行，為返回體再入大氣層作好準備。

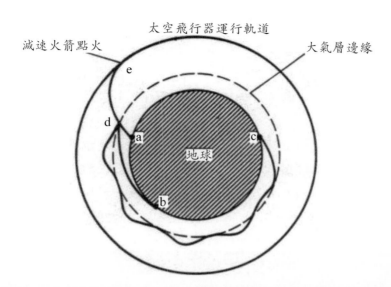

第6-13圖　太空飛行器返回地球再入段的3種型態：e至d為過渡段；d至a為彈道式再入軌道；d至b為滑翔式再入軌道；d至c為（多次）升力式再入軌道（也稱「跳躍式再入軌道」）（圖源：Robert Frost，NASA）

　　下面分別說明返回體常用的3類再入軌道：彈道式再入軌道、升力式再入軌道與滑翔式再入軌道。

　　• **彈道式再入軌道**（ballistic re-entry trajectory）──環繞地球軌道運行、外形簡單的返回體，通常採彈道式再入軌道通過大氣層。再入返回體在大氣中飛行時只有阻力，不產生升力，因而進入大氣層後，沿彈道式軌跡返回地面；早期蘇聯的東方號（Vostok）太空船返回艙（外形為圓球體）、美國的水星號（Mercury）太空船返回艙（外形為鐘形體），皆採彈道式再入。彈道式再入的特點是：最大減速度由再入角（主要）、再入速度和大氣特徵所決定；合理設計再入返回體可以使它具有較低的彈道係數，達到預定的穩定下降速度，而不影響最大制動過載值（主要通過再入角來控制不超過允許限度）。前面已說過為使最大制動超載不超過人體所

能耐受的限度（10g），以第一宇宙速度再入的載人太空船必須以小於3°的再入角進入大氣層；無人太空飛行器能承受較大制動過載（15g），其再入角對應可增大到6°。

通常彈道式返回體（如返回艙）的外形被設計成鈍頭軸對稱旋轉成形體，一般以其直徑較大的球面（或弧形面）部分迎向氣流，俾能快速降低其飛行速度。彈道再入是以急轉彎弧線下落，會出現很高的熱流峰值，但再入過程經歷的時間很短，因此傳遞給再入返回體（如返回艙）的總熱量並不很多。通常彈道式再入返回體採用燒蝕性絕熱材料爲主的防熱結構，以保證再入返回體承力結構有足夠的強度和防止乘員座艙過熱。

第6-14圖　單次升力式再入軌道的實例 —— 1972年12月19日美國阿波羅17號太空船返回艙（指令艙）的升力式再入軌道（圖源：NASA）

・升力式再入軌道（lifting re-entry trajectory，中國稱「半彈道跳躍式再入軌道」）—— 也稱跳躍式再入軌道（skip re-entry trajectory）或提升-滑翔式再入軌道（Boost-glide trajectory）。再入返回體在大氣中飛行時能產生一定的可控制升力，返回體在升力作用下會沿跳躍式軌道或滑翔

式軌道滑行，以緩和減速過程與延長能量轉換時間，能使最大制動過載減小和熱流峰值降低（但總加熱量則會增加）。通過升力控制，再入返回體有一定機動能力，因而能提高落點精度在預定的著陸場著陸。美國阿波羅載人登月太空船返回體（指令艙）與中國神舟號系列太空船的返回體（返回艙）採用升力式再入軌道。

　　自地外星球以接近第二宇宙速度進入大氣層的再入返回體，因其再入速度過高，進入大氣層後必須採取升力式再入軌道——利用其升力衝出大氣層、然後再返回大氣層來降低其飛行速度，經過一次或多次跳躍式減速不僅可以減小返回體（與太空人）承受的過載，並能調整落點。參閱第6-14圖了解美國載人登月的阿波羅號系列太空船之返回體（指令艙），採升力式再入軌道的飛行過程。

　　• 滑翔式再入（glide re-entry trajectory）——再入返回體若係升力體（lifting body，係翼身融合能產生升力的飛行體，如太空梭的軌道飛行器），能產生較大的升力（升阻比可提高到0.7～1.2），因而能機動滑翔數百公里。再入的太空梭軌道飛行器是類似飛機的有翼升力飛行體，升阻比達到1.3～3.0，能產生更高的升力，再入大氣層後能利用其在大氣層中飛行產生的升力控制下降的速度，因而承受的過載較小，且降落時航向可作適當的機動，以提高落點的精度，並能機動滑翔數千公里，如飛機般在選定著陸場的跑道水平著陸。

　　由於飛行於地球太空、月球太空、行星際太空之飛行器的「再入速度」相差甚大，因而「返回」的過程並不完全相同，將分別就運行於地球太空飛行器與運行於其他星球太空飛行器返回過程，在本節中予以說明。至於太空梭係具有短翼的「升力體（lifting body）」飛行器，其自太空返回地球的過程將於本章第九節中另予說明。

8-3、運行於地球太空的飛行器返回地球過程

　　返回式照相衛星、科學實驗衛星、載人太空船等執行工作任務後，其

「返回體」必須安全返回地球被回收，才圓滿完成既定任務。這些太空飛行器工作時多運行於高度低於1000公里的低軌道上。本節以中國神舟九號載人太空船為例，扼要說明其返回地球的過程。

　　神舟號系列太空船由推進艙、返回艙、軌道艙構成。神舟九號太空船搭載3名太空人於2012年6月16日發射升空，分別於6月18日與6月24日與天宮一號實驗性軌道飛行器（運行於約350公里的近圓軌道，運行速度約7.692公里／秒）進行交會對接，太空人曾進入天宮一號軌道飛行器生活十餘天。完成既定任務後，神舟九號訂於6月28日實施返回地球的作業。

　　6月27日，在北京航天飛行控制中心的控制下，「天宮一號」與「神舟九號」組合體在太空軌道偏航180度，從交會對接的正飛狀態進入倒飛狀態，建立撤離姿態，為太空人撤離做好準備。6月28日6時許，3位太空人進入神舟九號太空船的返回艙準備飛返地球，簡要過程如下：

　　•**離軌段**──9時22分，太空人收到地面指揮中心返航的指令後，首先啟動分離步驟，將「神舟九號」與「天宮一號」分離，成為獨立的飛行器，飛行於「天宮一號」後方。接著太空人啟動制動火箭、減低太空船的飛行速度，太空船自動脫離原來的飛行軌道，進入自由滑行階段，逐漸降低飛行軌道高度，並拋棄軌道艙，準備切入「返回窗」進入大氣層的軌道。

　　•**過渡段**──返回艙與推進艙以無動力飛行狀態自由下降，地面測控站於適當時間向太空船發出返回指令，太空人隨即調整太空船姿態以適當的返回角切入「返回窗」，進入大氣層的軌道。當高度降至距離地面140公里處時，推進艙和返回艙分離，推進艙在大氣層中燒毀，返回艙繼續下降。返回艙不再作軌道修正，由離軌條件保證其安全返回地球。

　　•**再入段**──返回艙以其直徑較大的弧形面部分向前迎向氣流、採「半彈道跳躍式再入軌道」進入大氣層，以緩和減速過程與延長能量轉換時間，能減小最大制動過載和降低熱流峰值。由於通過升力控制，返回艙具有一定機動能力，因而能提高在預定回收區著陸的落點精度。

・**著陸段**——返回艙在再入段大幅減速，下降至距地面約20公里的高度時雖已達到穩定的下降速度，但其速度仍高達150～200公尺/秒，必須進一步降低著陸的下降速度。當返回艙下降距離地球約10公里時，其緩降回收系統開始作業——先逐級展開一系列的降落傘大幅減速，至離地面約3公尺時啓動制動火箭（retro-rocket）等減速裝置，使返回體進一步減速，直至達到以甚低的速度垂直下降，安全軟著陸於回收區，太空飛行器的返回體才圓滿完成返回地球的過程。

8-4、運行於地外星球太空的飛行器返回地球過程

環繞月球與其他地外星球運行的太空飛行器，其返回地球的路途不僅較運行於地球太空者漫長，並且更爲複雜。目前除了美國發射的阿波羅太空船曾搭載3名太空人從環月軌道返回地球外，只有中國的嫦娥五號探測器採類似阿波羅太空船模式，自月球採取月壤返回地球。茲以阿波羅太空船說明運行於地外星球太空的飛行器返回地球過程。

阿波羅太空船是美國爲了實現載人登月並安全返回地球而研製的太空船，由4大主件整合而成：母船——指令艙（Command Module）與服務艙（Service Module）組成，與較小的二級式登月器（Lunar Module）——上面級（Ascent Stage）與下面級（Descent Stage）組成。以一枚運載火箭將搭載3名太空人的太空船送至月球太空，母船環繞月球軌道運行後，2名太空人轉搭登月器降落月球表面，進行探勘與採取月壤後，2名太空人搭乘登月器的上面級飛離月球，與環月軌道的母船交會對接後，2名太空人攜帶月壤返回母船並拋棄上面級，然後3名太空人與月壤搭乘母船的指令艙與服務艙飛返地球（參閱第九章第5-2節）。

茲以未登陸月球的阿波羅8號太空船爲例，簡要說明運行於月球軌道太空飛行器的返回地球過程。阿波羅8號太空船（未配置登月器）搭載3名太空人，於1968年12月21日發射，在太空中飛行約3天後進入月球太空，母船——指令艙與服務艙環繞月球軌道飛行10圈，歷時20小時，太

空人拍攝了大量月球照片（包括第一張著名的「地出」照片），但未降落月球。完成既定任務後，阿波羅8號太空船從環月軌道實施返回地球的作業。

・**離軌段**——12月25日，地面測控中心向阿波羅8號太空船發出返回指令後，太空人操控指令艙與服務艙組合體脫離運行軌道飛行，伺機配合「月地入射窗口」飛進「返回地球」的過渡段軌道。

至於搭乘登月器執行登月任務的太空人要自月球返回地球，必須先搭乘登月器的上面級飛離月球，與環月軌道的母船交會對接、回到母船的指令艙。

・**過渡段**——運行於月球與其他星球的太空飛行器，其「返回體」的過渡段長、短各不相同，和該星球與地球間之距離成正相關。但皆必須先在其過渡段的軌道上增加其飛行速度達到該星球的「逃逸速度」，脫離該星球的引力場後才能飛返回地球。有關脫離太陽系各星球引力的逃逸速度，請參閱本書第三章第3-1表。

月球的「逃逸速度」為2.4公里／秒，切入「月地入射窗口」的阿波羅8號太空船「返回體」（指令艙與服務艙的組合體），其服務艙的發動機必須對「返回體」作用203.7秒鐘，大幅增加其飛行速度，使它在距地球約39萬公里外沿過渡軌道飛返地球，飛行歷時約60小時，其間並經數次啟動發動機進行「軌道校正機動」，以確保它按設計軌道飛進地球的再入走廊，在過渡期結束之前，指令艙拋棄服務艙，服務艙在大氣層中焚燬，指令艙載著3名太空人歷經再入段返回地球。

・**再入段**——自月球（或其他星球）飛進地球大氣層的再入返回體（指令艙），因其再入速度過高（接近第二宇宙速度或更高速度），進入大氣層後必須採取升力式再入軌道——利用其升力衝出大氣層、然後再返回大氣層來降低其飛行速度，經過一次或多次跳躍式減速不僅可以減小返回體（與太空人）承受的過載，並能調整落點。美國阿波羅號系列太空船指令艙採升力式再入軌道的飛行過程，參閱本章第6-14圖。

・**著陸段**──採升力式再入軌道的返回體（指令艙）在再入段大幅減速後，下降至適當高度時仍需以一系列的降落傘持續減速，必要時於接近地面時再以制動火箭系統減速，以達成返回體軟著陸。阿波羅號系列太空船指令艙皆濺落於海上，由待命於附近的艦船成功回收，才圓滿完成返回地球的過程。

第九節　太空梭飛行器返回地球的過程

太空梭（Space Shuttle，或譯「航天飛機」）係美國的一個龐大、複雜、昂貴的太空運載系統，它由軌道飛行器（Orbiter Vehicle，簡稱OV，外形類似飛機，即通常被人們稱為「太空梭」的部分）、外部燃料槽（external tank）和2具固體火箭助推器（solid rocket boosters）組成的完整系統。整個系統高56.1公尺、直徑8.7公尺、重量2,030噸。太空梭採垂直發射，在發射後的前2分鐘內，2具固體火箭助推器與軌道飛行器的3台主發動機（space shuttle main engines）一同提供推力，將軌道飛行器送往近地軌道，途中固體火箭助推器與外部燃料槽先後被拋離，只有軌道飛行器進入太空近地軌道執行既定任務。

軌道飛行器（OV）係翼身融合能產生升力的飛行體，外形類似飛機，可重複使用，用為往返於地球與太空之間的交通工具──係載運太空人、物質、太空飛行器（如各種衛星、太空站實驗艙、太空天文望遠鏡和各種深空探測器等）進入太空近地軌道，或在近地軌道釋放太空飛行器，或飛往國際太空站的載台。所有的太空梭已於2011年7月22日正式退役。

軌道飛行器除乘員艙與貨艙外，後段裝有3台主發動機、2台軌道機動發動機（orbital manoeuvring system，提供進入軌道、進行變軌機動和對接機動飛行，以及返回時脫離軌道所需要的推力），以及由44個小推力器組成反應控制系統（reaction control system，於入軌、在軌和再入時

第6-15圖　太空梭係由外形白色類似飛機的軌道飛行器、棕色的外部燃
　　　　　料槽和2具白色的固體火箭助推器組成的完整系統，用以承載
　　　　　太空人與物資進入太空軌道；返回地球的僅軌道飛行器。圖
　　　　　中承載太空梭的發射平台正駛向發射工位（圖源：NASA）

為軌道飛行器提供姿態控制，繞軸旋轉和平移動力），機體外部裝有升降
副翼、襟翼、垂直尾翼、方向舵和減速板等氣動力控制組件。

　　軌道飛行器完成任務後脫離太空軌道，返回地球時採滑翔式再入，機
動滑翔數千公里，如飛機般在選定著陸場的跑道水平著陸。

　　•**離軌段**──太空梭軌道飛行器飛返地球前，太空人與相關裝備先完
成返航相關作業。在接到地面控制中心發給指令後開始進行離軌段的減速
操作──軌道飛行器首先翻轉為背部向下、尾端向前的飛行姿態，然後啟
動軌道機動發動機使軌道飛行器進行離軌段，發動機作用3至4分鐘以降
低飛行速度，軌道飛行器開始下降。

　　•**過渡段**──太空梭軌道飛行器繞飛地球繼續降低軌道高度與飛行

速度，至軌道高度約128公里時已接近大氣層的外緣，飛行任務指令長（commander）操控軌道飛行器恢復正常姿態（背部向上、尾端在後）飛行，此時距離著陸點超過8000公里。軌道飛行器的過渡段（從離軌段到大氣層外緣）為時約30分鐘。

‧**再入段**——軌道飛行器抵達大氣層後開始再入段，必須準確地進入狹窄的重返走廊，才能重返地球。進入大氣層時若角度太小，軌道飛行器會飛掠過大氣層像以石頭打水漂般飛返太空；若角度太大，會因摩擦生熱而增溫過快導至軌道飛行器解體，且太空人也必須承受極大的過載。軌道飛行器進入再入段後的飛行殊異於一般太空飛行器者。為了進一步減速，軌道飛行器執行一系列4個陡峭的轉彎，飛向一側再飛向另一側翻滾多達80度，這一系列的翻滾使軌道飛行器的飛行軌跡看來像是一個加長型的「S」字母；然後軌道飛行器繼續降低飛行高度。

‧**著陸段**——當軌道飛行器飛至距著陸跑道約40公里時，其飛行速度已降至音速以下，指令長操控軌道飛行器的升降副翼、襟翼、垂直尾翼、方向舵和減速板等氣動力控制組件，進行著陸操控。

軌道飛行器對準著陸機場的跑道、機頭向下以22度的坡度滑翔下降（係商用客機下降坡度的7倍，高度降低速率為商用客機的20倍），當達到距地面高度約600公尺時，指令長拉起機頭、降低下降速率，放下與鎖住主著陸輪組與鼻著陸輪組，準備著陸。軌道飛行器以每小時344至363公里的速度主著陸輪組先著陸，接著鼻著陸輪組著陸，減速傘彈出並張開，軌道飛行器滑行一段距離後停住，安全返回地球。

在再入段中，由於軌道飛行器的最前端最接近震波，溫度會比其他部位更高，在機頭最前端和機翼前緣部位的溫度高達攝氏3000度，其他部分約攝氏2300度，全部機體必須黏滿強化碳／碳複合材料依外型曲度製成的隔熱防護片（全軌道飛行器共需2萬多片），才能得到防護安返地球。2003年2月1日，哥倫比亞（Columbia）號太空梭執行STS-107飛行任務返回地球、通過再入大氣層後降落時，軌道飛行器在美國德克薩斯州與

路易斯安納州上空發生解體事故，造成機上7名太空人全部遇難。失事原因係哥倫比亞號太空梭發射時，外部燃料槽的隔熱防護片因空氣動力致使脫落而擊中軌道飛行器左翼前緣，損壞了軌道飛行器的隔熱防護系統的密封完整性，再入時熾熱氣流從縫隙鑽入與機體接觸，降低了機體的強度而致使機體崩解，造成令人震撼的悲劇。

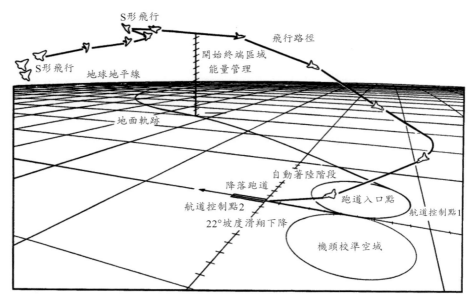

第6-16圖　太空梭軌道飛行器滑翔再入軌道的細部示意圖（圖源：JRM Laboratory網站，Kansas State University）

第6-17圖　太空梭的軌道飛行器採滑翔式再入軌道，機動滑翔數千公里，
　　　　　如飛機般在選定著陸場的跑道水平著陸，在再入段中氣動力熱
　　　　　（因高速飛行與空氣摩擦而產生的高熱）致使機體的溫度高達
　　　　　攝氏2300度至3000度，圖為高溫分布情形──白色溫度最高、
　　　　　紅色次之、紫色再次之（圖源：aerospaceweb網站）

第十節　結語

　　太空飛行器的發射、入軌、在軌運行與返回是航太科技中非常複雜
與精確的作業，需要完整、高科技、精密、龐大的多個作業系統（包括訓
練有素與經驗豐富的作業人員）來支應與運作，才能成功地執行太空飛行
器的發射、入軌與返回。目前全球僅有美國、俄羅斯、中國、歐盟、日本
與印度等具有完整的太空飛行器發射、入軌與返回之科技與作業系統，是
進行航太科技活動的主要國家；其他國家則必須透過與前述各國的系統合
作，才能進行太空飛行器的發射、入軌、在軌運行與返回。

第七章

人造地球衛星：航太科技的「搖錢樹」

第一節　緒言

　　人類太空時代的序幕於1957年10月4日、蘇聯發射第一顆人造地球衛星「史潑尼克1號（Sputnik 1）」進入太空軌道後揭開，航太科技經過各航太國家60餘年來的發展、長期的進步與累積，太空已經轉化爲人類的寶庫與資產，利用太空科技大幅改善了人類的生活品質與內涵，促進了全球經濟的發展與社會的繁榮。

　　自蘇聯1957年發射世界第一顆人造衛星到2023年4月19日，60多年中全球共實施過6410次航太發射（其中398次失敗），累計總共將15495個太空飛行器送進太空軌道，其中人造地球衛星超過總數的95%，遠遠超過載人太空船、貨運太空船、月球探測器與深遠太空探測器的總和。主要是因爲人造地球衛星具有多樣性的功能，能衍生創新的科技能力，因而對提升人類生活品質與內涵、促進經濟發展與社會繁榮的貢獻最大，是航太科技應用領域中的主流；即使不能研製與發射人造地球衛星的國家，也要透過他國製造與發射、在太空中擁有本國的人造衛星，以分享航太科技的「紅利」。

第二節　應用最廣的三類人造地球衛星

　　人造地球衛星依據其任務目的而設計不同酬載、應用於太空科學探測、通訊中繼、氣象資訊蒐集、對地球觀察、定位導航、飛彈預警、攻擊在軌衛星等領域，功能十分多樣化，不僅能提升人類的生活品質與繁榮經濟，並且能增進國家的國防力量，是航太科技最能產生直接效益的太空飛行器。

　　就經濟效益而言，人造地球衛星中應用最廣、經濟價值最高的係通信衛星、對地觀察衛星與導航定位衛星三類衛星，是航太科技的「搖錢樹」。本章將就此三大類衛星予以扼要說明。

第三節　通信人造衛星

　　通信衛星（Communications Satellite）是一種為地面上發射站與接收站之間建立無線電訊息中繼的衛星，用於電話、電視、廣播、網絡等領域，傳輸語音、影像、文字、圖片、資料數據、視訊會議等。通信衛星可應用於民用目的與軍事目的，民用通訊衛星也稱為商業通信衛星，軍用通信衛星具有極高的加密性與抗干擾性。

　　大部分通信衛星皆部署於地球靜止軌道或莫尼亞軌道（參閱本書第五章第4-2-5節與第5-1-4節），由於衛星的電訊通信波束能覆蓋區域廣大，使用3～4顆地球靜止軌道通信衛星組網即可實現全球即時通信；低軌道與中軌道的通信衛星，由於其電信波束能覆蓋的區域較小、覆蓋的時間較短，必須以數十至數百顆衛星組成星座才能實現全球即時通信。

　　全球發射的通信衛星超過7000顆，近年來增加更快。民用通信衛星係人造衛星應用領域中的高經濟利基航太科技產物，各國競相發射，因此數量超過軍用衛星甚多。本節就民用通訊衛星擇要說明於下：

3-1、地球同步軌道通信衛星第3號（Syncom 3）

　　Syncom 3是Synchronous communication satellite 3的縮寫，意為地球同步軌道通信衛星第3號，它係全球第一顆地球靜止軌道（實驗）通信衛星，美國於1964年8月19日發射，定點於地球靜止軌道的國際換日線附近（The International Date Line，即180度經線），用以將1964年夏季奧運會的電視影像自日本東京跨越太平洋傳送至美國，1969年終止工作。

第7-1圖　Syncom 3是全球第一顆地球靜止軌道通訊衛星，衛星主體表面貼滿太陽能電池片（來源：NASA）

3-2、閃電（Molniya，或音譯為「莫尼亞」）通信衛星

　　閃電通信衛星是蘇聯／俄羅斯的軍民兩用通信衛星，因運行於高橢圓形的「閃電軌道（Molniya orbit）」而得名，只需4顆通訊衛星均勻分布運行於閃電軌道，即能為地理位置居於北半球高緯度的蘇聯／俄羅斯提供24小時的衛星通訊。1965年4月23日成功發射首顆星，進而建構其通訊系統，先後發展了三代，每一代衛星的性能持續提升，共發射164顆衛星（其中3顆發射失敗）；2004年2月18日發射後，閃電通信衛星停止生產。繼而發射的子午線衛星（Meridian satellite），也運行於1條類似的高橢圓形閃電軌道。

3-3、銥通信衛星（Iridium Communication Satellites）

　　銥通信衛星係低軌道的商業通信衛星，由美國銥通信公司（Iridium Communications Inc.）管理與營運，以66顆銥通信衛星、每11顆衛星均勻地運行於6個傾角為86度、高度765公里的極軌道面上、組成銥通信衛星星座（Iridium satellite constellation），為全球任何地區（包括南、北極）提供24小時的衛星通信。由於銥通信衛星採用了星上處理轉發器，再加上衛星之間都有星間的鏈路，通過衛星上面的路由器（router），信息就可以直接服務於用戶。

　　銥通信衛星系統於1998年11月1日開始服務，典型的銥衛星使用者包含航海人員、航空人員、政府機關、石化工業、和經常旅行者。2017年至 2018 年之間發射第二代銥衛星（Iridium Next）汰換舊銥衛星，星座仍由66顆衛星組成，另有9顆備用衛星，一共75顆衛星在軌運行。

第7-2圖　由66顆銥衛星組成的銥低軌道通信衛星星座，能為全球任何地
　　　　　區提供24小時的衛星通信。圖示為1顆銥通信衛星在軌運作之
　　　　　想像圖（圖源：Iridium Satellite）

3-4、東方紅2號（Dongfanghong 2）通信衛星

　　東方紅2號係中國成功發射定點於地球靜止軌道的第一顆通信衛星，
於1984年4月8日發射，定點於靜止軌道87.5度，提供200條電話線和15個
廣播與電視頻道。此後中國於1986年至1991年間陸續發射了一系列5顆東
方紅2號衍生衛星（第五顆發射失敗），定點於靜止軌道東經87.5度、98
度與110.5度。

3-5、中星16號（Chinasat 16或Zhongxing 16）通　　信衛星

　　中星16號是中國2017年4月12日發射的1顆地球靜止軌道商業通信衛
星衛星，定點於地球靜止軌道東經110.5度，系統總容量超過20Gbps，

不僅是1顆「高通量」通信衛星衛星，並且係1顆具有多項技術創新的衛星——該衛星一舉突破中國Ka頻段多波束寬頻通信、高軌衛星領域電推進、雷射通信等關鍵技術，刷新中國高軌衛星的技術指標。

第7-3圖　中星16號衛星是具有多項技術創新的衛星，大幅提升了中國靜止軌道商業通訊衛星的技術指標。圖為中星-16衛星進行太陽能板展開測試（來源：中國航天科技集團公司）

3-6、多國競相研建中的低軌通信衛星星座

近年來由於微機電系統（Micro-electromechanical Systems，簡稱MEMS）科技發達，通信衛星愈做愈小、功能卻愈來愈強；加上微小型衛星的造價低、採用「一箭多星」發射使發射價格大幅降低，各國競相研製小型通訊衛星，大量發射進入高度1200公里以下的低軌道，形成通信星座與網際網路（互聯網）星座謀取商業利益。這些低軌道通信星座因其軌道距離地面近，因而具有通信時延短與信號衰減小等特點。目前已經公開

宣布建構低軌道通信衛星星座的公司有：美國太空探索（SpaceX）公司將建構由12000顆（初期）＋30000顆（後期）衛星組成的「星鏈（Star-link）」低軌道衛星星座（2018年2月22日至2023年4月20日間，已發射3812顆衛星，並開始商業試營運）、英國與印度合資的一網（OneWeb）衛星公司將組建648顆（初期）＋6372顆（後期）的「一網」低軌道衛星星座（2019年2月27日至2023年3月26日間，已發射618顆衛星入軌運行）、美國亞馬遜（Amazon）公司也提出發射3236顆衛星的「柯伊伯計畫（Project Kuiper）」網際網路星座，以及中國衛星網路集團有限公司計畫發射12992顆衛星組成的「GW（國網）」星座、中國航天科工集團公司計畫發射156顆衛星的「虹雲工程」網際網路星座、中國航天科技集團計畫發射360顆的「鴻雁」網路星座等。

低軌道通信衛星星座的組建，將改變世界的通信方式，致使大數據實時傳輸、3D視頻通話，物聯網、遠距集群控制，人工智能運作、汽車自動駕駛等，都將發生鉅大的變化。此外，目前圍繞地球運行的現役太空飛行器總數已超過6000個，加上十萬顆大大小小的太空垃圾（多集中於低地球軌道），再向近地球太空發射數萬顆商業應用衛星，將致使近地球太空過於「擁擠」，令有識之士感到憂慮。

第四節　成像（照像）衛星

成像衛星（Imaging Satellite）係對地觀察衛星（Earth observation satellites）中最重要的一部分；民用成像衛星多係傳輸式光電成像衛星，衛星有效載荷係光電成像設備，拍攝的影像即時下傳至地面接收站經軟體處理後即可使用，影像解析度較雷達成像者高，但受光照條件之影響。另一類成像衛星的有效載荷為微波成像的合成孔徑雷達（Synthetic Aperture Radar，簡稱SAR），影像解析度遜於光學成像者、但能全天候工作、能

有效地識別偽裝和穿透掩蓋物等特色,多被軍方採用。

　　由於衛星照片具有廣大的商業市場,法國與美國先後於1980年代與1990年代研製與發射商業成像衛星,公開銷售衛星照片供商業運用,引發美、歐航太強國研製與發射商用成像衛星的風潮。典型的商業成像衛星有:

4-1、斯波特（SPOT）系列衛星

　　法國自1980年2月22日發射第一顆SPOT衛星以來,經過20多年的發展,至今已經陸續發射了一系列共7顆SPOT衛星,成為世界衛星遙感市場上重要的商業衛星照片來源。目前在軌服役的是阿斯特里姆公司（EADS Astrium）研製、2012年9月9日發射的SPOT-6、與2014年6月30日發射的SPOT-7衛星,兩顆皆屬第四代成像衛星,運行於高度695公里、傾角98.2°的太陽同步軌道,兩星各相隔180°,空間解析度:全色態為1.5公尺、多光譜為6公尺。

4-2、昴宿星（Pleiades）系列衛星

　　法國國家太空研究中心（Centre national d'études spatiales,簡稱CNES）因應國際民用及軍用成像衛星的需求、所研製的高解析度軍民兩用光學成像衛星。昴宿星1A與昴宿星1B,分別於2011年12月17日與2012年12月2日發射,運行於高度694公里、傾角98.2°的太陽同步軌道,兩星各相隔180°,空間解析度:全色態為0.5公尺、多光譜為2公尺,衛星照片銷售業務由阿斯特里姆公司代理。目前,SPOT-6、SPOT-7衛星與昴宿星1A、昴宿星1B共軌,每天提供全球全譜系、中與高解析度的商業衛星照片。

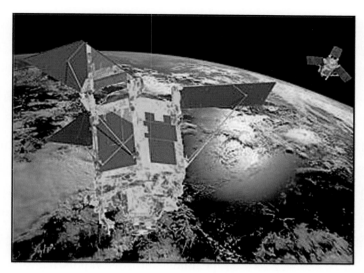

第7-4圖　法國的SPOT-6與SPOT-7商業成像衛星在軌組網運作想像圖
　　　　（圖源：EADS Astrium）

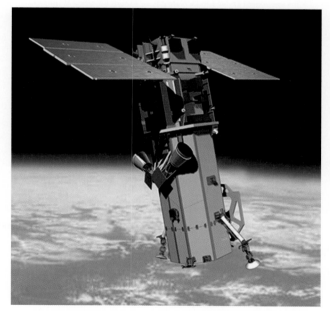

第7-5圖　美國2009年發射的全球影像-2商業成像衛星，影像空間解析度
　　　　高達0.46公尺（圖源：DigitalGlobe）

4-3、全球影像（WorldView）系列衛星

　　美國數位全球（DigitalGlobe）公司多年來營運數顆商用光學成像衛星，早期的早鳥-1（EarlyBird-1，1997年發射），伊克諾斯（Ikonos，1999年發射）衛星與快鳥（QuickBird，2001年發射）衛星皆已停止運作；目前在軌運作的5顆衛星，依發射年份為：全球影像-1衛星（WorldView-1，2007年發射）、地球之眼-1衛星（GeoEye-1，2008年發射）、全球影像-2衛星（WorldView-2，2009年發射）、全球影像-3衛星（WorldView-3，2014年發射）與全球影像-4衛星（WorldView-4，2016年發射），衛星的影像解析度逐批提升。全球影像-3與-4衛星的空間解析度：全色態為0.31公尺、8頻道多光譜為1.24公尺、短波紅外光為3.7公尺、雲／水珠／水氣／冰／雪（Clouds/Aerosols/Vapors/Ice/Snow）為30公尺，係當前影像解析度最高的商業成像照相衛星。

第7-6圖　美國鴿子衛星係奈米衛星，運行於高度約400公里的軌道，能提供空間解析度3～5公尺的衛星照片（圖源：Planet Labs Inc.）

4-4、鴿子（Dove）衛星星座

美國星球實驗室公司（Planet Labs, Inc.）始自2013年4月持續大量發射名為鴿子（Dove）之「立方體衛星（CubeSats）」組成星座，運行於高度約400公里的軌道，每顆衛星能提供空間解析度3～5公尺的衛星照片，供農業、林業、水利、環境保護、資源調查、城市規劃與建設、災害管制、國土安全、邊境監控等領域運用。

鴿子衛星質量約4公斤，屬於「奈米（或稱「納米」）衛星」，長、寬、高分別為30公分、10公分、10公分（30×10×10公分，此尺寸的衛星被稱為「3立方體衛星（triple CubeSats）」），具備傳統商業成像衛星必備的太陽能電池板、光學攝影機等組件，以紅綠藍（Red Green Blue，簡稱RGB）與近紅外線（near infrared，簡稱NIR）頻帶成像，壽命3至30個月。

星球實驗室公司自2014年6月19日開始部署衛星組成鴿子星座，至2022年1月21日，共實施過25次部署，利用運載火箭或太空船部署448顆鴿子衛星，其中3次部署因運載火箭爆炸，共損失32顆衛星，另有2顆衛星雖攜帶至國際太空站但未部署。鴿子衛星星座通常約有120至150顆衛星處於工作狀態。

4-5、吉林一號（Jilin-1）衛星星座

中國長光衛星技術有限公司營運的「吉林一號」商業成像衛星星座，係中國二家商業成像衛星公司之一（另一家是四維測繪技術有限公司營運的「高景一號（GaoJing-1或SuperView-1）」商業成像衛星星座）。「吉林一號」第一組4顆衛星於2015年10月7日發射入軌；截至2022年12月9日先後發射23次，共83顆在軌衛星組成星座，運行於600公里與535公里高度的太陽同步軌道，具備對全球熱點地區30分鐘內重訪能力。「吉林一號」將於2025年前後實現138顆衛星組網，屆時可對全球任意點的重

訪週期進一步降至10分鐘，建成全天時、全天候的商業遙感衛星星座。

　　初期的「吉林1號」光學A星地面像元解析度：全色0.72公尺、多光譜2.88公尺，具備常規推掃、大角度側擺、同軌立體、多條帶拼接等多種成像模式；後期衛星（高分04星）的全色解析度達0.5公尺。「吉林1號」衛星遙感影像已在商業衛照市場出售，廣泛應用於國土資源監測、土地測繪、礦產資源開發、智慧城市建設、交通設施監測、農業估產、林業資源普查、生態環境監測、防災減災及應急回應等領域。

4-6、「高分專項」系列衛星

　　「高分專項」系列衛星的全名是「高解析度對地觀測系統」衛星，係中國研製與發射的一個龐大民用照相衛星系列。

　　「高分專項」系列的衛星分別賦予「高分1號」至「高分14號」的名稱，始自2013年開始陸續發射入軌與投入使用，至2022年4年月底先後共已發射30顆衛星（其中高分10號衛星01星發射失敗，高分5號第1顆失效），共有28顆衛星在軌運行，由光學遙感衛星與合成孔徑雷達衛星（高分3號與高分12號），整合成為高空間解析度、高時間解析度和高光譜解析度的民用對地觀察衛星網，不僅應用於國土普查、城市規劃、土地確權、路網設計、農作物估產、防災減災與製作高清地圖和地形圖等領域，且因其影像解析度甚高，因而也可應用於軍事目的。

　　例如部署於地球靜止軌道上的高分4號光學遙感衛星，2015年12月29日發射，定點於地球靜止軌道東經105.5°，配置有目前中國口徑最大的焦平面陣列凝視相機（Focal-Plane Array Staring Camera）、與首次研製的大焦平面陣列紅外光探測器（Focal Plane Array Infrared Detector），具有普查、凝視、區域、機動巡查4種工作模式：可見光近紅外光（Visible Light Near Infrared）凝視相機的空間解析度約50公尺、單景成像幅寬500公里：中波紅外光（Medium Wave Infrared）探測器的空間解析度約400公尺、單景成像幅寬400公里，能夠對目標區域長期觀測，是中國第一顆

地球靜止軌道對地觀測衛星及三軸穩定遙感衛星，據稱能用以偵察出現於西太平洋的航空母艦。

另南華早報（South China Morning Post）曾報導，2020年9月，中國發布了由「高分專項」其中1顆衛星觀察的影片，該衛星不斷跟蹤一架戰鬥機的飛行，這架戰鬥機被認為是美國F-22隱形戰機。

第7-7圖　中國「吉林1號」商業成像衛星星座的高分04A衛星，全色解析度達0.5公尺，2022年4月30日入軌當天拍攝的納米比亞鯨灣照片（圖源：長光衛星公司）

第7-8圖　中國「高分7號」衛星拍攝的空間解析度0.6公尺大興國際機場
立體影像圖（圖源：國家航天局）

第五節　衛星導航系統

衛星導航系統係人造地球衛星的三大重要應用領域之一，目前全球6個國家正競相研建或營運中。研建全球性衛星導航系統的有：美國的「全球定位系統（Global Positioning System，簡稱GPS）」、俄羅斯的「格洛納斯系統（GOLONASS）」、中國的「北斗系統（BeiDou Navigation Satellite System）」，與歐盟的「伽利略（Galileo）系統」；研建區域性衛星導航系統的有：印度的「印度區域導航衛星系統（IRNSS）」與日本的「準天頂衛星系統（QZSS）」。

5-1、衛星導航系統的組成

衛星導航系統也稱「定位導航衛星系統」，系統由三大部分組成，分

別為太空星座部分（Space segment）、地面監控部分（Control segment）與用戶設備部分（User segment）。

太空星座部分由數十顆衛星組成，這些運行於幾個軌道面的中地球軌道衛星、向地球發射其位置的編碼調變無線電信號；地面監控部分由中心控制系統和標準校正系統組成，主要用於追蹤所有的衛星，進行軌道參數與衛星鐘差測定，並將軌道修正參數與鐘差數據編製成電文注入衛星，達到控制衛星姿態、進行衛星軌道保持與控制系統定位精度的作用；用戶設備部分為各類用戶的接收機，具有信號接收、數據處理與顯示功能，經由接收太空星座4顆以上衛星播發的信號，能高精度地確定其位置（經度、緯度和高度）；同時接收機所接收的時序信號還能以高精度計算當時的本地時間（授時服務），進而使其時間同步；這些接收機可由人員手持使用，或裝置在車輛、船艦、飛機、飛彈，以及低軌道太空飛行器（人造衛星、太空梭）等載台上使用。

5-2、衛星導航系統的功能

衛星導航系統具有軍事與民用雙重功能。

在軍事領域方面：應用於自動測定作戰載台（潛艦、戰略轟炸機、飛機、戰車、自走式火炮等）的位置數據；為飛彈、砲彈與炸彈等進行導引；為低軌道太空飛行器定位與導航，應用於軍事搜尋、救援、巡邏與偵察等。

在民用領域方面：1.為民用機動載台（飛機、商船、漁船、遊艇、車輛等）進行定位與導航；2.應用於汽車無人駕駛與智能駕駛、地面車輛跟蹤和城市智能交通管理；3.應用於網際網路、金融網路、電力網路、郵電網路、通訊網路等的時間同步與準確時間和準確頻率的授入；4、應用於精準農業、個人旅遊、野外探險、緊急救生等。

衛星導航系統已係現代化國家與社會不可或缺的應用衛星系統。

5-3、美國的「全球定位系統」

　　美國的「全球定位系統（Global Positioning System，簡稱GPS）」於1970年代開始進行研建，1978年2月發射第一顆衛星，1993年底完成「21+3」GPS星座的組建，此後根據計畫更換失效的衛星與提升系統功能；但系統在未完整建成前已經開始被使用。

　　「全球定位系統」的星座初期由24顆衛星組成（其中21顆為工作衛星，3顆為備用衛星），均勻分布於6個高度20180公里、軌道面傾角55°、軌道面夾角60°的軌道面上運行。2016年2月，星座改由33顆衛星組成（其中31顆為工作衛星），增加星座的衛星數量不僅能提供冗餘量而提高了GPS接收機計算的精度，並且可將星座改為不均勻部署，進而改進了多顆衛星失效時系統的可靠性和可用性。

　　「全球定位系統」的信號分為民用的標準定位服務（Standard Positioning Service，簡稱SPS）和軍用的精確定位服務（Precise Positioning Service，簡稱PPS）兩類。民用接收機只能接收標準定位服務，軍規的接收機才能接收精確定位服務。為了防範他國利用GPS對美國發動攻擊，特地在民用信號中加入「選擇性誤差（Selective Availability，簡稱SA）」信號以降低其定位的精確度，使其定位精確度降至100公尺左右；2000年5月1日美國總統柯林頓（William J. Clinton）指示關閉SA干擾信號後，民用接收機的定位精確度可達20公尺。近年來由於發射的衛星性能多次提升，民用接收機的定位精確度可達5～10公尺。軍用接收機的定位精確度原為1公尺上下，2018年GPS系統增加提升定位精度的L5頻段後，使用L5頻段的GPS接收器之定位精確度可達30公分以內。

　　「全球定位系統」最先完成建構，並且系統免費開放給全球民間使用，因而促使其接收裝置與衍生性商品成為世界性的衛星導航產業，其銷售量約占全球衛星定位導航市場的90%，為美國航太業的高利潤產業，其商業價值遠遠超過美國軍方的投資，其他的衛星導航系統一時很難與其爭鋒。

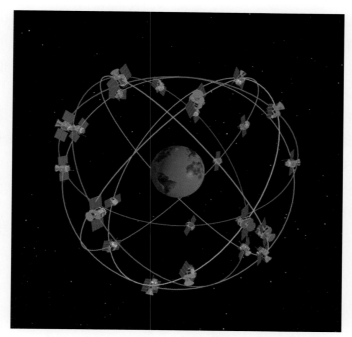

第7-9圖　「全球定位系統」初期的衛星星座由24顆衛星組成，均勻分布
　　　　　於6個高度20180公里、傾角55°、軌道面夾角60°的軌道面上運
　　　　　行（圖源：USAF）

5-4、蘇聯／俄羅斯的「格洛納斯」系統

　　格洛納斯（GLONASS，係GLObalnaya NAvigatsionnaya Sputniko-vaya Sistema的縮寫）是蘇聯始自1976年建構、1995年12月建成、由24顆衛星組成的衛星導航系統。蘇聯瓦解後俄羅斯財政拮据，航太經費被削減80%，無力進行必需的補充性衛星發射，以致2001年時星座達到只有6顆衛星的最低紀錄。2011年10月2日，俄羅斯補足了星座24顆衛星。此後俄羅斯多次發射補充衛星以保持星座24顆衛星，俾能全球覆蓋。

　　「格洛納斯」的太空星座由運行於3個軌道面的24顆工作衛星和1顆備用衛星組成，第一、二個軌道面部署8顆衛星，第三個軌道面部署9顆

衛星，軌道面傾角64.8度，軌道高度19000公里，運行週期為11小時15分40秒。如此部署星座，可使高緯度的定位精度較為精準。太空星座需要18顆衛星，才能覆蓋俄羅斯聯邦全境提供連續導航服務；星座布滿24顆衛星，系統便能覆蓋全球100%的領土，為全世界提供服務。

「格洛納斯」的地面控制部分包括：1個系統控制中心，5個遙測、跟蹤和指揮中心，2個激光測距站，以及10個監測和測量站。幾乎完全部署於前蘇聯的領土內，只有幾個部署於南美洲的巴西境內。

「格洛納斯系統」的精度：早期民用為20公尺，軍用為10公尺；近年來由於衛星性能持續改進，精度達2.8～7.38公尺。

第7-10圖　「格洛納斯系統」的衛星星座由運行於3個軌道面的24顆工作衛星和1顆備用衛星組成，軌道高度19000公里，軌道面傾角64.8度（圖源：Russianspaceweb.com）

5-5、中國的北斗衛星導航系統

　　北斗衛星導航系統（BeiDou Navigation Satellite System，簡稱BDS，也稱COMPASS）的研建歷時26年。二十世紀後期，中國開始探索適合國情的衛星導航系統發展道路，逐步形成了三步走發展戰略，歷經研建第一代、第二代區域性系統，才研建覆蓋全球的第三代系統──2000年年底，建成北斗1號系統，向中國提供服務；2012年年底，建成北斗2號系統，向亞太地區提供服務；2020年，建成北斗3號系統，向全球提供服務。

　　1994年，中國正式開始第一代北斗衛星導航試驗系統（北斗1號系統）的研建。太空段由3顆地球靜止軌道衛星組成──2顆工作衛星定位於東經80°和140°赤道上空，另一顆備份衛星定位於東經110.5°（先後於2000年至2003年發射）。地面段由1個地面中心控制系統和幾十個分布於全國的參考標校站組成──中心控制系統主要用於衛星軌道的確定、電離層校正、用戶位置確定、用戶短封包資訊交換等；參考標校站提供距離觀測量和校正參數。用戶段為大量用戶的接收機。

　　北斗1號系統是一個試驗性「二維」的區域性定位系統，覆蓋範圍為東經70°～140°，北緯5°～55°的區域（約為中國的本土區域），其定位精度與用戶接收器所在的緯度相關連（一般情況下可達到9至12公尺），以及反應速度慢，僅適用慢速運動的載台。此外，北斗1號系統需要中心站提供數位高程圖資料和用戶機發出上行信號，因而使系統用戶容量、導航定位維數、隱蔽性等方面受到限制。北斗1號系統於2012年底退役。

　　中國於2007年至2012年間，研建覆蓋亞太地區的第二代北斗系統（北斗2號系統）。第二代北斗衛星導航系統的原理，與GPS、GLONASS、GALILEO等系統相同，係「三維」的定位系統，利用接收衛星星座4顆以上的衛星訊號，解算出接收機的位置、速度與計時資訊。北斗2號系統也由太空段、地面段與用戶段組成。

　　北斗2號系統的16顆「北斗二型（BeiDou Block 2）」衛星，於2007年初至2012年10月26日陸續發射入軌，建成由6顆運行於地球靜止軌道衛星、6顆地球同步軌道衛星與4顆中高度地球軌道的衛星星座，形成了覆蓋亞太地區的三維北斗2號導航系統。服務範圍涵蓋：南緯55°到北緯55°、東經55°到東經180°。

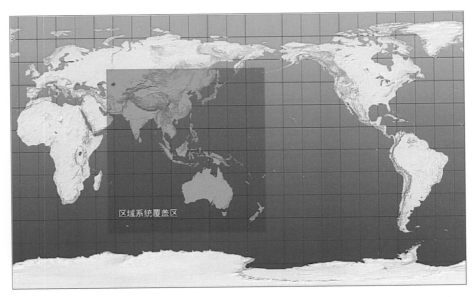

区域系统覆盖区

第7-11圖　北斗2號系統信號覆蓋區域示意圖（中國衛星導航辦公室）

　　北斗2號系統具備四項主要功能：定位、測速、授時與短信功能；提供兩種服務方式：開放服務和授權服務。開放服務的定位精度為25公尺，測速精度0.2公尺／秒，授時精度50奈秒，短信功能一次能傳送49個漢字；授權服務提供更安全與更高精度的定位、測速、授時、通訊服務，與傳送120個漢字。北斗系統的短信功能是全球其他衛星導航系統所不具備的！它不僅能使用戶知道自己所在的位置，還可以告訴他方自己的位置，特別適用於需要導航與移動資料通信的場所。

　　北斗3號系統是由2號系統繼續發射衛星而擴建的，其目的是逐漸升級爲全球覆蓋的系統。北斗3號系統的太空段由30顆衛星組成，包括3顆靜止軌道衛星（定點於東經80°、110.5°、140°）、24顆中地球軌道衛星（運行於3個高度約21,520公里、傾角55°、相隔120°的軌道平面上）、3顆傾斜同步軌道衛星（均在3個傾角55°、相隔120°的軌道面上）。地面段由主控站、注入站、監測站組成。

　　北斗3號系統的性能較北斗2號者更爲提升。開放服務的定位精度約3.6公尺，亞太地區約2.68公尺，測速精度0.2公尺／秒，授時精度10奈秒，通信功能一次能傳送120個漢字；授權服務提供的定位精度爲0.1～1公尺，，通信功能一次能傳送1200個漢字與發送圖片等資訊。北斗3號系統可以爲全球提供定位、導航、授時、以及星基增強、地基增強、短報文通信、精密單點定位、國際搜救等多樣化服務。

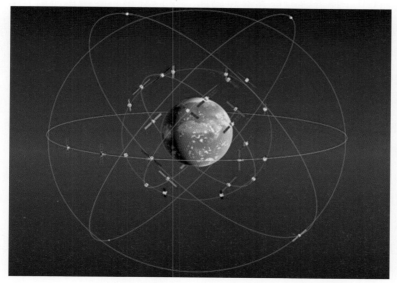

第7-12圖　「北斗3號衛星導航系統」的太空星座由30顆衛星組成，包括3顆地球靜止軌道衛星、24顆中地球軌道衛星與3顆傾斜同步軌道衛星組成，因星座由多型軌道組成，信號覆蓋性佳，能更有效地在遮擋嚴重地區進行定位（圖源：北斗衛星導航系統網站）

5-6、歐盟的伽利略衛星導航系統

　　伽利略衛星導航系統（Galileo satellite navigation system）是歐盟通過歐洲太空總署、和歐洲導航衛星系統管理局（European Global Navigation Satellite system Agency）研建的衛星導航系統，目前已能提供初階服務，原規劃於2020年提供符合設計規格的高精度定位導航服務，目前尚未達成。

　　伽利略衛星導航系統的太空星座共有30顆衛星（其中24顆為工作衛星，6顆為備用衛星），運行於3個軌道高度23222公里、傾角56°、相隔120°度的軌道面，每條軌道面的10顆衛星中8顆為工作衛星、2顆為備用衛星。

　　2005年12月至2022年5月，歐洲太空總署先後共發射了28顆衛星組成星座，目前其中23顆衛星在工作，1顆失去功能，3顆目前無法使用，1顆正在調試中（最近發射尚在測試階段），已計畫將陸續再發射10顆伽利略衛星。安排由俄羅斯聯盟號 ST-B/Fregat-MT火箭、於2022年6月與9月發射的2組各2顆衛星，因爆發俄烏戰爭中止發射合約；這10顆衛星安排將於2023年至2025年間以亞利安六號（Ariane-6）火箭發射。

　　2016年12月15日，伽利略系統具備初始運營能力（Initial Operational Capability，簡稱IOC），提供的服務包括開放服務，公共監管服務和搜索與救援服務。

　　「伽利略」系統設計的定位精度：提供給所有用戶免費使用的基本服務（低精度）為1公尺；僅提供給付費用戶使用的精度定位服務為0.01公尺（1公分），定位精度優於前述的三大系統。

　　伽利略系統的發展歷程充滿坎坷：除了初期耗費數年的時間突破美國的阻撓，研建以來專案屢遭推遲（因為各國財團角力爭取系統的研製項目，遲遲不能決標而導致研製拖延），加上預算超支嚴重——截至2022年系統的花費已達到100億歐元，遠遠超出了歐盟委員會最初的設想，伽利略系統發展達成目前的成果真是不易啊。

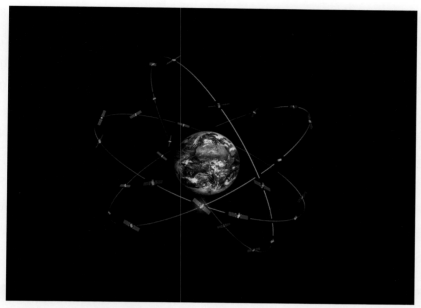

第7-13圖　「伽利略衛星導航系統」的太空星座由30顆衛星組成，運行
　　　　　於3條軌道高度23222公里、傾角56°、相隔120°的軌道，每
　　　　　條軌道的10顆衛星中8顆為工作衛星2顆為備用衛星（圖源：
　　　　　European Space Agency）

5-7、印度的「印度區域導航衛星系統」

　　印度區域導航衛星系統（Indian Regional Navigation Satellite System，簡稱IRNSS）係印度研建的區域性導航衛星系統，主要係為印度的軍用與民用裝備提供自主的定位、導航與授時資訊，其主要服務區覆蓋印度與距其邊界1500公里的區域；並計畫將由主要服務區擴展到南緯30°至北緯50°、東經30°至東經130°所圍成的矩形區域。

　　「印度區域導航衛星系統」的組成概略如下：

　　IRNSS的太空星座由7顆衛星組成，其中3顆部署地球靜止軌道，分別定點於東經32.5°、東經83°及東經131.5°；另4顆衛星分為2組、運行於分別與赤道交於東經55°及東經111.75°、軌道傾角29°的傾斜地球同步軌道

上。這4顆運行於傾斜地球同步軌道上衛星，自地面觀察係以數字「8」的軌跡移動。

　　印度自2013年7月至2018年4月間，共陸續發射了9顆導航衛星才形成目前的7顆衛星星座，其中2013年發射的第一顆衛星IRNSS-1A，於2016年因其銣原子鐘發生故障以致衛星在軌失效；2017年發射取代IRNSS-1A的第8顆衛星IRNSS-1H，因火箭整流罩未能分離而未能入軌，2018年4月再發射第9顆衛星IRNSS-1I，才得以形成IRNSS的太空星座。

　　地面監控部分負責IRNSS太空星座的維護和操作，包括：IRNSS衛星控制設施；印度太空研究組織（ISRO）導航中心；IRNSS範圍和完整性監測站；IRNSS網絡計時中心；IRNSS CDMA測距站；雷射測距站；IRNSS數據通信網路。

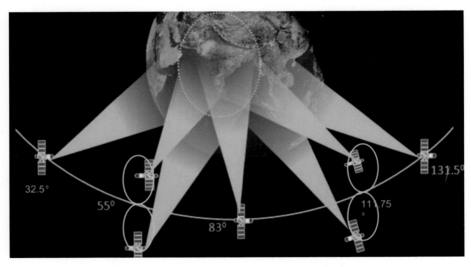

第7-14圖　印度區域導航衛星系統」的太空星座由7顆衛星組成，3顆定點地球靜止軌道的東經32.5°、東經83°及東經131.5°；另4顆衛星分為2組、運行於分別與赤道交於東經55°及東經111.75°、軌道傾角29°的傾斜地球同步軌道上（圖源：Indian Space Research Organisation）

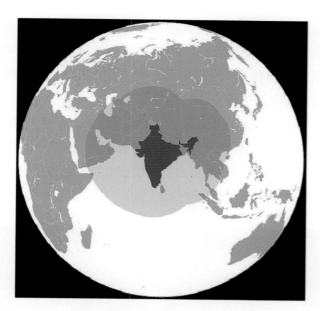

第7-15圖　印度IRNSS覆蓋範圍示意圖──覆蓋印度與距其邊界1500公里的區域（來源：ISRO）

　　用戶設備部分主要有：民用的單頻IRNSS接收器，能夠以L5或S頻段接收「標準定位服務」信號，定位精度在主要區域優於20公尺；軍用的雙頻IRNSS接收器，能夠接收L5和S頻段的「標準定位服務」信號與「限制定位服務」信號，定位精度未公開。

5-8、日本的「準天頂衛星系統」

　　「準天頂衛星系統（Quasi-Zenith Satellite System；縮寫：QZSS）」是日本政府於2002年批准、研建的區域性衛星系統。

　　QZSS的星座由4顆衛星組成，其中3顆衛星──引路（Michibiki）星1號、2號與4號運行於3條相隔120°、傾角43°±4°的地球同步軌道（稱為「準天頂軌道」），可以確保任何時刻必有1顆衛星處於日本列島的天頂位置，因此它們被稱作「準天頂衛星」；引路星3號則部署於地球靜止軌

道上，定點於東經135°。「準天頂衛星系統」的信號僅覆蓋日本周邊地區與東南亞、澳洲等地區，不是全球性衛星定位系統。QZSS的4顆衛星已於2010年9月至2017年10月間先後發射入軌，經過測試、調定與試營運，於2018年11月1日進入正常營運

　　用戶接收機同時接收「全球定位系統（GPS）」與「準天頂衛星系統」的衛星信號——通過接收日本上空GPS衛星的信號，再整合「準天頂衛星系統」的衛星信號，可在兩方面增強GPS的效能——增進GPS訊號的可用性與增加GPS定位的準確度和可靠度。

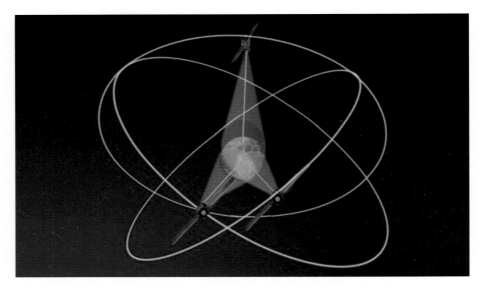

第7-16圖　日本「準天頂衛星系統」的太空星座由4顆衛星組成，「引路」星1號、2號與4號運行於3條相隔120°、傾角43°±4°的同步軌道，「引路」星3號則定點於靜止軌道東經135°（圖源：Japan Aerospace Exploration Agency）

　　目前GPS民用接收機的定位精確度可達5～10公尺，透過QZSS能以2種方式「精進（縮小）」誤差：「亞公尺級精進服務（Sub-meter Level

Augmentation Service）」和「公分級精進服務（Centimeter Level Augmentation Service）」。「亞公尺級精進服務」是對穿越電離層的GPS衛星信號加以修正的一種服務，可將定位誤差控制在1公尺左右，能改善個人智慧手機導航和車載導航的精度。「公分級精進服務」是利用準天頂衛星獨有的L6信號提供的一種服務。由分布於日本全國各地約1,300個電子基準點獲取的資料製成高精度定位資訊，經由準天頂衛星發送到地面的接收機，而將定位誤差將縮小到「數公分」程度。「公分級精進」服務是「準天頂衛星系統」的重要特色，雖然需要配備專用的接收器，但它擴展了衛星定位市場的潛力，可應用於競爭日趨激烈的汽車無人駕駛領域、高精準度要求的測量作業，以及自動化農業領域——無人農業機械實施播種、插秧、施肥、噴藥等作業。

目前QZSS依賴於美國GPS，而日本政府一直希望建立既能相容GPS，又有更高定位精度的自有衛星導航定位系統。2020年11月公布的規劃是，日本計畫為QZSS再發射3顆衛星，於2024年3月底組成由7顆衛星組成的星座，建成日本的衛星導航定位系統，實現不依賴GPS的高精度定位與導航。

第六節　結語

人造地球衛星環繞地球運行，軌道高度從幾百公里到35800公里，具有居高臨下、不受國土疆界限制的大面積與全球覆蓋特性，配置不同的有效載荷可產生多種功能，用以執行民間與軍方的多種工作與任務，其衍生的效果不僅能提升人民的生活品質與內涵，促進科技進步與經濟繁榮，並且能強化國家軍隊的戰力，並將現代戰爭提升到天基化與資訊化新的層次，綜合發展潛力不可限量。本章因限於篇幅，只能擇要予以介紹，其次重要的衛星——如氣象衛星、地球資源衛星、海洋衛星、環境監測衛星、與軍用衛星等，本章不得不予以省略。

第八章

載人太空飛行發展的歷程

第一節　緒言

　　載人太空飛行（Human Space Flight，或稱「載人航太」、「載人航天」）是人類搭乘或駐留於太空飛行器，在太空從事探測、研究、試驗，或著陸與移居其他星球等的往返飛行活動。

　　1957年10月4日，蘇聯發射人類的第一顆人造地球衛星進入太空軌道運行後，立即引發了美國與蘇聯之間的激烈「太空競賽」，載人太空飛行就是美、蘇競爭的一部分，一直到美國載人太空船登陸月球後，蘇聯認輸與美國達成和解後才逐漸轉變為「太空合作」。1999年11月20日，中國進行了第一次載人太空飛行，此後陸續又完成了多次驗證載人太空飛行相關技術的飛行，成為全球第三個載人太空飛行的國家。

第二節　載人太空飛行的內涵

　　載人太空飛行可概分為三大部分：

　　1. **載人近地太空飛行** —— 通常載人太空飛行器（如太空船、太空實驗室與太空站等）皆在距離地球表面500公里以下的太空（簡稱「近地太空」）軌道飛行，太空人在太空飛行器的內部與外部進行之各種活動皆屬於載人近地太空飛行。載人近地太空飛行是載人太空飛行的基礎，必須在

載人近地太空飛行相關的硬體與軟體發展完善與運用嫻熟後，才有可能進行載人登月飛行與載人深空飛行。

2. **載人登月飛行**——太空飛行器載人飛往月球，太空人登陸月球與在月球表面進行「艙外活動」後搭乘太空飛行器安全返回地球，皆屬於載人登月飛行，目前全球只有美國進行過6次載人登月飛行。

3. **載人深空飛行**——太空飛行器載人飛往深遠太空與星球、進行探測、登陸與移居的往返太空飛行屬於載人深空飛行，目前尚在規劃與研發硬、軟體的技術階段，2030年前尚難實現。

載人太空飛行係人類循序漸進、冒險犯難、逐步探索發展出來的。本章將扼要說明載人近地太空飛行的重要發展歷程；載人登月飛行將在本書第九章「探月與登月的發展歷程」中予以說明。

第三節　蘇聯領先期——發展載人太空飛行的基本技術

自從蘇聯1957年10月4日發射第一顆人造衛星後，蘇聯與美國立即競相展開載人太空飛行相關硬、軟體的研發，但在1968年以前蘇聯一直領先美國。下面是一些載人太空飛行相關的重要發展紀錄。

3-1、第一隻為太空飛行犧牲的動物

1957年11月3日，小狗萊卡（Laika）搭載蘇聯太空飛行器史潑尼克2號進入近地太空軌道，成為第一個進入太空的哺乳類動物，萊卡在太空飛行約5～7小時後死亡。史潑尼克2號飛行5個月後墜入大氣層中焚燬。

3-2、第一批自太空重返地球的生物

1960年8月19日，小狗貝爾卡（Belka）和史曲爾卡（Strelka），以及

1隻灰兔、40隻小鼠、2隻大鼠、蒼蠅和若干的植物和眞菌等，搭乘蘇聯史潑尼克5號太空船在太空軌道飛行1天後安返地球，這是第一次太空飛行器重返地球並且成功回收。

3-3、第一隻進入太空飛行的類人動物

1961年1月31日，美國水星計畫（Project Mercury）發射水星-紅石2號（Mercury-Redstone 2）無人太空船，將黑猩猩哈姆（Ham）送入252.6公里的亞軌道飛行16分39秒鐘，成爲第一隻進入太空飛行的類人動物。

3-4、第一位進入太空軌道飛行的太空人：尤里·加加林

1961年4月12日，蘇聯太空人尤里·加加林（Yuri Gagarin）搭乘東方1號（Vostok 1）太空船進入近地太空，在315公里×169公里、傾角64.95度的軌道上繞地球飛行一圈後（飛行108分鐘），太空船於再入大氣層前拋掉末級火箭和服務艙（service module，也稱設備艙equipment module），僅返回艙（reentery module）重返地球，當返回艙降落至距離地面7000公尺時，尤里·加加林隨座椅自返回艙中彈出，然後以降落傘下降著陸成功，成爲世界第一位進入太空飛行安返地球的人類，創下載人太空飛行史的一個重要里程碑。

東方1號太空船的重返地球模式沿用至東方6號太空船，至上升1號（Voskhod 1，或譯「日出1號」）太空船，才改爲太空人躺在返回艙內的座椅上隨返回艙重返地球。

第8-1圖　1961年4月12日，蘇聯尤里‧加加林搭乘東方1號太空船（小
　　　　圖所示）繞地球飛行一圈後安返地球，成為第一位進入太空飛
　　　　行的太空人（圖源：www.lareserva.com）

第8-2圖　重返地球的東方1號太空船返回艙，陳列於俄羅斯RKK Ener-
　　　　giya公司博物館；圖右顯示太空人尤里‧加加林在返回艙內躺
　　　　於座椅的情形（圖源：https://kids.kiddle.co/Vostok_1）

3-5、美國第一位進入亞軌道飛行的太空人：艾倫 · 謝潑德

1961年5月15日，美國太空人艾倫 · 謝潑德（Alan B. Shepard, Jr）搭乘水星計畫（Project Mercury）的自由7號（Freedom 7）太空船，升入187.4公里（超過太空起始高度之卡門線）的亞軌道，飛行15分28秒鐘後自由7號太空船重入大氣層安返地球，濺落於大西洋海面後被在附近待命的美國軍艦與直升機回收，成為美國第一位進入太空的太空人。水星計畫的系列太空船「重返」設計是太空人躺在太空船中返回地球。

3-6、第一位進入太空軌道飛行超過24小時的太空人：蓋爾曼 · 蒂托夫

1961年8月6日，蘇聯太空人蓋爾曼 · 蒂托夫（Gherman Titov）搭乘東方2號（Vostok 2）太空船進入近地太空，在221公里×127公里、傾角64.8度的軌道上繞地球飛行17.5圈（約飛行25小時18分鐘）後，成功返回地球。蓋爾曼 · 蒂托夫執行太空飛行任務時年僅26歲，是迄今為止最年輕的太空人；他也是第一位發生太空暈眩的太空人，與世界上第一個在太空嘔吐的人類。

3-7、美國第一位進入太空軌道飛行的太空人：約翰 · 格倫

1962年2月20日，美國太空人約翰 · 格倫（John Glenn）搭乘水星計畫的友誼7號（Friendship 7）太空船進入近地太空，在150公里×248公里，傾角32.5度的軌道上飛行4小時55分鐘（約繞地球 3 圈）後返回地球，係美國第一位進入近地軌道飛行的太空人。

第8-3圖　1962年2月20日，美國約翰・格倫搭乘友誼7號太空船（圖中背景）在近地太空軌道繞地球飛行約3圈，成為美國第一位進入太空的太空人（圖源：NASA）

3-8、第一次載人太空船在太空編隊飛行與試驗無線電聯絡

　　1962年8月11，蘇聯太空人安德里亞・尼古拉耶夫（Andriyan Niko-layev）搭乘東方3號（Vostok 3）太空船進入近地太空，在218公里×166公里、傾角65.0度的軌道飛行，繞地球飛行64圈後返回地球，任務時間共94小時28分鐘。8月12日，蘇聯太空人帕維爾・波波維奇（Pavel Popov-ich）搭乘東方4號（Vostok 4）太空船進入太空，在211公里×159公里、傾角65.0度的軌道飛行，繞地球飛行48圈後返回地球，任務時間共70小時56分鐘。東方4號太空船與東方3號太空船首次在太空實現交會飛行，最近相距6.4公里，這是全球2艘載人太空船第一次在太空編隊飛行，並且2艘載人太空船在太空首次試驗了無線電聯絡。

3-9、第一位進入太空軌道飛行的女太空人：瓦倫蒂娜‧捷列什科娃

　　1963年6月16日，蘇聯女太空人瓦倫蒂娜‧捷列什科娃（Valentina Tereshkova）搭乘東方6號太空船進入太空、繞地球飛行48圈（歷時70小時50分鐘），成為人類第一位進入太空的女性。飛行期間，捷列什科娃駕駛的東方6號太空船與瓦列里‧貝科夫斯基（Valery Bykovsky）駕駛的東方5號太空船，執行了太空編隊交會與無線電通聯等任務，證實女性也可以擔任太空人。

3-10、第一次太空船三人太空飛行

　　1964年10月12日，蘇聯太空人弗拉基米爾‧科馬洛夫（Vladimir Komarov）、康斯坦丁‧費奧蒂斯托夫（Konstantin Feoktistov）與鮑里斯‧葉戈羅夫（Boris Yegorov）搭乘上升1號（Voskhod 1，或譯「日出1號」）太空船，在軌道飛行1天又17分鐘，成功進行第一次三位太空人搭乘1艘太空船的太空飛行。

3-11、第一次太空人進行「艙外活動（太空漫步）」

　　1965年3月18日，蘇聯太空人巴威爾‧別列亞耶夫（Pavel Belyayev）、與阿列克謝‧列昂諾夫（Alexey Leonov）搭乘上升2號（Voskhod 2）太空船，在太空軌道飛行1天2小時2分17秒鐘，阿列克謝‧列昂諾夫身著太空服從太空船中出來，進行「艙外活動（extra-vehicular activity，簡稱EVA，或稱「太空漫步（spacewalk）」）12分9秒鐘，係太空人第一次進行「艙外活動」。

第8-4圖　1965年3月18日，蘇聯太空人阿列克謝‧列昂諾夫進行太空人
的第一次「艙外活動」後，呈報給國際航空聯合會（Fédéra-
tion Aéronautique Internationale，簡稱FAI）列為檔案的照片
（圖源：FAI）

3-12、美國太空船第一次二人太空飛行

　　1965年3月23日，美國雙子星3號（Gemini III，或譯「雙子座3號」）
太空船搭載太空人維吉爾‧格里森（Virgil Ivan Grissom）和約翰‧楊
（John Watts Young），繞地球飛行5圈（歷時4小時53分鐘），係美國太
空人第一次二人太空飛行。

3-13、美國太空人第一次進行艙外活動（太空漫步）

　　1965年6月3日，美國發射雙子星4號（Gemini IV）太空船，搭載太
空人詹姆斯‧麥克迪維特（James Alton McDivitt）和愛德華‧懷特（Ed-
ward Higgins White, II）繞地球飛行62圈。懷特曾到艙外活動21分鐘——
利用噴氣裝置自主在太空中機動飛行，這是美國太空人第一次進行艙外活
動。

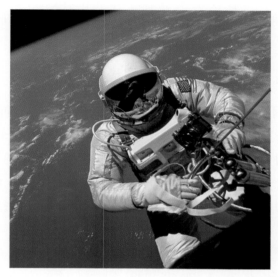

第8-5圖　1965年6月3日，美國太空人愛德華‧懷特離開雙子星4號太空
　　　　船，到艙外活動21分鐘，這是美國太空人第一次進行艙外活動
　　　　（圖源：NASA/James McDivitt）

3-14、美國載人太空船第一次太空交會飛行

　　1965年12月15日，美國發射雙子星6A號（Gemini VI-A）太空船，
載有太空人沃爾特‧希拉（Walter Marty Schirra）和湯瑪斯‧斯塔福
（Thomas Patten Stafford），繞地球飛行16圈（歷時25小時51分鐘），曾
與12月4日發射、飛行13天18小時35分1秒的雙子星7號（Gemini VII）太
空船進行交會，保持0.3至90公尺距離編隊飛行達5個小時，這是美國載人
太空船第一次太空交會飛行。

第四節　美國領先期──發展載人登月飛行　　　　相關技術

　　由於美國始自1960年展開載人登月「阿波羅計畫（Apollo project）」的相關研發，至1960年代後期美國在載人太空飛行技術領域逐漸領先蘇聯。

4-1、第一次2個太空飛行器在太空對接

1966年3月16日，美國發射載有太空人尼爾・阿姆斯壯（Neil Alden Armstrong）和大衛・斯科特（David Randolph Scott）的雙子星8號（Gemini VIII）太空船，繞地球飛行6.5圈（歷時10小時41分）。飛行中曾與在軌飛行的無人目標飛行器阿金納（Agena Target Vehicle，簡稱ATV）成功實現對接，係世界航太史上第一次2個太空飛行器在太空對接。

4-2、第一次太空人進入對接的飛行器

1966年7月19日，美國發射雙子星10號（Gemini X）太空船，搭載太空人約翰・楊（John Watts Young）與邁克爾・柯林斯（Michael Collins），繞地球飛行43圈，以及與阿金納目標飛行器（ATV）成功對接。柯林斯曾進行49分鐘艙外活動，另有39分鐘進入阿金納目標飛行器內，並取回實驗數據。

4-3、蘇聯完成第一次無人太空船太空對接

1968年4月14日，蘇聯發射宇宙212號（Kosmos 212）無人太空船、與4月15日發射的宇宙213號（Kosmos 213）無人太空船、於15日在太空軌道進行自動對接，這是蘇聯完成的無人太空船第一次太空對接。

4-4、美國太空船首次三人太空飛行

1968年10月11日，美國阿波羅7號（Apollo 7）太空船搭載太空人瓦爾特・施艾拉（Wally Schirra，指令長）、唐・埃斯利（Donn Eisele）與瓦爾特・康尼翰（Walter Cunningham），進行阿波羅計畫的首次載人飛

行任務，環繞地球軌道飛行達11天，這是美國首次成功的三人飛行任務。阿波羅太空船係美國為載人登月而研製的太空船，本次任務係阿波羅太空船首次載人飛行。

4-5、第一次太空船繞月球飛行10圈後安返地球

　　1968年12月21日，美國發射阿波羅8號（Apollo 8）太空船，搭載太空人弗蘭克‧博爾曼（Frank F. Borman, II）、詹姆斯‧洛威爾（James A. Lovell, Jr.）與威廉‧安德斯（William A. Anders）飛離地球軌道，進入距月球表面112公里的月球軌道繞月球飛行10圈（歷時20小時10分鐘），並向地球發回電視，27日安全返回地球。阿波羅8號是人類第一艘離開地球太空、環繞月球飛行、驗證載人登月相關技術的太空船。

4-6、第一次太空人登陸月球安全返回地球

　　1969年7月16日，美國太空人尼爾‧阿姆斯壯（Neil Alden Armstrong）、邁克爾‧柯林斯（Michael Collins）與愛德溫‧艾德林（Edwin Eugene Aldrin），搭乘阿波羅11號（Apollo 11）太空船自地球飛往月球；進入環月軌道後，阿姆斯壯與艾德林再轉乘登月器飛往月球，於1969年7月20日20時18分04秒世界協調時間（Coordinated Universal Time，＋8小時即為台灣時間）成功降落於月球寧靜海（Sea of Tranquility）附近，兩位太空人先後踏上月球表面，進行插國旗、攝影與採取月壤標本等「艙外活動」，在月表停留21小時36分20秒，然後搭乘登月器的上面級升空，飛往指令／服務艙（CSM）飛行的環月軌道，並與指令／服務艙交會對接；兩位太空人攜帶所蒐集樣本返回指令艙後，登月器上面級被拋棄，然後操控指令／服務艙自月球軌道飛返地球。三位太空人搭乘的指令艙於1969年7月24日濺落於大平洋海面，安全返回地球，成為全球首先登上月球並安返地球的人類，贏得了美、蘇「太空競賽」的皇冠，美、蘇太空競賽達到頂峰。

　　此後，美國再陸續成功地進行了5次載人登月。蘇聯載人登月研發工作進展一直不順利，1972年美國阿波羅17號載人太空船成功登月與返回後，蘇聯於1974年終止了其載人登月計畫（詳參本書第九章第五節）。

第8-6圖　登月艇駕駛、太空人愛德溫‧艾德林正步下登月艇。此照片由先登月的太空人尼爾‧阿姆斯壯拍攝的（圖源：NASA）

第五節　美、蘇合作期──各自與共同建構太空站

　　蘇聯在發展載人登月不順利的同時，開始研發太空站，於1971年率先發射了世界上第一個太空站──禮炮1號（Salyut 1）。1975年7月17日，蘇聯聯盟19號太空船與美國阿波羅18號太空船、在太空近地球軌道成功交會對接，美、蘇太空人在太空船艙門處握手，相互交換禮物，美、蘇兩個太空科技競爭對手終於「和解」。此後，美、蘇兩國在航太領域逐

漸轉向趨於合作：1998年美、蘇等多國在近地太空共同建設國際太空站（International Space Station，簡稱ISS），締造了太空科技合作的佳話。

5-1、世界上第一個太空站：禮炮1號太空站

　　1971年4月19日，蘇聯質子號（Proton）火箭發射世界上第一個太空站禮炮1號（Salyut 1）、進入近地球太空，運行於200公里×222公里、傾角51.6度軌道，飛行175天後於1971年10月11日墜落於太平洋。

　　此後，蘇聯又陸續發射了禮炮2號至7號太空站；這6個禮炮太空站也運行於高度200餘公里的軌道上。

第8-7圖　蘇聯的禮炮1號（圖右）係世界上第一個太空站，一艘聯盟號太空船正將與它對接（圖源：Roscosmos）

5-2、蘇聯太空人駐留禮炮1號太空站22天

　　1971年6月6日，蘇聯發射聯盟11號（Soyuz 11）太空船搭載蘇聯太空人格奧爾基・多勃羅沃利斯基（Georgy Dobrovolsky）、弗拉季斯拉夫・沃爾科夫（Vladislav Volkov）與維克托・帕查耶夫（Viktor Patsayev）飛

往禮炮1號太空站，6月7日與禮炮1號對接，3名太空人進入太空站內駐留了22天，創下太空人第一次駐留於太空站的紀錄，至1973年才被天空實驗室二號任務（Skylab 2）美國太空人駐留「天空實驗室（Skylab）」太空站的紀錄打破。

搭載3位太空人返回地球的聯盟11號太空船，於6月30日成功著陸地球，但因聯盟11號離開太空站返回地球時，返回艙的氣密閘門發生故障，艙內空氣洩漏至太空而氣壓驟降，致使三名未穿著太空服的太空人因急性缺氧與體液沸騰而死亡。

5-3、美、蘇同意實施「阿波羅-聯盟測試計畫」：象徵和解

1972年5月美、蘇太空競賽達成「和解」，兩國同意實施一項美國阿波羅太空船和蘇聯聯盟號太空船進行對接的「象徵合作」任務——命名為「阿波羅-聯盟測試計畫（Apollo-Soyuz Test Project）」。為配合實施該計畫，兩國的太空船進行了對接系統匹配的更改。

5-4、美國發射的第一個太空站：天空實驗室

1973年5月14日，美國神農五號（Saturn V）火箭發射「天空實驗室（Skylab）」太空站、進入434公里×442公里、傾角50.0度的近地球軌道運行，係美國發射的第一個太空站，於1979年7月12日墜落於澳洲西南方南印度洋水域。

5-5、美國太空人駐留天空實驗室26天後安返地球

1973年5月25日，一艘阿波羅太空船（被稱為「天空實驗室-2（Skylab-2）」）載著3名美國太空人飛往與天空實驗室對接，太空人進入天空實驗室工作和生活了26天，於1973年6月22日返回地球，這是太空人第一次自在軌運行的太空站安全返地球。這3名美國太空人是：查理斯・康拉

德（Charles C. Conrad Jr.）、保羅・維茲（Paul J. Weitz）與約瑟夫・克爾文（Joseph Kerwin）。

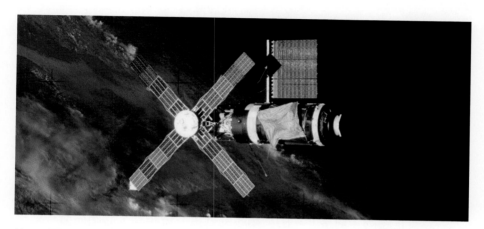

第8-8圖　美國的第一個太空站「天空實驗室」太空站，在近地球太空軌道運行6年之久（圖源：NASA）

5-6、美、蘇實施「阿波羅-聯盟測試計畫」：兩國開始太空合作

　　1975年7月17日，蘇聯聯盟19號太空船與美國阿波羅18號太空船（各自於1975年7月15日先後相差7小時發射），在太空近地球軌道成功交會對接，並在對接狀態飛行了2天，「阿波羅-聯盟測試計畫」終於實現。雙方太空船艙門打開後，美、蘇太空人在太空船艙門處握手，交換國旗與禮物，美、蘇兩個太空科技競爭對手終於「和解」。

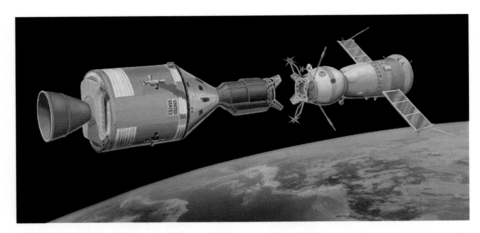

第8-9圖　象徵美、蘇達成「和解」的「阿波羅-聯盟測試計畫」想像
　　　　圖，圖中左側的美國阿波羅太空船、右側的蘇聯聯盟號太空船
　　　　正趨向「對接」。由於兩者的對接系統相異，必須研製一對接
　　　　匹配裝置（圖中黑色部分），安裝於阿波羅太空船前端（圖
　　　　源：NASA）

5-7、美國太空梭首次太空飛行

　　1981年4月12日，美國發射了世界上第一艘太空梭哥倫比亞號（Co-
lumbia），搭載太空人約翰・楊（John Watts Young，指令長）與羅伯
特・克里彭（Robert Crippen），環繞地球飛行36周，歷時54.5小時。

　　美國共建造了6艘太空梭，1981年4月12日至2011年7月21日（最後一
次飛行），一共進行過135次載人飛行，其中134次成功發射、133次成功
在太空執行任務與返回地球安全著陸；2次發生機毀人亡嚴重失敗的飛行
事故。

　　太空梭主要用為往返於地球與太空之間的交通工具，載運太空人與物
質往返國際太空站。最後1艘太空梭於2011年7月22日退役後，美國多年
依賴俄羅斯、歐洲太空總署與日本的太空船執行往返國際太空站的運送任
務，直至美國發展商業航太運輸產業成功（參閱本章第7-2節）。

5-8、第一個在太空軌道組合的多艙段太空站：和平號太空站

　　1986年2月20日，蘇聯發射了和平號（Mir）太空站的核心艙，然後陸續發射各艙段至太空軌道組合；至1996年4月26日（當時已進入俄羅斯時代）才建成由7個艙段組成的和平號太空站，它是世界上第一個在太空軌道組合的多艙段太空站，總質量達129700公斤，運行於354公里×374公里、傾角51.6度的近地球軌道，先後共在軌道上運行了5510天（超過15年），繞地球86331圈，2001年3月23日受控脫軌墜返地球。和平號在軌運行期間，先後與蘇聯／俄羅斯的31艘次聯盟號載人太空船、64艘次進步號貨運太空船，以及美國的9艘次太空梭對接飛行，先後共有12個國家的137人次太空人，駐留和平號太空站參與研究活動，對太空科技的研究與發展貢獻鉅大，係一個國際航太合作的優良事例。

第8-10圖　和平號係世界上第一個在太空軌道組合的多艙段太空站，由7
　　　　　個艙段組成，在軌運行超過15年，先後共有12個國家的137人
　　　　　次太空人，駐留和平號太空站參與研究活動（圖源：Roscos-
　　　　　mos）

5-9、多國合建的多艙太空站：國際太空站

　　1998年11月20日，俄羅斯質子號運載火箭將曙光號功能貨艙段（Zarya Functional Cargo Block）送入太空軌道，由美國和俄羅斯主導、歐洲太空總署與加拿大及日本等國參與的「國際太空站」，自此在太空展開建造。此後，利用俄羅斯的質子號火箭、聯盟號火箭與美國太空梭，陸續將俄羅斯、美國、日本與歐洲的艙段，以及加拿大提供的機動服務系統等運至軌道交會，自動對接或由太空人「艙外活動」予以組合，逐漸擴充太空站的構造與功能，共有13個加壓艙段與多件不加壓主件的國際太空站（International Space Station），於2010年6月18日完成建造。

　　2000年11月2日首批3名太空人——美國的威廉·謝潑德（William Shepherd），俄羅斯的謝爾蓋·克裡卡列夫（Sergei K. Krikalev）與尤

第8-11圖　國際太空站係由13個艙段與多件不加壓主件組成，係航太史上運行於近地球軌道上的最大太空飛行器（圖源：NASA）

里‧吉德津科（Yuri Gidzenko）進駐國際太空站，在星辰號（Zvezda）服務艙段內停留了136天後返回地球。此後，共有17國的太空人與觀光客進駐過國際太空站。

　　國際太空站總長73.0公尺，總寬109.0公尺，總高20公尺，總質量444615公斤，額定乘員6人，運行於413公里×422公里、軌道傾角為51.64度的近地球軌道，係航太史上運行於近地球軌道上的最大太空飛行器。

第六節　急起直追的中國 —— 第三個載人太空飛行國家

　　中國於1992年宣布展開「載人航太計畫（China Manned Space，簡稱CMS）」，計畫分為三個步驟：第一步驟的目標是太空人搭載太空船進入太空後安全返回地球；第二步驟的目標是載人太空船與太空飛行器（太空實驗室）交會、對接與進駐後，安全返回地球；第三步驟的目標建立長期有人駐守的太空站，進行航太科技研究。進展歷程如下：

6-1、中國4艘無人太空船天地往返驗證可靠性

　　1999年11月20日，中國發射神舟1號無人太空船，繞地球飛行14圈、歷時21小時11分後，順利降落於內蒙古著陸場，完成了神舟號太空船天地往返技術的驗證。之後再進行了神舟2號、神舟3號與神舟4號無人太空船天地往返的可靠性驗證。

6-2、中國成為第三個載人太空飛行的國家

　　2003年10月15日，中國發射神舟5號太空船搭載太空人楊利偉，環繞地球軌道14圈後楊利偉乘坐於返回艙內安返地球，完成了神舟號太空船

載人太空飛行技術與安全的驗證，中國成為世界上第三個能執行載人太空飛行的國家。

6-3、中國太空人第一次進行艙外活動

　　2008年09月25日，中國發射神舟7號太空船，搭載3名太空人在太空軌道飛行2天多後安返地球；在軌飛行期間，太空人翟志剛曾完全出艙，劉伯明的頭部出艙、手部部分出艙，實現了中國太空史上第一次的太空人艙外活動技術驗證，中國成為世界上第三個太空人進行艙外活動的國家。

第8-12圖　中國太空人楊利偉搭乘神舟5號太空船繞飛地球軌道14圈安返
　　　　　地球後，剛離開返回艙之片刻（圖源：中國載人航天工程辦
　　　　　公室）

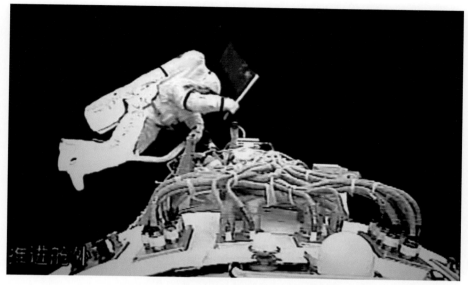

第8-13圖　太空人翟志剛在神舟7號太空船外，實現了中國太空史上第一次的太空人艙外活動技術驗證（圖源：中國載人航天工程辦公室）

6-4、中國成為第三個太空飛行器交會對接的國家

　　2012年06月16日，神舟9號太空船搭載太空人景海鵬、劉旺與劉洋（女），與在軌運行的天宮1號軌道飛行器（實質為太空實驗室，2011年9月29日發射）進行自動交會對接與手控交會對接，皆順利達成，中國成為世界上第三個能進行太空飛行器交會對接的國家。

6-5、中國3位太空人駐留天宮1號12天

　　2013年6月11日，中國發射神舟10號太空船，搭載太空人聶海勝、張曉光、王亞平（女），與天宮1號軌道飛行器對接。在軌飛行約15日安返地球，其中駐留天宮1號軌道飛行器12天。

6-6、中國2位太空人駐留天宮2號30天

　　2016年10月17日，中國發射神舟11號太空船，搭載太空人景海鵬與陳冬，與在軌運行的天宮2號太空實驗室（2016年9月15日發射）交會對接，10月19日太空人先後進入天宮2號，駐留其中工作與生活30天，驗證天宮2號太空實驗室的工作與生活機能後安返地球。

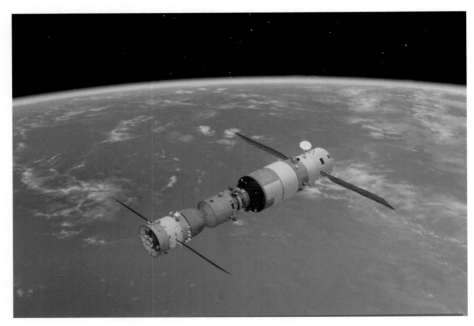

第8-14圖　2016年10月19日，神舟11號太空船（左）與天宮2號太空實驗室成功交會對接（圖源：新華社）

6-7、2021至2022年間中國建成基本型天宮太空站

　　中國始自2021年建造符合中國國情、規模適度、留有發展空間、追求技術進步、與注重應用效益的基本型天宮太空站。

　　基本型天宮太空站由1個核心艙與2個實驗艙，通過在軌交會對接和轉位組裝整合而成，每個艙段皆係規模20噸級的密封加壓艙，3艙段組合

體的質量約69噸；太空站整體呈水平對稱T字構型，天和號核心艙居中，問天號與夢天號實驗艙分別連接於兩側，設計壽命10年以上，通過維修延長使用壽命可達15年。天宮太空站運行於385.8公里×392.9公里、傾角41.48°的低地球軌道，約90分鐘繞地球一圈。

　　天宮太空站共有5個對接介面，支援載人太空船、貨運太空船及其他來訪太空飛行器的對接和停靠。天宮太空站的額定乘員3人，乘員輪換期間短期可達6人，具備十幾噸載荷設備的安裝和支援能力。

第8-15圖　天和號核心艙的外觀。自上而下依序為：具有4個對接口和1個進出艙口的節點氣閘艙（對接樞紐區）、外徑2.8公尺的太空人生活區，和外徑4.2公尺的太空人工作與實驗區（圖源：中國航天科技集團）

　　天宮太空站的天和核心艙、問天實驗艙與夢天實驗艙，先後於2021年4月29日、2022年7月24日與2022年10月31日發射進入太空軌道，組合成為「T」字構型基本太空站。自發射天和號核心艙至2022年年底，先後已有中國太空人9人次進駐，協助組建太空站與進行相關實驗。

　　天宮號基本型太空站組建成功後，可根據需求發射第4、第5與第6個艙段，在核心艙前端增建1或3個艙段，組成太空站「十」或「干」字型的擴展構型，而擴展到180噸級。

　　2023年天宮太空站工程進入應用與發展階段，轉入常態化運營模式，除了供中國科學界進行航太科學相關研究，並向所有聯合國會員國開放。目前已有17個國家、23個實體的9個項目成為天宮太空站科學實驗首批入選專案。

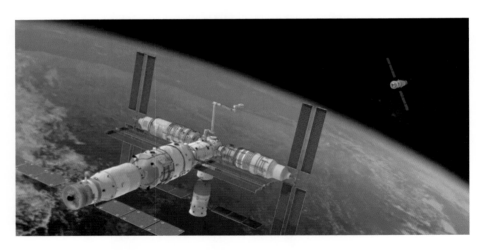

第8-16圖　T字構型的天宮1號太空站飛行想像圖。天和號核心艙尾端停泊著1艘天舟號貨運太空船，對接樞紐區下方停泊著1艘神舟號載人太空船（圖源：中國載人航天辦公室）

第七節 載人太空飛行朝商業化發展

載人太空飛行正以「航太旅遊」與「航太運輸」的方式，朝著載人太空飛行商業化發展。載人太空飛行朝商業化發展是時代的趨勢，不僅與人類「與生俱來」的太空夢有關，並且與載人航太科技發展日趨成熟密不可分。

7-1、航太旅遊蓬勃發展

航太旅遊是一般人民搭乘太空飛行器進入「臨近太空（near space，或稱「臨近空間」）」或近地軌道太空，親身體驗處於太空環境的特殊感覺與活動、欣賞美麗奇特的地球景色、或進行某些特定目的之活動。也即航太旅遊係非專業太空人士為了娛樂、休閒或商業目的而進行的太空飛行。參與近地軌道飛行的太空觀光客（Space Tourist），必須通過嚴格的體格檢查和短期的太空飛行相關訓練，才能實現其太空旅遊心願；進入臨近太空的太空觀光客則不需要。以前提供航太旅遊的太空飛行器只有俄羅斯的聯盟號載人太空船，未來可能轉為美國、俄羅斯與中國分享航太旅遊市場。

7-1-1、近地軌道太空旅遊

全球的第一位太空觀光客是美國企業家丹尼斯・蒂托（Dennis Anthony Tito）。2001年4月28日，丹尼斯・蒂托付費2000萬美元，搭乘俄羅斯的聯盟號-TM32載人太空船飛往國際太空站（與2位俄羅斯太空人Talgat Musabayev、Yuri Baturin同行），停留8天，5月6日返回地球，開創了太空觀光的先河。

此後，2001年至2016年間共有7位太空觀光客付費、搭乘俄羅斯聯盟號系列載人太空船往返國際太空站旅遊，而費用逐一遞增，至2009年第七位太空觀光客蓋・拉利伯特（Guy Laliberté，加拿大太陽劇團的老

闊），往返11天費用達4000萬美元。

　　此外，2018年9月17日，美國太空探索（SpaceX）公司的執行長伊隆·馬斯克（Elon Musk）宣布：日本富豪前澤友作（Yusaku Maezawa）已與太空探索公司簽約，將與他邀請的6至8位藝術家，乘坐該公司仍在研發的「星艦1號（Starship Mk1）」太空船，於2023年後進行為期4或5天的「環月航太旅遊」。2021年，太空探索公司研製的天龍2號（Dragon 2）載人太空船開始商業服務，除了為美國航太總署進行載送太空人往返國際太空站外，也承接平民的近地軌道商業太空旅遊服務，每次4位太空觀光客乘坐天龍2號太空船，在近地太空飛行數天後返回地球，自2021年9月15日已進行過多次平民商業太空旅遊服務。

　　此段期間俄羅斯也在積極爭取國際太空觀光客。2021年12月8日，日本富豪前澤友作在友人平野洋三（Yozo Hirano），與俄羅斯太空人米蘇爾金（Alexander Misurkin）陪伴下，搭乘俄羅斯聯盟號 MS-20太空船飛往國際太空站，駐留12天後安返地球。這是俄羅斯2016年以來唯一的一次商業太空旅遊服務（其間曾多次載運美、俄太空人往返國際太空站）。

第8-17圖　第四位太空遊客阿努什·安薩里（女）接受太空體能訓練
　　　　　（圖源：AFP）

7-1-2、臨近太空旅遊

　　近十多年來，美國的維珍銀河公司（Virgin Galactic）與藍色起源公司（Blue Origin）競相發展「臨近太空旅遊」（也稱「亞軌道航太旅遊（sub-orbital space tourism）」），分別研發了白騎士2號（White Knight Two）的亞軌道太空母子飛機（第8-18圖）與新謝潑德號（New Shepard）亞軌道太空飛行器（參閱本書第一章第1-10圖），飛入臨近太空後返回，乘客得以享受數分鐘的「失重狀態」與自臨近太空觀賞美麗的地球景色。

　　2018年至2021年間，維珍銀河公司的白騎士2號母子飛機曾4次在空中成功完成釋放太空船2號（SpaceShipTwo）子飛機的試驗，太空船2

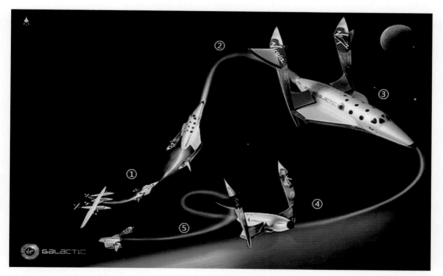

第8-18圖　維珍銀河公司的亞軌道太空飛行模式：1.「太空船2號」子飛機自「白騎士2號」被釋放；2.子飛機以火箭直衝至亞太空；3.子飛機返回大氣層時將機翼旋轉向上豎起；4.子飛機旋轉緩慢下降，太空遊客盡情觀賞地球的景色；5.子飛機將機翼復位並滑翔飛行至地面機場的跑道水平降落（圖源：Virgin Galactic）

號曾飛至82.72至89.9公里高度的臨近太空、再旋轉緩慢下降返回地面。2022年2月維珍銀河公司發售的商業太空旅遊機票，每人45萬美元起，將於2023年春季實施商業性亞軌道航太旅遊。

藍色起源公司的新謝潑德號亞軌道飛行器在多次不載人飛行試驗後，於2021年7月20日完成載人亞軌道處女飛航，此後至2022年8月4日已實施5次商業服務，媒體報導的票價不一，每位20萬美元或30萬元。

載人太空飛行正朝太空觀光商業化邁進！

7-2、商業航太運輸產業興起

為因應2011年太空梭退役，美國航太總署於2006年透過商業軌道運輸服務（Commercial Orbital Transportation Services，簡稱COTS）發展計畫，推動美國民間企業研製商用太空船與配套的運載火箭，為國際太空站運送補給物資與太空人往返國際太空站，經過十餘年發展已見成效。

7-2-1、商業航太貨運服務

2006年1月18日，美國航太總署公布「商業軌道運輸服務」發展計畫內容，進行競標招商，共有6家美國航太公司參與，最後太空探索公司（SpaceX）與軌道科學公司（Orbital Sciences Corporation）勝出，獲得研製合約與「商業補給服務第1期（Commercial Resupply Services-1，簡稱CRS-1）」合約，2家公司先後於2012年與2014年開始商業航太貨運服務。

太空探索公司研製的獵鷹9號（Falcon 9）火箭與天龍號（Dragon）貨運太空船，自2012年10月8日至2020年3月7日，已執行20次商業補給航太運輸服務（其中1次因火箭爆炸而失敗）；2016年招標的「商業補給服務第2期」合約，太空探索公司改以由天龍2號（Dragon 2或稱Crew Dragon）載人太空船研改衍生的「貨運龍（Cargo Dragon）」新貨運太空船服務，自2020年12月6日至2023年3月15日已執行商業補給服務7次，並

已排定2022年至2026年再進行8次服務。

軌道科學公司（現已被諾‧格創新公司／Northrop Grumman Innova-
tion Systems併購）研製的安塔瑞斯號（Antares）火箭與天鵝座號（Cyg-
nus）貨運太空船，2014年1月9日至2022年11月7日，已執行18次商業補
給航太運輸服務（其中1次因火箭爆炸而失敗），另航太總署已加訂了5
次服務，於2023年至2025年間運送補給至國際太空站。

此外，美國航太總署已應允內華達山脈公司（Sierra Nevada
Corp.），在其追夢者貨運太空船（Dream Chaser Cargo System）完成研
製後，為「商業補給服務第2期」合約進行6次往返國際太空站的商業補
給服務（以火神半人馬火箭／Vulcan Centaur rocket發射）。

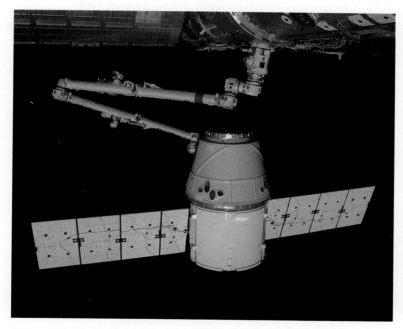

第8-19圖　天龍號貨運太空船透過太空站的機械臂與太空站對接，可省
　　　　　除複雜的對接系統（圖源：NASA）

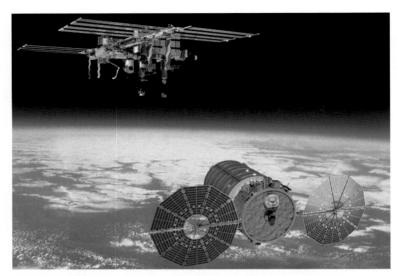

第8-20圖　美國天鵝座號貨運太空船飛近國際太空站即將靠泊（圖源：
Orbital ATK）

第8-21圖　追夢者貨運太空船飛行想像圖。外形類似太空梭，裝載於火
箭的整流罩中垂直發射（太陽能板可摺展），完成運補任務
後飛返地球時，能水平滑翔降落於機場的跑道（圖源：Sierra
Nevada Corp.）

俄羅斯的聯盟號（Soyuz）載人太空船與進步號（Progress）貨運太空船，不僅為蘇聯／俄羅斯載運太空人與物資往返太空站，並且在美國太空梭退役後，更是國際太空運輸服務的主力。雖然聯盟號與進步號太空船提供服務皆需付費，但皆由國營的俄羅斯航太署（Roscosmos）製造與營運，並且俄羅斯沒有民營航太公司，因而短期不可能有發展商業航太運輸產業的機會。

神舟載人太空船與天舟貨運太空船是目前中國天宮太空站的航太運輸載具；中國民營航太產業正蓬勃發展中，民營航太公司多達313家，有了「為天宮太空站運輸服務」的動力，假以時日很有可能發展出中國的商業航太運輸產業。

7-2-2、商業航太載人服務

2011年美國航太總署發佈「商業載人航太發展計畫（Commercial Crew Program，簡稱CCP）」，進行競標招商，推動由太空探索公司、波音公司與內華達山脈公司分別研製載人太空船。

太空探索公司的天龍2號（Dragon 2）載人太空船，於2020年11月16日至2023年3月2日間，為美國航太總署進行過6次各搭載4名太空人飛往國際太空站的商業航太載人服務，美國航太總署已預約2023年後天龍2號載人太空船4次往返國際太空站的商業載人服務。

波音公司研製的CST-100星際太空船（CST-100 Starliner），於2019年12月20日進行首次無人飛行驗證（以擎天神5號火箭／Atlas V rocket發射），由於太空船的計時系統故障未能飛往國際太空站而失敗，被要求進行另一次無人飛行驗證。但因各種因素一再延期，至2022年5月19日才得以進行第二次無人飛行驗證，飛往國際太空站對接6天後返回地球。第一次載人飛行試驗，計畫於2023年7月將搭載2位美國太空人飛往國際太空站，太空人駐留太空站7天後搭乘原船返回地球。2024年至2029年間，美國航太總署已安排另6次往返國際太空站的載人飛行。

　　內華達山脈公司研製的追夢者號載人太空船（Dream Chaser Space System），將於完成追夢者號貨運太空船後才進行研改而衍生；目前其原型太空船於2012年至2013年間進行過2次靜態試驗（Captive Test），2013年與2017年各進行過1次墜落試驗（Drop Test，或稱free flight test），貨運太空船尚未進行第一次驗證飛行，追夢者號載人太空船的研製尚未開始。

　　簡而言之，在美國航太總署主導下，先發展「貨物太空運補」，進而發展「載人太空運旅」，力求將美國往返國際太空站的太空運輸商業化，爲美國民間航太產業創造利基與繁榮。

第8-22圖　太空探索公司的天龍2號載人太空船正飛向國際太空站，其外形構形較天龍號貨運太空船大爲改善（圖源： SpaceX）

第8-23圖　波音公司星際客機載人太空船正將與國際太空站交會對接想像圖（圖源：波音公司）

第八節　結語

　　載人太空飛行的首要條件是「太空人安全往返」天地，其所需科技層次遠比發射人造地球衛星進入太空軌道運行複雜與困難多了。例如：載人太空船必須具備完善的防護與維生設施以支持數位太空人長天數飛行；運載火箭必須具有足夠的推力推送太空船達到第一宇宙速度（7.9公里／秒）或第二宇宙速度（7.9公里／秒），才能進入太空飛往太空站或其他星球；同時該國必須掌握太空人艙外活動技術，太空船與太空飛行器交會對接技術，太空船重返地球大氣的飛行軌道控制與防護技術，往返月球或星球的飛行軌道控制技術，在地球、月球與星球軟著陸技術等，才能確保「太空人安全往返」地完成其飛行任務。目前全球僅蘇聯／俄羅斯、美國與中國三個國家擁有載人太空飛行安全往返的能力；此外歐盟、日本、印度的太空科技潛力、可列為「具備載人太空飛行能力」國家，加以規劃、強化與整合後，應該也能實施載人太空飛行。

第九章

探月與登月的發展歷程

第一節　緒言

　　月球是地球唯一的天然衛星，也是浩瀚太空中離地球最近的星球，因此很快就成為人類太空探測與登陸的目標星球。

　　月球在繞地球的橢圓軌道上運動，實際的距離隨時都在變化著，近地點為363104公里、遠地點為405696公里，從地球到月球的平均距離為384401公里，尚未超出地球引力的範圍；太空飛行器在地-月太空的飛行速度、必須達到10.848公里／秒，才能飛進月球太空。

　　月球太空的環境除了微重力與近乎真空外，並充滿高輻射線與微隕石，太空飛行器必須具備完善的防護。此外，太空飛行器被陽光照射的一面溫度可高於100℃，無陽光照射的一面溫度可低於–200℃；而由於月球自轉一周的時間等於地球的27天7小時43分11.47秒，一個「月晝」與一個「月夜」各約相當於地球的14天。「月夜」期間無光照，沒有太陽輻射能，月表紅外線熱流也很小，以及月球沒有大氣，月壤導熱係數小，進入「月夜」後，月表溫度會很快降低至–180℃左右，防範「月夜」的酷寒也是人類登月必須克服的難題之一。

　　由以上的簡要說明可知，月球距離地球有三十餘萬公里、環境惡劣，太空飛行器要飛往月球不是一件易事，要注入環月軌道進行遙感探測或著陸探勘則是件難事，至於載人登月並安全返回地球那就更是艱難與危

險了。

　　人類先以探測器「探月」實地蒐集月球資訊，在累積足夠的航太科技實力與獲得足夠的月球資訊後，再進行「載人登月」，這也是航太科技界發展載人登陸其他星球實力的必然途徑，今後載人登陸火星或其他星球也將循此模式進行。

第二節　探月與登月發展的概略情形

　　「探月」係指以無人探測器（prober，也即酬載為探測或探勘設備的太空飛行器）實施遙感探測月球與著月探勘，至今已六十餘年，依照參與活動的國家與特性可概略劃分為兩輪。第一輪探月活動的主角是蘇聯與美國，期間自1958年至1976年，為期約20年，係一種冷戰模式的對抗競爭；第二輪探月活動始自1990年至今持續進行中，參與的國家除了第一梯隊航太強國的美國外，第二梯隊航太國家——日本、歐洲、中國、印度、以色列與韓國也加入了，各國的主要目的是把科學探索和經濟需求相結合，以探測月球水冰（water ice）與資源為主，為未來月球資源的開發與利用月球奠定基礎。截至2022年11月底，全世界共實施了112次無人月球探測任務的發射（不包括「飛掠（flyby）」月球以產生「重力助推」效應飛往其他天體的探測器），實現了無人探測器對月球的在軌探測、著陸、巡視和採樣返回。

　　「載人登月」則係以載人太空船搭載太空人飛往月球、軟著陸月球，在月球表面活動與取樣後安返地球，至今只有美國實施過。1969年，美國太空人尼爾·阿姆斯壯（Neil Armstrong）、邁克爾·柯林斯（Michael Collins）與愛德溫·艾德林（Edwin Aldrin）搭乘阿波羅11號（Apollo 11）太空船飛往月球，阿姆斯壯與艾德林在環月軌道換乘登月艇首次成功登陸月球，兩人在月表活動約135分鐘，收集21.55公斤月壤樣

本後返回地球。接著美國阿波羅系列另5次太空船陸續載人登月，每次太空人皆逗留月球表面與探集月壤後安返地球；而蘇聯先後只能3次以無人探測器挖取月壤運回地球。蘇聯、美國的載人登月競賽勝敗十分明確，蘇聯官方於1974年5月宣布取消載人登月相關計畫。

自1972年至今，沒有國家再成功完成過載人登月活動；目前只有美國正在積極展開第二次載人登月任務——阿提米絲計畫（Artemis program）。

第三節　第一輪探月活動——蘇聯與美國的對抗競爭

第一輪探月活動始自1958年，結束於1976年，在蘇聯與美國的競爭中，蘇聯與美國共計發射了91個各類月球探測器，其中完全成功與部分成功者約為45.05%，失敗者約為54.95%；尤其早期（1965年以前）失敗的機率非常高，可見月球太空飛行之技術難度甚大、所需具備的科技能力甚高，經過開發與累積技術才逐漸成熟與掌握，成功率漸趨近100%。茲將其中重要者列舉於下：

3-1、蘇聯月球E-1系列與月球1號對月撞擊器相繼失敗

1958年蘇聯先後發射3個對月撞擊器（impactor）——月球E-1-1號（Luna E-1 No.1，發射架上爆炸）、月球E-1-2號（Luna E-1 No.2，發射場上空爆炸）與E-1 -3號（Luna E-1 No.3，未能進入軌道），都以失敗收場。1959年1月4日，蘇聯發射月球1號（Luna 1，也稱「月球E-1-4號」，或「夢想號（Мечта，俄文）」）對月撞擊器，以5995公里的距離掠過月球進入日心軌道，成為太陽系的第一顆人造行星。

3-2、美國先鋒系列月球探測器也相繼失敗

　　1958年美國陸續發射4個月球探測器——先鋒0號（Pioneer 0）、先鋒1號、2號與3號皆因故失敗。1959年3月4日美國發射先鋒4號月球探測器，以六萬多公里的距離掠過月球上空後進入日心軌道，成為太陽系的另一顆人造行星。

3-3、蘇聯月球2號撞擊器首次成功撞擊月球

　　1959年9月12日，蘇聯發射月球2號（Luna 2）撞擊器飛往月球硬著陸，於9月14日成功撞擊月球於雨海（Mare Imbrium）東部地區，成為第一個硬著陸其他天體的人造物體。

3-4、蘇聯月球3號探測器首次拍攝月球背面照片

　　1959年10月4日，蘇聯發射的月球3號（Luna 3）探測器，於10月6日以距月球6200公里的距離飛過月球背面（far side of the Moon），拍下月球背面照片29幀，覆蓋了月球背面70%的面積，世人首次目睹月球背面的情況。

3-5、美國游騎兵系列撞擊器首次成功撞擊月球

　　1964年7月28日，美國發射游騎兵7號（Ranger 7）對月撞擊器，於7月31日硬撞擊於月球西經 20°36′、南緯10°38′。撞毀前的17分鐘，首次傳回月球表面的近距離照片4308張。1965年2月17日與1965年3月21日，美國又發射游騎兵8號、9號對月撞擊器，再次完成相同任務。

3-6、第一個成功著月的探測器：月球9號

　　1966年1月31日，蘇聯發射月球9號（Luna 9）探測器執行軟著月探測任務，於2月3日軟著陸於月球風暴洋（Oceanus Procellarum）中，15分鐘後傳回第一張照片。蘇聯經過11次失敗後，月球9號探測器終於成功軟

著陸月球。

3-7、第一個環繞月球飛行的探測器：月球10號

　　1966年3月31日，蘇聯發射月球10號（Luna 10）探測器，於4月3日進入繞月飛行的2088公里×2738公里、傾角71.9度的近圓軌道，不僅是由蘇聯發射的人類第一個環繞月球的飛行器，也是人類第一個環繞其他天體的飛行器。

3-8、美國第一個成功軟著月的探測器：測量員1號

　　1966年5月30日，美國發射的測量員1號（Surveyor 1）探測器，於6月2日成功軟著陸於月球的風暴洋，這是美國的太空飛行器在月球與其他天體上的第一次軟著陸，傳回大量月球影像。

3-9、在月球軟著陸後再起飛與再次軟著陸的探測器：測量員6號

　　1967年11月7日，美國發射測量員6號（Surveyor 6）探測器飛往月球，11月10日軟著陸於月球赤道附近。11月17日測量員6號重新點燃發動機2.5秒，首度飛離月球表面4公尺，向西方移動了2.5公尺後，測量員6號再一次成功在月球軟著陸，並依照原先的設計繼續運作，共傳送回30027張影像。這是美國與人類的太空飛行器第一次「在月球軟著陸後、再起飛與再次軟著陸」。

第9-1圖　美國測量員6號探測器在月球上測試「再起飛與再次軟著陸」
成功，令航太科學家感到鼓舞（圖源：NASA）

3-10、第一個回收的月球探測器：探測器5號

　　1968年9月14日，蘇聯發射探測5號（Zond 5，俄文）月球探測器，
採「繞月球後返回地球」飛行模式，探討載人月球太空飛行器返回地球
的相關技術——此項技術稱為「無動力回歸式飛過（free-return flyby）」
（參閱本書第三章第十二節與第六章第7-2-3節）。1968年9月18日，探測
器5號以距月球1,950公里的最近距離繞飛月球背面後飛返地球，採用彈道
式再入大氣層（沒有實施預定的跳躍式返回方式），於9月21日成功降落
於印度洋，由蘇聯軍艦回收，是世界上第一個回收的月球探測器。

3-11、第一個月球採樣返回的無人探測器：月球16號

　　1970年9月12日，蘇聯發射月球16號（Luna 16）探測器，9月20日軟

著陸於月球豐富海（Mare Fecunditatis）；在月面停留了26小時，月球16號的月樣採集系統取得101公克月球土壤樣本；9月21日上升級接收到地面控制中心下達的「發動機點火」指令，承載著探取月壤的返回艙和儀器艙自月球起飛返回地球；9月24日，距離地球4.8萬公里時，返回艙和儀器艙分離，返回艙以每秒11公里的高速進入大氣層，經過一系列減速後成功降落蘇聯境內。月球16號是人類第一個實現在月球自動取樣並送回地球的探測器，但較美國阿波羅11號太空船載人登月探樣（1969年7月16日至7月24日）晚了1年多。

第9-2圖　蘇聯月球16號是人類第一個實現在月球上自動採取月壤並送回地球的探測器（圖源：莫斯科航天博物館模型。攝影者：Bembmv）

第9-3圖　月球16號探測器的上升級承載採取月壤的返回艙和儀器艙，
自月球起飛返回地球想像圖（圖源：SPUTNIK／SCIENCE
PHOTO LIBRARY）

3-12、第一個將月球車送上月球的探測器：月球17號

　　1970年11月10日，蘇聯發射月球17號（Luna 17）探測器，於11月17日軟著陸於月球的雨海地區，達成將月球車1號（Lunokhod 1）送上月球表面的任務。

　　月球車1號是世界上第一輛成功運行於月球的遙控月球車，質量約756公斤，原計畫任務時間為90天，實際上持續了322天；月球車1號在月球進行了多次巡遊，總行程達10540公尺，拍攝了2萬多張照片，對500個地點進行了土壤物理測試，25個地點進行了土壤化學分析，總考察面積接近8萬平方公尺。

　　1973年1月8日，蘇聯再發射月球21號（Luna 21）探測器，1月15日軟著陸，將月球車2號成功地送上月球。月球車2號總共工作了4個月，拍

攝了86張全景照片和80000張照片。蘇聯一共送了2輛遙控月球車上月球進行探勘。

第9-4圖　1970年蘇聯月球17號探測器達成將月球車1號送上月球表面的任務。圖中上部為具有4對輪子的月球車1號，兩側為可放倒觸及月球表面的坡道，供月球車1號行駛至月球表面（圖源：NASA）

3-13、蘇聯第二次以無人探測器自月球採樣返回：月球20號

　　1972年2月14日，蘇聯發射月球20號（Luna 20）無人探測器，自月球採取月壤30公克於2月25日返回地球。

3-14、蘇聯發射的最後一個月球探測器：月球24號

　　1976年8月9日，蘇聯發射月球24號（Luna 24）探測器軟著陸月球，其月壤採集系統取得月球表面2公尺下方的月球土壤樣本170.1公克後，於

8月22日返抵地球，這是蘇聯第3次以無人探測器自月球取樣返回地球。

　　月球24號是蘇聯發射的最後一個月球探測器，也是第一輪探月活動發射的最後一個探測器，第一輪無人太空器探月飛行就此結束。

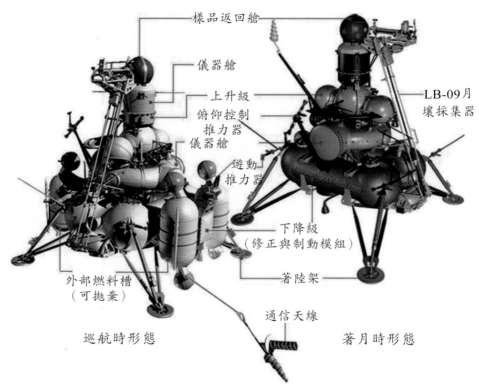

樣品返回艙

儀器艙

上升級
俯仰控制
推力器
儀器艙

遊動
推力器

LB-09月
壤採集器

下降級
（修正與制動模組）

外部燃料槽
（可拋棄）

著陸架

通信天線

巡航時形態

著月時形態

第9-5圖　1976年8月9日，蘇聯發射月球24號探測器，採得月球土壤樣本170.1公克後返回地球（圖源：RussianSpaceWeb.com）

第四節　第二輪探月活動──日、美、歐、中、印、以、韓多國參與

　　第二輪探月活動始自1990年，目前持續進行中；參與的國家有：日

本、美國、歐洲、中國、印度、以色列與韓國7國（俄羅斯由於經費拮据，至今未進行過探月活動），各國以無人探測器環繞月球飛行進行遙感探測爲主，無人探測器軟著月進行探勘較少；主要目的是把科學探索和經濟需求相結合，以探測月球資源爲主——尤其著重於水冰，爲未來月球資源的開發與利用，以及爲深遠太空探測奠定基礎。茲將第二輪探月活動中重要的各國探測器列述於下：

4-1、美國、蘇聯以外國家發射的第一個月球探測器：飛天號

　　1990年1月24日，日本發射其第一個月球探測器飛天號（Hiten），這是美、蘇兩國以外其他國家發射的第一個月球探測器。

　　飛天號質量197.4公斤，唯一的科學儀器是「慕尼黑星塵計數器（Munich Dust Counter）」，發射時本應送入遠地點爲476000公里的高橢圓形地球軌道，但因其注入軌道的速度比「額定值（nominal value）」少了50公尺/秒，只到達了遠地點爲290000公里的軌道。透過「彈道捕獲軌道（ballistic capture trajectory）」作業——一種基於「弱穩定性邊界理論」，利用探測器本身推力可以負擔的少量擾動，達到轉換軌道的目的——最終使飛天號探測器於1991年10月2日，得以進入11327.8公里×51114.3公里、傾角34.7°的環繞月球軌道。1993年4月10日，飛天號被控撞擊於月球表面南緯34.3°、東經55.6°，成爲日本置留於月表的第一件物體。

　　飛天號在第一次月球軌道切換時，釋放了一個名爲羽衣號（Hago-romo）的子探測器，但沒有進入正確軌道。

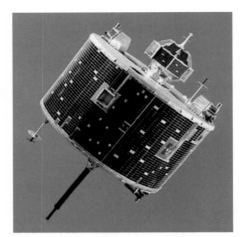

第9-6圖　日本發射的第一個月球探測器飛天號與其子探測器羽衣號（安置於其頂部）（圖源：ISAS）

4-2、首次發現水冰存在的克萊門汀號月球探測器

1994年1月25日，美國發射環月飛行的克萊門汀號（Clementine）月球探測器，攜帶7件儀器進行月球表面探測，總共繞月探測380圈，首度獲得幾乎整個月球的全球地形圖，和第一份月球表面全球的多光譜影像。克萊門汀號預定再進行飛往1620號近地小行星的探測任務，則因元件損壞致使燃料耗盡而未能執行。1994年7月，克萊門汀號探測器因訊號過於微弱而任務中止。

1998年3月5日，美國航太總署公布了克萊門汀號的探測資料分析結果，表示在月球極區月球隕石坑（lunar crater）內有水冰、足以讓未來月球殖民地和太空船燃料補給使用，引發各航太國家積極探測月球極區。

4-3、探測月球物質組成、磁場與重力場的月球探勘者號

1998年1月7日，美國發射月球探勘者號（Lunar Prospector）探測器，以低高度、極軌道環繞月球飛行，主要任務是對月球表面物質組成、

南北極可能的水冰沉積、月球磁場與重力場進行研究。1999年7月31日，該探測器受控撞擊靠近月球南極點的撞擊坑結束任務；原本預期撞擊時揚起的表土可以檢測到水的存在，但並未成功。

4-4、歐洲發射的第一個月球探測器：SMART-1

2003年9月27日，歐洲太空總署發射SMART-1月球探測器，它是歐洲第一個飛向月球的探測器，主要任務測試探測器的太陽能離子推進器，次要任務遙感繪製月球地圖。

SMART-1的發射質量367公斤，裝備了高清晰度微型攝像機、紅外線及X射線分光計等探測設備，2004年11月15日進入月球軌道，環繞月球極軌道飛行近3年，拍攝並傳回了月球表面的2萬多張圖像，繪製出了月球表面的整體外貌圖，包括過去人們缺乏了解的月球不易觀測面和極地概貌。2006年9月3日，SMART-1以2公里／秒的速度定點撞擊月球表面而結束了它的探月任務。

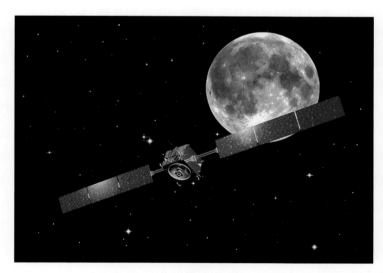

第9-7圖　SMART-1是歐洲太空總署發射的第一個月球探測器（圖源：
European Space Agency）

4-5、日本發射的第二個月球探測器：月亮女神號

　　2007年9月14日，日本發射其第二個月球探測器月亮女神號（SELE-NE，也稱「輝夜姬號（Kaguya）」）。它由月亮女神號主探測器（質量2,914公斤）和2個子探測器（質量各53公斤）── 名為「翁（Okina）」的「中繼星」與名為「嫗（Ouna）」的「甚長基線干涉測量星」組成。月亮女神號於10月3日進入101公里×11741公里的月球極軌道；10月8日與10月12日先後釋出子探測器，用作通訊中繼衛星與對月球的位置和「進動（Precession）」進行精確調查。10月19日月亮女神號進入100公里的圓形軌道，執行繞月飛行遙感探測，主要探勘月球地形，元素分布和月球重力，並尋找岩漿海洋，所獲得的數據有助於研究月球的形成過程。2009年6月11日，月亮女神主探測器被控撞擊於月球表面。

4-6、中國發射的第一個月球探測器：嫦娥1號

　　2007年10月24日，中國發射了其第一個月球探測器「嫦娥1號（Chang'e 1）」，用以獲取月球表面的3維立體影像與分析月表有用元素的含量等。

　　嫦娥1號探測器質量為2350公斤，安裝了CCD立體相機、雷射高度計（或稱「激光高度計」）、干涉成像光譜儀、伽馬射線譜儀、X-射線光譜計、微波探測儀、太陽高能粒子探測器、太陽風粒子探測器等8件主要儀器，於11月7日成功地進入距月面200公里的環月軌道運行，繼而於11月26日傳回其探測的第一張月球表面照片。此後，自200公里的圓軌道變軌，先後進入距月面100公里、15公里的軌道執行科學探測工作，收集到的資料被用來建立非常精確和高解析的完整立體月面圖。工作至2009年3月1日，嫦娥1號探測器在北京航天飛行控制中心科技人員的控制下，撞擊於月球表面，利用其剩餘價值蒐集相關資料。

　　「嫦娥1號」係中國第一個進入月球引力場的太空飛行器，它收集到

的資料對第二階段「嫦娥3號」月球探測器降落月面提供了初階的協助。

4-7、印度發射的第一個月球探測器：月船1號

2008年10月22日，印度發射了其第一個月球探測器「月船1號（Chandrayaan-1）」，質量1380公斤，攜帶的11件遙感設備中6件係美國、英國、德國、瑞典等國提供，飛行於高度100公里的圓形月球極軌道上，對月球進行化學、礦藏與水冰的探測，以及光學-地質掃瞄製圖。

2008年11月14日，月船1號將其攜帶的月球撞擊探測器（Moon Impact Probe）受控投向月球南極，其主要目的在於透過它所濺起的月面下層土壤、分析是否存在月球水冰；次要目的是成為第四個將附有國旗的物體插於月球上。

月船1號的設計壽命為2年，但於2009年8月29日因通訊完全中斷而失去聯絡。

4-8、進一步驗證月球水冰的美國雙探測器：LRO與 LCROSS

2009年6月18日，美國採「一箭雙星」發射方式，將「月球勘測軌道飛行器（Lunar Reconnaissance Orbiter，簡稱LRO）」與「月球坑觀測和傳感衛星（Lunar CRater Observation and Sensing Satellite，簡稱LCROSS）送入月球軌道。

月球勘測軌道飛行器（LRO）的質量1916公斤，裝置了7項儀器，用以執行全月面三維地形測量、對月球極地（包括有可能沉積水冰和一些常年不見陽光地方）測量、高分辨率月球地圖測繪、月球輻射環境測繪等，這些蒐集與彙整的資訊用以為未來的太空人選擇登月點，以及將月球上有價值的資源予以定位與製圖。月球勘測軌道飛行器（LRO）先以約50公里低高度的極軌道繞飛月球蒐集資料3年，再轉入20公里×165公里、近月點通過南極的橢圓形極軌道蒐集月球南極的詳細資料，在軌運行了6年

8月又27天，根據收集的數據繪製了月球的地形圖與分辨率為100公尺／像素的月球全球照相地圖。

　　月球坑觀測和傳感衛星（LCROSS）的任務係驗證「月球南極永久陰影下的隕石坑下面藏有古代水冰」的學說。2009年6月23日，LCROSS與發射它的擎天神5號（Atlas V）火箭半人馬座上面級（Centaur upper stage）連在一起進入一條撞擊月球南極的軌道飛行。同年10月9日，質量2249公斤的半人馬座上面級與LCROSS分離，以2.41公里／秒的速度被控衝向月球南極永久陰影下名為Cabeus的隕石坑，接著LCROSS也跟隨著人馬座上面級撞向月球，其間LCROSS上的儀器約有4分鐘進行觀測人馬座上面級撞擊濺飛起來的塵土與氣體，並將資訊傳回地球。科學家經過分析LCROSS傳回的資訊，顯示水冰的確存在於月球南極，這對人類在月球建造永久基地或移居月球是一個令人振奮的有利消息。

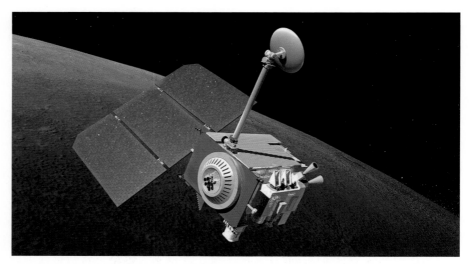

第9-8圖　　月球勘測軌道飛行器（LRO）先後繞飛月球50公里低高度的極軌道，與20公里×165公里、近月點通過南極的橢圓形極軌道蒐集資料，繪製了月球的地形圖與分辨率為100公尺／像素的月球全球照相地圖（圖源：NASA）

第9-9圖　質量2249公斤的半人馬座上面級與LCROSS分離後，以2.41公
　　　　　里／秒的速度被控衝向月球南極永久陰影下名為Cabeus的隕石
　　　　　坑，LCROSS也隨著撞向月球，其間LCROSS上的儀器約有4
　　　　　分鐘進行觀測人馬座上面級撞擊濺飛起來的塵土與氣體，並將
　　　　　資訊傳回地球。科學家經過分析LCROSS傳回的資訊，顯示水
　　　　　冰的確存在於月球（圖源：NASA）

4-9、探月後飛往深空繼續探測的探測器：嫦娥2號

　　2010年10月1日，中國發射其第二個月球探測器嫦娥2號（Chang'e
2），用於試驗和驗證「嫦娥3號」月球探測器將使用的部分關鍵技
術、與勘察預選著陸區。「嫦娥2號」先後在100×100公里的圓軌道和
100×15公里的橢圓軌道進行了高分辨率成像和環月探測，完整獲取了7
公尺分辨率的月球表面三維（3D）影像數據，與對嫦娥3號著月任務預選
著陸區虹灣（Sinus Iridum）局部區域的1.3公尺的高分辨率成像。

　　嫦娥2號探測器達成設計任務後，於2011年6月9日受控離開月球軌
道，展開為積累經驗的深空探測飛行，成為中國第一顆飛入「行星際」的

探測器，先後探測了第2「拉格朗日點（Lagrangian point，L2）」、國際編號4179的圖塔蒂斯（Toutatis）小行星。有關測控數據表明，截至2014年年中，嫦娥2號與地球的距離已經突破了1億公里，繼續飛向更遠的深空。

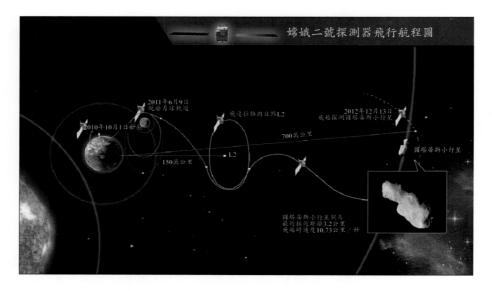

第9-10圖　嫦娥2號探測器進行了環月探測後，受控從月球軌道出發進入環繞第2拉格朗日點之軌道，再飛越探測圖塔蒂斯小行星後（小圖為小行星的照片），飛向更遠的深空（圖源：中國空間技術研究院）

4-10、探測月球重力場與地質構造的雙探測器：GRAIL

　　2011年9月10日，美國發射了名為「重力回溯及內部結構實驗室（Gravity Recovery and Interior Laboratory，簡稱GRAIL，可譯為「聖杯」）」的月球探測器，用以精確探測並繪製月球的重力場圖以判斷月球內部構造。該月球探測任務使用2個小型探測器GRAIL A和GRAIL B，採

「一箭雙星」方式發射，分別於2011年12月31日和2012年1月1日進入環月飛行軌道，軌道高度能達到極低的50公里，兩個探測器的距離能保持在175至225公里間，以及每個探測器都可和地球或另一個探測器之間能互相傳送與接收訊息；藉著量測2個探測器之間的距離變化可得知月球的重力場和地質構造，進一步了解月球的熱演變，從而研究月球的起源和演變。2012年12月17日，GRAIL A和GRAIL B探測器受控撞擊月球表面而結束任務。

4-11、運行於環月的逆行軌道的探測器：LADEE

2013年9月7日，美國發射「月球大氣與粉塵環境探測器（Lunar Atmosphere and Dust Environment Explorer，簡稱LADEE）」，運行於環繞月球的赤道軌道（傾角157度），執行為期7個月之「探測月球大氣層的散逸層和周圍的塵埃」任務，同時進行雷射通訊技術演示。2014年4月18日，地面控制中心操作LADEE使之撞毀於月球背面而結束任務。

4-12、第三個國家成功發射的著月探測器：嫦娥3號

2013年12月2日，中國發射嫦娥3號（Chang'e 3）月球探測器──由「著陸器」和「玉兔號」巡視器（月球車）組成，發射質量3780公斤，於12月14日晚軟著陸於月球雨海西北地區（「虹灣著陸區」），成為1976年8月9日蘇聯「月球24號」探測器著陸月球後、第一個重返月球的無人探測器，也標誌中國成為世界上第三個有能力獨立實施太空飛行器在地球外天體上軟著陸的國家。

12月15日，「玉兔號」月球車（巡視器）與著陸器分離，兩者陸續展開「觀天、看地、測月」的科學探測和其它任務。嫦娥三號著陸器和玉兔號月球車執行任務至2016年8月4日，共工作977天，遠遠超出其設計壽期3個月與1個月──雖然玉兔號月球車自2014年1月25日由於月壤細粒導致行駛故障，但仍能定點執行其探測任務，正常發回有效數據。

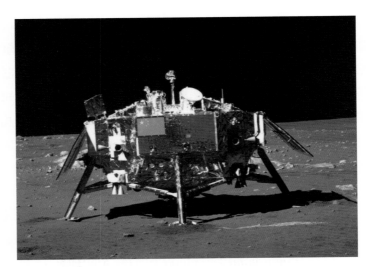

第9-11圖　嫦娥3號探測器由著陸器和玉兔號巡視器（月球車）組成，軟
　　　　　著陸於月球虹灣，圖為進行駐留式探測的著陸器（圖源：中
　　　　　國空間技術研究院）

第9-12圖　嫦娥3號探測器的玉兔號巡視器（月球車）自著陸器上行駛
　　　　　至月球表面後，行駛中進行探勘（圖源：中國空間技術研究
　　　　　院）

4-13、第一個成功著陸月球背面的探測器：嫦娥4號

　　2018年12月8日，中國發射嫦娥4號月球探測器飛向月球，於2019年1月3日成功在月球背面南極軟著陸，首次實現探測器在月球背面軟著陸，在航太歷史上創造了新紀錄。嫦娥4號探測器的主要任務目標有：1.月基低頻無線電天文學觀測與研究（月球背面因有地球遮擋，其電磁環境非常寧靜，被認為是進行低頻無線電天文學觀測的絕佳地點）；2.月球背面巡視區形貌和礦物組成探測與研究；3.月球背面巡視區淺層結構探測與研究。

　　由於月球的「背面」不能與地球通信聯繫，必須先發射通信中繼衛星運行於能與地球及月球背面通信的軌道。2018年5月20日中國發射鵲橋號中繼衛星，於6月14日進入環繞距月球約65000公里的地-月L2拉格朗日點（Lagrangian point）的光環（Halo，也稱「暈輪」）軌道運行，為嫦娥4號探測器在月球背面軟著陸時、以及在月球上運作時與地球控制站聯繫時進行中繼作業。

　　嫦娥4號探測器由著陸器與巡視器（又稱「玉兔2號月球車」）組成，巡視器托舉於著陸器的頂部，發射質量約3780公斤。著陸器配置了地形地貌相機、降落相機、低頻頻譜儀與月球中子及輻射劑量探測儀，以及1台生物科普試驗載荷罐；巡視器配置了全景相機、紅外成像光譜儀、測月雷達與中性原子探測儀。

　　2018年12月8日，嫦娥4號探測器被成功發射進入太空預定軌道，12月12日16時順利進入近月點100公里、遠月點400公里的環月軌道運行；12月30日在環月軌道成功實施變軌控制，嫦娥四號探測器順利進入近月點15公里、遠月點100公里的橢圓運行。2019年1月3日2時26分（UTC時間，+8為臺北時間）成功軟著陸於月球背面南極-艾特肯盆地（South Pole-Aitken Basin）內的馮‧卡門撞擊坑（Von Kármán crater）中的月面。1月3日15時07分，玉兔2號月球車開始自著陸器頂部緩緩駛下，於22

時22分踏上月面後駛離著陸器，相互為對方攝影並傳回地球後，分別展開各自的探測、探勘與實驗。

截至2023年2月9日，嫦娥4號著陸器和玉兔2號月球車已完成了第53個「月晝」的科學探測工作（1個「月晝」與「月夜」各為14天「地球日」），「玉兔2號」累積行駛里程達到1500公尺。嫦娥4號工程地面應用系統接收科學探測資料正常，數據總量超過3940.1GB，圖像超過1000幅。

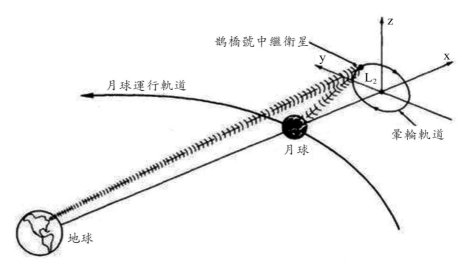

第9-13圖　嫦娥4號著陸於月球背面必須以中繼衛星傳遞指令與資訊，鵲橋號中繼衛星運行於地-月L2拉格朗日點，具有對地與對月球背面的嫦娥四號中繼通信的工作能力（圖源：YINGSC）

4-14、以色列發射的第一個著月探測器：創世紀號

創世紀號（Beresheet，希伯來文）係以色列非營利法人SpaceIL公司研製的月球探測器，直徑2公尺，高1.5公尺，發射質量585公斤，2019年2月21日由美國獵鷹9號（Falcon 9）火箭以「搭載發射（Piggyback Launch）」方式送入太空停泊軌道，然後飛往月球預定在月球的澄海

（Mare Serenitatis）著陸，力求繼蘇聯、美國與中國之後成爲第四個以探測器著陸月球的國家。

　　創世紀號被送入停泊軌道後先繞地球飛行多圈，運用「提升遠地點軌道機動」操作（參閱本書第六章第7-1節），於每次飛至近地點時地面站遙控其推進器作用數十秒鐘，爲探測器增加速度與拉高軌道高度，歷時42天，共計飛行了650萬公里，至4月4日才飛進月球重力場，4月7日完成首次環月飛行，4月10日機動後進入15公里×200公里的高橢圓軌道（highly elliptical orbit），4月11日19時23分世界協調時間（Coordinated Universal Time，簡稱UTC，＋8小時即爲台灣時間）創世紀號從距離月球表面15公里的軌道降落，下降至距月球表面時149公尺時，失控墜毀於月面。

第9-14圖　以色列創世紀號探測器的飛行軌道示意圖（圖源：SpaceIL）

第9-15圖　以色列創世紀號探測器著月想像圖，可惜爭取締造第四個著
　　　　　月國家的壯志功敗垂成（圖源：SpaceIL）

　　雖然創世紀號要為以色列締造第四個著月國家的壯志功敗垂成，但爭得第七個以探測器完成繞月飛行國家的榮耀。

　　2021年11月2日媒體報導：以色列SpaceIL公司再次募得1億美元的「著月資金」，規劃在2024年再次發射新的著月探測器，軟著陸於月球背面，爭取成為繼中國之後、全球第二個軟著陸月球背面的國家。

4-15、印度發射的第一個著月探測器：月船2號

　　2019年7月14日，印度以GSLV Mk-III運載火箭發射月船2號（Chandrayaan-2）探測器進行著月探勘。月船2號探測器質量3850公斤，由軌道飛行器、著陸器和月球車（安置於著陸器內部）組成，3者共攜帶了10件各類探測設備。

　　月船2號探測器的探測計畫：在飛進100公里×100公里的月球軌道後，著陸器與軌道飛行器分離，軌道飛行器繼續留在軌道進行飛行探測，著陸器將減速在月球南極軟著陸，降落妥當後月球車將自著陸器駛至月

面，進行其14天的巡駛探勘，在月球南極附近展開研究與探索任務，尋找水冰跡象。如果一切順利，印度將繼蘇聯、美國與中國之後，成為全球第四個以探測器著月的國家。

　　月船2號探測器於7月14發射後，多次運用「提升遠地點軌道機動」操作為探測器增加速度與軌道高度（參閱第9-17圖），8月20日月船2號探測器飛進月球軌道。9月2日13時15分（印度標準時間，以下時間皆同）著陸器與軌道飛行器分離，先後於9月3日與4日進行2次變軌，進入100公里×100公里的降落軌道飛行，9月7日凌晨1時40分實施動力下降，在月球南極附近進行軟著陸，但著陸器在下降至距離月球表面2.1公里的時候失去了信號，墜毀於月球表面，軟著陸失敗，印度成為第四個以月球探測器成功著月的國家夢碎。裝有8件探測設備的月船2號軌道飛行器，將繼續在環月軌道進行為期7年的探測月球任務。

第9-16圖　月船2號探測器（黃色）由軌道器（底部）和著陸器（有著陸架的部分）以及月球車（安置於著陸器內部）組成，已完成整合與測試（圖源：Indian Space Research Organization）

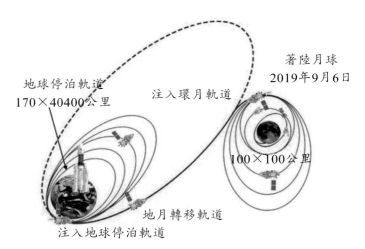

著陸月球
2019年9月6日

地球停泊軌道
170×40400公里

注入環月軌道

100×100公里

地月轉移軌道

注入地球停泊軌道

第9-17圖　由於GSLV Mk-III火箭的推力不足，必須多次運用「提升遠
　　　　　地點軌道機動」操作為月船2號探測器增加速度與軌道高度，
　　　　　因此先將月船2號送入地球停泊軌道後繞地球飛行，逐圈於近
　　　　　地點增加飛行速度，進而擴大軌道的遠地點，至第6圈時月
　　　　　船2號的發動機再次點火，推力持續作用一段時間後成功進入
　　　　　「地月轉移軌道」，月船2號開始進入飛向月球之旅途；月船
　　　　　2號飛進月球軌道後，逐次縮減軌道的遠月點，使環月軌道趨
　　　　　於圓形。著陸器與軌道飛行器先分離，然後著陸器在月球南
　　　　　極進行動力軟著陸（圖源：Indian Space Research Organiza-
　　　　　tion）

4-16、50年來再次著月採樣返回的探測器：嫦娥5號

　　2020年11月24日，中國發射嫦娥5號探測器執行「著陸月球、採取月
壤、返回地球」的任務。它係無人探測器，採用類似美國阿波羅計畫載人
登月任務使用的「月球軌道交會（Lunar Orbit Rendezvous）」的飛行模
式（參閱本章第5-1-1節），來執行既定任務。

　　嫦娥5號探測器由軌道器、返回器、著陸器、上升器四大艙段組成，
發射質量達8.2噸，由長征5號火箭發射飛往月球太空，經過實施2次「軌

道修正」與2次「剎車制動」，於11月29日20時23分進入距離月面約200公里的近圓形環月軌道飛行。11月30日4時40分，「軌道返回組合體（軌道器＋返回器）」和「著陸上升組合體（著陸器＋上升器）」分離；「軌道返回組合體」繼續環月飛行，「著陸上升組合體」歷經一系列減速下降飛行，於12月1日23時11分在月球正面風暴洋（Oceanus Procellarum）的呂姆克山（Mons Rümker）的預選著陸區（西經51.8度、北緯43.1度附近）成功軟著陸。

12月2日22時，「著陸上升組合體」完成了月球「鑽取採樣」、「鏟取採樣」與「封裝」；12月3日23時10分，上升器經過垂直上升、姿態調整和軌道射入，重回環月軌道飛行；12月6日5時42分，上升器與「軌道返回組合體」完成交會與對接；6時12分，上升器中存放的月球樣品通過軌道器轉移到返回器中。12月6日12時35分，「軌道返回組合體」拋棄上升器，環月飛行等待「月地入射視窗」的到來；12月12日9時54分，「軌道返回組合體」帶著月壤飛返地球；「軌道返回組合體」距地地球約5000公里時，返回器與軌道器分離，返回器以第二宇宙速度（11.2公里／秒）飛向地球；12月17日凌晨，返回器在進入地球大氣後，通過「半彈道跳躍式再入返回技術」實現減速，經過2次「再入」，凌晨1時59分在內蒙古四子王旗預定區域成功著陸。至此，嫦娥5號探測器的「著陸月球、採取月壤、返回地球」航太任務，順利圓滿完成。

嫦娥5號探測器自月球採回1731公克的月壤，使中國成為自1970年代以來首次取回月球土壤的國家；也是繼美國和蘇聯之後，全球第三個實現「著月、採壤、返回」的國家。此外，嫦娥5號蒐集了大量探測資料，其中嫦娥五號攜帶的「月球礦物光譜分析儀」繞飛月球探測顯示，1公噸月壤中大概約有120公克「水」，但此「水」是指礦物裡的水分子或者氫氧基，在一定條件下才能轉化為我們喝的水。

嫦娥5號探測器採用美國阿波羅計畫載人登月任務使用的「月球軌道交會」相同飛行模式，所不同的是嫦娥5號是無人探測器，全由地面控制

中心遙控進行所有相關作業。也即「嫦娥5號探測器採樣返回」證明中國已具有成功實施載人登月任務的能力，但目前中國不具備將載人太空船注入地月轉移（Trans-Lunar Injection，簡稱TLI）軌道的重型運載火箭，因此尚不能實施載人登月任務。

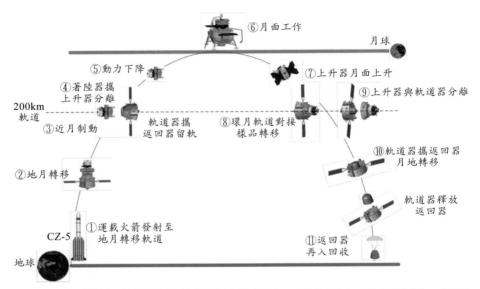

第9-18圖　嫦娥5號探測器執行「著陸月球、採取月壤、返回地球」任務飛行模式的11個階段示意圖（圖源：國家航天局）

4-17、韓國發射的第一個環月探測器：賞月號

2022年8月5日，韓國借助美國太空探索公司獵鷹9號火箭、將其第一個環月探測器賞月號（Danuri）送入太空，升空40分25秒鐘後賞月號探測器與火箭分離，然後沿著預定軌道展開其飛往月球的旅程。

賞月號探月器又稱「韓國探路者月球軌道探測器（Korea Pathfinder Lunar Orbiter）」，是韓國的首個月球軌道探測器，它並非直接飛往月球，而是採用節省推進劑的彈道月球轉移（Ballistic Lunar Transfer）軌道，利用太陽、月球及地球的重力助推作用、節省推進劑地飛往月球──

先飛至遠離地球156萬公里的太空第1拉格朗日點L1、再掉頭以「8」字形飛往月球太空，飛行時間長達4個半月，於12月16日飛抵月球，途中陸續需進行多次軌跡校正。賞月號探月器於12月28日注入月球軌道後，飛行於距離月球100公里、傾角90度的環月極軌道，每天繞月飛行12次，執行爲期一年的探測任務，成爲繼蘇聯、美國、日本、歐盟、中國、印度和以色列之後，第8個完成探月的國家或地區。

　　賞月號探月器質量約678公斤，裝有6項探測儀器，遙感探測月球表面的氦-3、鈾、水冰、矽、鋁等物質，並繪製月球地形圖，爲未來的月球著陸器選擇最佳的著陸點——月球隕石坑（lunar crater）。6項探測儀器中的5項由韓國研製，另1項陰影攝影機（ShadowCam）由美國航太總署提供，它能拍攝月球上永久陰影區域（月球隕石坑）的影像，了解這些地區的地形。探勘月球的最佳著陸點，可供美國航太總署載人登月的「阿提米絲計畫（Artemis program）」選擇登陸點參考（參閱本章第6-3節）。

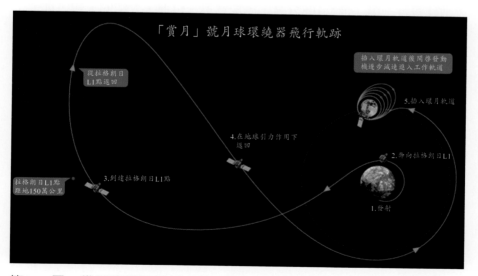

第9-19圖　賞月號探月器採用節省推進劑的彈道月球轉移軌道飛往月球示意圖（圖源：Korea Aerospace Research Institute）

　　第二輪探月活動的重要成果是證實月球存在水冰，尤其在太陽照射不到的南極更是儲量豐富，因而促使各航太國家競相研發以無人登陸器著陸月球，與美國重新研發載人登陸月球的硬、軟體，並將進而建設月球基地開發與利用月球資，以及以月球為中繼站進行火星載人飛行往返等（參閱本章第六節）。第二輪探月活動為未來在月球建設基地，開發與利用月球資源，以及為深遠太空載人飛行奠定基礎。

第五節　載人登月──美國贏得載人太空飛行的冠冕

　　1957年10月4日，蘇聯發射第一顆人造地球衛星進入太空軌道運行後，美國震驚之餘一直在後面努力追趕。1961年4月12日，蘇聯太空人尤里·加加林（Yuri Gagarin）搭乘東方1號（Vostok 1）太空船、進入太空繞地球飛行一圈（飛行108分鐘），成為第一位進入太空的人類，創造了人類的歷史，更加深了美國對在太空競賽中落後的恐懼。美國為了能在與蘇聯的競賽中轉敗為勝，1961年5月25日，總統甘迺迪（John F. Kennedy）宣布美國將展開載人登月的「阿波羅計畫（Apollo program）」：美國會於1970年之前將太空人送上月球，並成功返回地球。

5-1、發展載人登月三項重要軟、硬體

　　1961年5月25日甘迺迪總統宣布「阿波羅計畫」後，美國航太總署積極設計與研發相關的三項重要軟體與硬體──載人登月任務的飛行模式、載人登月太空船，與發射載人登月太空船的運載火箭，用以將太空人送上月球並返回地球。

5-1-1、載人登月任務的飛行模式

　　當時共有四個方案被提出來研討：直接起飛（Direct Ascent）、地

球軌道交會（Earth Orbit Rendezvous）、月球表面交會（Lunar Surface Rendezvous）與月球軌道交會（Lunar Orbit Rendezvous），經過縝密分析後「月球軌道交會」被選定爲執行「阿波羅計畫」的飛行模式。

月球軌道交會模式的太空船由母船（由指揮艙與服務艙組成）與較小的二級式登月器（two-stage lander）整合而成，以一枚運載火箭將搭載3名太空人的太空船送至月球太空，母船環繞月球軌道飛行，2名太空人搭乘登月器降落月球表面；完成任務後，太空人搭乘登月器的上面級飛離月球，與環月軌道飛行的母船交會後太空人返回母船，3名太空人搭乘母船飛返地球。此方案的優點：整艘太空船的質量最低（也即發射太空船離開地球達成任務之運載火箭所需的推力最低）、相關技術與風險性最低、所需經費較低。

5-1-2、載人登月太空船

用以執行載人登月任務的「阿波羅號太空船」係新研製搭載3名太空人的3艙段太空船，主體由指令艙（Command Module，簡稱CM）、服務艙（Service Module，簡稱SM），與登月器（Lunar Module，簡稱LM，或譯「登月艇」）串聯整合而成，外部加有「整合外罩（Spacecraft Lunar Module Adapter，簡稱SLA）」防護，頂端外加「發射逃逸系統（Launch escape system）」整合爲一體。

指令艙是外形呈圓錐體的乘員艙，長3.48公尺，最大直徑3.91公尺，質量約5560公斤，用以搭載3名太空人從地球飛往月球太空，太空人在月球完成任務後再搭乘它返回地球。服務艙的外形爲圓柱狀，長7.5公尺，直徑3.91公尺，質量約23300公斤，安裝著支持太空船運作與太空人生存需要的各種設備與物資等，爲太空船與太空人提供相關服務。

登月器由能分開的上面級與下面級（或稱「著陸級」）組成，各自具備推進機，係用以搭載2名太空人自月球軌道降落與飛離月球表面的飛行器。下面級在太空人操控下降落月球表面進行軟著陸，並用爲上面級起飛

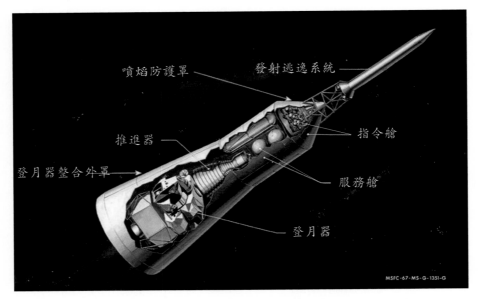

第9-20圖　阿波羅號太空船構造示意圖（圖源：NASA）

第9-21圖　運行於環月軌道阿波羅15號太空船的「指令／服務艙（簡稱 CSM）」（圖源：NASA）

第9-22圖　阿波羅太空船的登月器由能分開的上面級與下面級組成，圖為著陸月球阿波羅16號太空船的登月器（圖源：NASA）

時的發射台；上面級的主體爲搭載2名太空人的乘員艙與飛行控制設備，並有上升推進機與其推進劑，以及一組「反應控制系統（reaction control system）」，上面級能載運2名太空人自月球起飛、飛返月球軌道、與飛行於月球軌道的指令艙交會對接；然後太空人返回指令艙飛返地球。登月器質量約15100公斤，太空人可在月面停留約34小時。

5-1-3、「阿波羅計畫」的運載火箭

　　爲執行「阿波羅計畫」載人登月任務，美國依序研製了小喬2號（Little JoeⅡ）、神農1號（Saturn I）、神農1B號（Saturn IB）與神農5號（Saturn V）共4型運載火箭，直徑、高度、質量與推力皆遞增，分別用以進行「阿波羅計畫」相關的實驗與飛行任務。

　　用以發射搭載3名太空人執行登月飛行任務太空船的係神農5號運載火箭，它的直徑10.1公尺，高110.6公尺，由三級子火箭組成，能投送43900公斤的酬載（太空船）注入地月轉移（trans-lunar injection，簡稱

TLI）軌道，後期增強型者的投送酬載能力提升至47000公斤，以配合執行後期的載人登月飛行任務。為配合阿波羅號太空船自環繞地球飛行的停泊軌道、注入飛往月球的地月轉移軌道，神農5號的第三級火箭必須具備「再次點火（restartable）」功能。

NASA.S.66.4882 MAY 20

SPACE VEHICLES

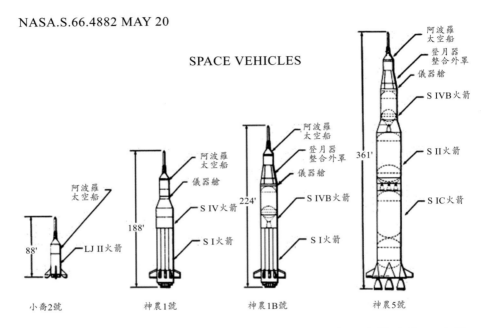

第9-23圖　「阿波羅計畫」運載火箭示意圖。自左至右依序為：小喬2號、神農1號、神農1B號與神農5號火箭（圖源：NASA）

5-2、阿波羅11號太空船載人登月過程紀要

　　「阿波羅計畫」發展過程中，阿波羅太空船曾進行過一系列的飛行試驗（每次搭載3名太空人）——阿波羅7號太空船繞地球飛行、阿波羅8號太空船繞月球飛行、阿波羅9號太空船成功進行載人交會對接，阿波羅10號太空船繞月球飛行，以驗證相關的技術與設備，並累積經驗與信心，至阿波羅11號太空船才實施載人登月。

　　1969年7月16日，阿波羅11號太空船搭載尼爾・阿姆斯壯（Neil Armstrong，指令長）、邁克爾・科林斯（Michael Collins，指令／服務艙駕駛員）與愛德溫・艾德林（Edwin Aldrin，登月器駕駛員）自地球太空飛往月球；進入環月軌道後，阿姆斯壯與艾德林再轉乘登月器飛往月球，於1969年7月20日20時18分04秒世界協調時間（UTC）成功降落於月球寧靜海（Sea of Tranquility）附近，約6.5小時後，阿姆斯壯沿著登月器的階梯左腳踏上月球，並說了一句名言：「這是一個人的一小步，卻是全人類的一大步（That's one small step for a man, one giant leap for mankind.）。」艾德林不久也踏上月球，兩位太空人在月壤插上美國國旗，拍攝了一些照片，使用鑽探器取得月芯標本，採集了21.55公斤的月壤樣品，在月表停留21小時36分20秒，然後搭乘登月器的上面級升空，飛往指令／服務艙（CSM）飛行的環月軌道，並與指令／服務艙交會對接；兩位太空人攜帶所蒐集樣本返回指令艙後，登月器上面級被拋棄、墜落於月球表面，然後操控指令/服務艙自月球軌道飛返地球。拋棄服務艙後，三位太空人搭乘的指令艙於1969年7月24日濺落於大平洋海面（北緯13°19′、西經169°9′），安全返回地球，達成了1961年5月25日、甘乃迪總統所宣布「美國會於1970年之前將太空人送上月球，並成功返回」的承諾。

　　阿波羅計畫先後共進行6次成功登月，12名太空人登上月球，共帶回了381.7公斤的月壤樣品，獲得了大量月球照片、月球表面的科學資料和環月球軌道試驗資料等，使研究人員對月球的認識達到前所未有的深度。

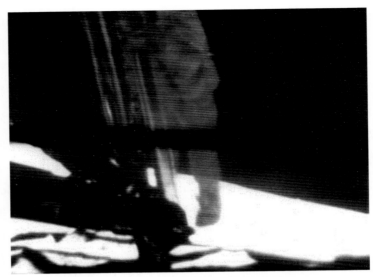

第9-24圖　1具裝置於登月器的慢速掃描電視攝影機，所拍攝阿姆斯壯自
　　　　　登月器的階梯左腳將踏上月球的第一步（圖源：NASA）

第9-25圖　阿姆斯壯拍攝艾德林在月面「艙外活動」。注意太空衣面罩
　　　　　上反映著登月器與阿姆斯壯的影像（圖源：NASA）

5-3、蘇聯載人登月計畫失敗的原因

　　1961年5月25日，美國甘迺迪總統宣布美國將展開載人登月的「阿波羅計畫」後，蘇聯也祕密推行兩項計畫：一項爲載人飛掠月球任務（manned lunar flyby mission）；另一項爲載人登陸月球任務（manned lunar landing mission），但皆未能實現。依據1990年以後非官方發表的資料，蘇聯載人飛掠月球與載人登月失敗的原因可歸納爲以下4點：

　　1. 蘇聯政府未及時認眞推動——雖然1961年蘇聯領導人就有意搶在美國之前將太空人送上月球，但官方因優先研發洲際飛彈，拖延了數年才開始正式展開載人登月計畫的相關研發。

　　2. 主要研發機構各自爲政——當時蘇聯的航太科技領域有兩大主要研發機構：一爲由謝爾蓋·科羅廖夫（Sergei Pavlovich Korolev）領導的科羅廖夫設計局（Korolyov's design bureau，代號OKB-1設計局），另一爲由弗拉基米爾·切洛梅（Vladimir Chelomei）領導的切洛梅設計局（Chelomei's design bureau，代號OKB-52設計局）；兩大設計局同時研發「載人飛掠月球任務」與「載人登陸月球任務」，但各自爲政，互不合作。

　　3. 科羅廖夫逝世，後繼者能力不足——科羅廖夫係蘇聯航太科技領域的天才與經驗豐富的研發專家，研發載人登月任務期間罹患癌症，於1966年1月14日進行手術過程中逝世，得年僅59歲。科羅廖夫過世後，他的副手瓦西里·米申（Vasily Mishin）升任首席設計師，但他始終無法解決N1火箭的技術難題；1972年改由瓦倫丁·格魯什科（Valentin Glush-ko）繼任，其能力更遜於瓦西里·米申。

　　4. N1運載火箭的研發一直困於技術缺陷——爲發射載人太空船的N1運載火箭研發多年，先後進行了4次飛行試驗（1969年進行2次、1971年與1972年各進行1次）皆連續失敗；尤其是1969年7月3日的第二次試驗N1火箭爆炸，將整個發射場完全損毀，以致N1-L3計畫延誤2年無法進行試驗。雖然每次試驗後N1火箭皆有所改進，但始終無法解決其技術缺陷。

第9-26圖　科羅廖夫係蘇聯航太科技領域的天才與經驗豐富之研發專家，研發載人登月任務期間罹患癌症逝世，後繼者能力不足，係蘇聯載人登月計畫失敗的原因之一（圖源：Пресс-служба Роскосмоса）

　　1969年7月16日美國阿波羅11號太空船第一次載人登月成功後，3年內（至1972年12月19日）美國載人登月已連續6次成功，12名美國太空人登上月球，載人登月競賽蘇聯已明顯失敗；1974年5月蘇聯官方取消了載人登月相關計畫。

第六節　美國重返月球的阿提米絲計畫

　　1969年至1972年，美國連續6次實施載人登月成功，18名美國太空人中的12名登上月球並安返地球，美國與蘇聯之間的載人登月競賽輸贏已定後，美國在載人登月的發展失去努力目標，美國國家航太總署（NASA）的預算也遭到顯著刪減——從1966年阿波羅計畫巔峰時占美

國聯邦預算的4.65%，至1975年正式跌破1%（0.98%），其結果使得美國載人登月的發展停了下來。直到30年後，美國才再想起了要「重返月球」。

6-1、美國近二十年來載人登月的發展

2004年的美國喬治・布希（George W. Bush）總統與2010年的巴拉克・歐巴馬（Barack Obama）總統，在其任內皆曾倡導美國太空人重返月球，並以「載人飛往火星」為終極目標；為了配合新需求，美國航太總署主導研發獵戶座（Orion）太空船與「太空發射系統（Space Launch System，簡稱SLS）」系列運載火箭——取代布希時代研發的戰神（Ares）系列火箭，但多年來進展緩慢。

唐納・川普（Donald John Trump）就任美國總統後，於2017年12月11日簽署第一號太空政策指令（Space Policy Directive No. 1），宣布美國不僅要在月球上再插國旗與留下腳印，還要為未來的載人火星任務奠定基礎，也許將來還會飛往火星之外的世界。部分媒體將2017年12月11日認為係「重返月球計畫」的起始點，但美國航太總署至2019年5月14日才將「重返月球」命名為「阿提米絲計畫（Artemis program）」。

2018年9月27日，美國航太總署公布一份新的太空探索計畫，其主要重點是：在月球軌道建設一個繞著月球飛行、稱為「月球軌道平台-門戶」（Lunar Orbital Platform-Gateway，以下簡稱「月球軌道平台」或「門戶」）的太空站，作為往返月球的「樞紐（hub）」；並在月球表面建立基地，發展先進的載人航太科技；研發「就地資源利用（in-situ resource utilization, ISRU）」，利用月球資源開發人類需要的物資；然後以月球為中繼站載人飛往火星或深遠太空的星球。

6-2、研建「月球軌道平台」，2024年美國太空人重返月球

　　美國航太總署「阿提米絲計畫」提出的新版登月計畫，與1960～70年代的「阿波羅計畫」大不相同，主要的差異有三：一、阿提米絲計畫以「月球軌道平台」太空站為載人登月「重返月球」的中心，目標於2024年前將美國太空人送上月球；二、阿提米絲計畫要在2028年前於月球表面建立永久基地，利用月球的資源製造人類存活必需的水，以及液氧、液氫，或液氧、液態甲烷等火箭燃料；三、阿提米絲計畫將以月球為中繼站，利用在月球製造的資源，載人飛往火星或深遠太空的星球。簡而言之，阿提米絲計畫的長期目標是在月球上建立永久性基地，並促進人類飛往火星的任務。

　　「月球軌道平台」是一個小型太空站，利用太陽能供電，用為運行於地-月太空的通信中心、科學實驗室、短期居住艙，提供廣泛的能力支持阿提米絲計畫的相關活動；其規模比運行於近地軌道的國際太空站小而簡單，初期構成單元有：電源與推進模組（Power and Propulsion Element，簡稱PPE）、居住和後勤模組（Habitation and Logistics Outpost，簡稱HALO）、國際居住模組（International Habitation，簡稱I-HAB），多個對接介面（multiple docking ports，支援各類太空船與來訪飛行器的對接和停靠），與1具多功能機械臂。在這個基本型「月球軌道平台」建成後，將繼續增加新的模組，強化其功能。

　　月球軌道平台運行於環繞月球的「近直線光環軌道（Near-Rectilinear Halo Orbit，簡稱NRHO，也稱「近直線暈輪軌道」）」上，因為該軌道具有軌道維持所耗能量最低、穩定性好、通信和光照條件好等特點。

　　承載太空人自地球飛往月球軌道平台的是獵戶座（Orion）太空船，發射它的是「太空發射系統（SLS）」運載火箭；承載太空人自月球軌道平台送到月球表面，在月表支持他們，然後將他們送回月球軌道平台的

是「載人著陸系統（Human Landing System，簡稱HLS）」，推送它往返的是太空探索公司的星艦（SpaceX Starship）運載火箭；月球軌道平台的模組將由太空探索公司的獵鷹重型（Falcon Heavy）運載火箭發射；此外還有各種執行「商業月球有效載荷服務（Commercial Lunar Payload Services，簡稱CLPS）計畫」的運載火箭，發射各種支援設施。

　　電源與推進模組（PPE）與居住和後勤模組（HALO）規劃於2024年、以獵鷹重型火箭發射至近直線暈輪軌道（NRHO）；2027年將國際居住模組（I-HAB）發射至NRHO，與PPE和HALO整合，此後再繼續發射月球軌道平台的其他後續艙段模組。

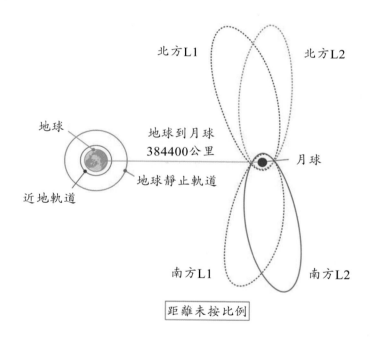

第9-27圖　　有4組「近直線光環軌道（NRHO）」環繞著月球，「月球軌道平台」將運行於南方L2軌道組中的一條上，該軌道離月球表面最近約1600公里，最遠約68260公里（綠色實線所示）（圖源：Mary K. Fritzlr，Scott Tilley，Ty Lee）

6-3、美國太空人最快將於2025年重返月球

按照美國航太總署新擬訂的「阿提米絲計畫」內涵，相關的發射時程規劃如下：

•阿提米絲1號任務（Artemis 1 mission）──原訂於2020年進行，以SLS-1型火箭、發射無人獵戶座太空船繞飛月球後返回地球，首次測試火箭性能、獵戶座太空船的絕熱功能與飛行軌道的控制技術。這次任務由於SLS火箭研製嚴重延誤，至2022年11月6日才得以實施，已圓滿完成任務。

•阿提米絲2號任務（Artemis 2 mission）──第一次獵戶座太空船載人飛行，以SLS-1型火箭發射搭載4位太空人的獵戶座太空船，繞飛月球背面返回地球，濺落於太平洋回收。原訂於2022年進行，現已延至2024年5月實施。

•阿提米絲3號任務（Artemis 3 mission）──阿提米絲計畫的首次載人登月任務，原訂於2024年進行，現已延至2025年實施。4位美國太空人搭乘SLS-1型火箭發射的獵戶座太空船飛往「近直線光環軌道（NRHO）」，與稍早星艦運載火箭發射的「載人著陸系統（HLS）」交會對接後，1位女性太空人與1男性有色人種太空人搭乘HLS自NRHO飛往月球登陸南極區，這是自1972年阿波羅17號以來50多年首次載人登月。2位太空人將在月球表面停留與探勘6.5天，執行至少2次「艙外活動（extra-vehicular activity）」。完成探勘任務後，搭乘HLS飛回NRHO，與在NRHO軌道上繞月球飛行的獵戶座太空船交會對接後換乘獵戶座太空船，然後獵戶座太空船將4位太空人送返地球。

•阿提米絲4號任務（Artemis 4 mission）──規劃於2027年實施，使用SLS-1B型火箭和獵戶座太空船將四名太空人發射到月球門戶，進行阿提米絲計畫的第二次登月任務。同時進行I-HAB與PPE和HALO的整合作業。

　　阿提米絲5號與阿提米絲的後續任務，規劃將太空人降落在月球表面，他們利用「商業月球有效載荷服務計畫」運來的基礎設施——包括棲息裝置、漫遊車、科學儀器和資源提取設備等，在月球建構月球基地，研發「就地資源利用」與飛往火星和其他星球的載人科技。阿提米絲5號以後的任務雖已提出初步構想，目前尚無明確的規劃。

　　2022年8月20日，美國航太總署公布阿提米絲計畫太空人登月13處著陸候選地點。這13處全部都在月球南極附近的6度緯度範圍內，這種接近性使得這些地點具有科學意義；並且南極潛藏著水冰，以及這些地點都能持續6.5天受到太陽照射（太陽照射能補充電力與避免溫差過大），這皆是阿提米絲計畫太空人能夠在月球表面停留作業時間的必要的條件。

第9-28圖　計畫於2024年出現於NRHO的月球門戶太空站之概念圖，描繪了電源與推進模組（左）、居住和後勤模組（前景中心），以及貨運太空船（背景）（NASA）

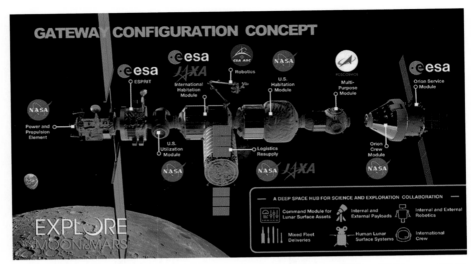

第9-29圖　研議的月球軌道平台太空站艙段模塊配置圖，將於2020年代
　　　　　內完成建設（NASA）

6-4、美國趁機推出《阿提米絲協議》，已有22國與美國簽約

　　2020年5月15日，美國航太總署提出《阿提米絲協議（Artemis Accords）》，邀約各國簽約。美國宣稱該協議之目的「為切實履行《外太空條約（Outer Space Treaty）》和其他條約所規定之重要義務」，保護外太空的民用探索及合作原則，以通過簽署雙邊協定的方式使之生效。截至2022年7月底，先後已有澳洲、加拿大、日本、盧森堡、意大利、英國、阿拉伯聯合大公國、南韓、法國等22個國家分別與美國簽署《阿提米絲協議》，顯然已形成以美國為首的「太空聯盟」。俄羅斯、中國與很多國家反對或觀望《阿提米絲協議》，擔心該協議將使航太科技強國的美國占據國際太空法的解釋權，並使全球太空企業競相向美國尋求活動許可，進而使美國成為各國開發地月太空、火星、小行星和其他天體資源的裁決者。

　　《阿提米絲協議》共有11條，其第10條提到締約國擷取、利用太空資源，應符合聯合國《外太空條約》規定。依據《外太空條約》的規定：太空是全人類的領域，利用外太空資源必須基於全人類的福祉。但2015年美國頒布《商業航太發射競爭力法（Commercial Space Launch Competitiveness Act）》，明確允許美國公民、機構與商家「從事包括水和礦產在內的太空資源的商業勘探和開發」，顯然違背了《外太空條約》規定，並且這些年來很多美國與其他航太國家的機構與商家正競相研發小行星探樣返回科技，這些行為明顯違背了《外太空條約》的規定。因此很多國家疑慮《阿提米絲協議》只是「障眼術」，美國將領導簽約國家公然進行違反《外太空條約》採取太空資源返國的運作。

第七節　其他各航太國家的探月、著月與登月遠程計畫

　　2019年3月26日，美國副總統邁克‧彭斯指示美國航太總署應在2024年之前將太空人送上月球表面的理由是：因應二十一世紀與中國和俄羅斯的太空競賽。但實質上中國和俄羅斯以及其他航太國家在著月與登月領域的太空實力落後於美國甚多，本節將其他航太國家的探月、著月與登月遠程計畫簡述於下：

7-1、中國

7-1-1、無人月球探測方面

　　中國在完成「無人探月」階段的「繞（環月遙感探測）」、「落（著月駐點與巡航探測）」與「回（採集月壤和岩石返回地球）」三個期段工程後，已規劃「無人探月」階段「第四期段工程」的後續科研，組織國內專家對「第四期段工程」的規劃進行論證，將陸續發射嫦娥6號、

嫦娥7號、嫦娥8號探測器，進一步探勘月球。茲就已公開的資訊介紹於下：

　　‧**嫦娥6號探測器**——利用嫦娥5號探測器的備份——由軌道器、返回器、著陸器、上升器組成的月球採樣返回探測器，於2024年前後發射，著陸於月球背面「南極-艾特肯（South Pole-Aitken Basin）」盆地進行採樣返回，為人類帶回從未觸及過的月背月壤。採集的樣本運返地球後，系統性分析其成分、物理特性與結構、礦物與化學組成等，深度了解月球背面。

　　‧**嫦娥7號探測器**——嫦娥7號探測器由軌道器、著陸器、巡視器（月球漫遊車）、飛躍探測器和鵲橋2號中繼衛星5部分組成；飛躍探測器具備反覆起飛、反覆著陸、月面飛行、月面爬行功能。嫦娥7號探測器將於2026年前後發射，著陸月球正面南極，進行科學探勘——包括對月球南極的地形地貌、物質成分、太空環境等，特別是對月球南極的水分布進行探測。

　　‧**嫦娥8號探測器**——與嫦娥7號探測器在月球南極協同工作，除進行科學探測外，還要進行一些關鍵技術的月面試驗（例如能否採用3D列印技術，在月球上利用月壤建構房屋等），驗證建立無人月球科研站的可行性。嫦娥8號探測器將於2028年前後發射。

　　2017年年底中國媒體透露，中國正在展開論證，研討在南極建立長期供給能源、自主運行、無人值守的「月球無人科研站」，展開以機器人為主的科學研究和技術試驗。顯而易見，中國發射嫦娥6號、7號與8號探測器的目標，就是為在月球南極建立無人科研站深入了解月球南極與月球。2030年後，中國將與相關國家、國際組織和國際合作夥伴共同展開國際月球科研站建設，中國將實施幾次任務，在月球上採用3D打印技術建構房屋，爭取在2035年之前建成可以長期運行的國際月球科研站，和平利用與開發月球資源等。

7-1-2、載人登月方面

中國的「嫦娥工程」係一個構想龐大的計畫，涵蓋了「無人探月」、「載人登月」與「長久駐月（建立人員駐留月球基地）」3個階段（簡稱「探、登、駐」三大步驟），依序按照規劃逐步推進。

中國在完成「無人探月」項目後，將依序進行「載人登月」與「長久駐月」。「嫦娥5號探測器採樣返回」（參閱本章第4-16節）證明中國已具有成功實施載人登月任務的能力，所缺的是推力更大的載人運載火箭。

為執行載人登月探勘與太空站營運等任務而研製的「新一代太空船」（目前尚未命名），載人登月發射時的質量約21600公斤，已於2020年5月5日至8日首次進行「未載人」試驗飛行，成功實現了天地往返。新一代太空船的主要特色有：一次載運6或7名太空人、採模組化設計、可實施自主變軌、返回艙可重複使用（目標重複使用10次）、著陸時返回艙的緩衝引擎換成大載重著陸氣囊。研發中的「新一代載人運載火箭（俗稱「921火箭」）」，係為發射新一代載人太空船而研製的70噸級重型運載火箭，基本型採用「通用芯級（Common Booster Core）」串聯式設計，可用於載人登月等一系列深空探測任務，投送酬載的運力：近地軌道為70000公斤，地月轉移軌道為27000公斤，將於2027年進行首次發射，2030年前後實施載人登月。

7-2、俄羅斯

蘇聯自從1976年成功發射月球24號（Luna 24）探測器著陸月球、採集月球土壤樣本返回地球後，蘇聯／俄羅斯就再沒有發射過月球探測器，也終止了進行載人登月的相關研發；近五、六年來，俄羅斯也常發布過一些探測月球、載人登月與建設月球基地的相關計畫與時程，但由於俄羅斯經濟拮据，編列的航太預算甚少，不足以支持其探測月球的相關研發，致使這些探月與登月計畫的研發時程多次後延。整理目前中外媒體的報導，最新的俄羅斯無人探月、載人登月與建設月球基地情況如下：

7-2-1、無人月球探測方面

計畫發射月球25號至28號一系列無人探測器：

・**月球25號（Luna 25）探測器**——係月球南極著陸器，用以驗證月面軟著陸技術，並承擔月球科學探測任務，原計畫於2019年發射，但被多次延期。2023年8月10日，月球25號探測器成功發射，8月19日降落月球南極時墜毀於月球表面，任務失敗告終。

・**月球26號（Luna 26）探測器**——係月球軌道飛行器，用以繪製月面全圖，探測月面化學成分與月球引力場等，原計畫於2021年發射，已推遲到2026年。

・**月球27號（Luna 27）探測器**——係發射至月球背面南極-艾特肯盆地的月球著陸器，用以探測和了解月球極地揮發物。原計畫於2023年發射，已推遲到2027年。

・**月球28號（Luna 28）探測器**——係月球南極著陸器、採集月球南極的低溫土壤樣本返回地球，發射從2025年推遲到2027年以後。

7-2-2、載人登月方面

俄羅斯雖然經濟拮据，編列的航太預算不多，但也規劃了載人登月。

俄羅斯始自2013年研發新一代太空船——雄鷹號（俄文：Orel，早期稱為「聯邦號（Federation）」），汰換聯盟號（Soyuz）載人太空船，用為執行載運太空人飛往近地軌道太空站、登陸月球或登陸火星的可重複使用太空船。

雄鷹號太空船能載運4～6名太空人飛往地球軌道及月球軌道，具有適於5、14或30天任務的不同質量型號；與太空站對接，它可以在軌道停留長達一年，這是聯盟號太空船停留時間的2倍。

雄鷹號太空船原計畫於2022年進行首次試飛，2023年進行首次與國際太空站對接的無人飛行測試，2024年搭載首批太空人進駐國際太空

站。現已推遲爲：2025年進行首次不載人飛試與首次載人飛行，2026年首次月球軌道不載人飛行。

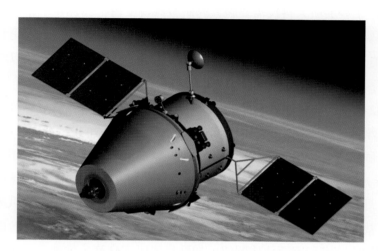

第9-30圖　俄羅斯雄鷹號新一代太空船飛行想像圖（圖源：globalsecurity網站）

　　爲了發射載人登月型雄鷹號太空船，俄羅斯曾計畫研發葉尼塞（Yenisei）超重型運載火箭，它的推力能將質量103000公斤的酬載注入近地軌道、27000公斤的酬載注入地月轉移軌道，規劃將於2028年首次飛行。2021年9月15日俄新社報導，葉尼塞超重型運載火箭已停止研發。發射雄鷹號太空船的任務將由安加拉5號（Angara A5）重型火箭擔任。安加拉5號火箭投送酬載的運力：近地軌道爲24500公斤，地球同步轉移軌道（Geostationary transfer orbit，簡稱GTO）爲5400公斤；推力不足以將載人雄鷹號太空船注入地月轉移軌道。俄羅斯要實施載人登月，勢必要克服運載火箭推力不足的困局。

7-2-3、俄羅斯將與中國合建國際月球科研站

　　俄羅斯規劃的遠程探月和登月計畫雖然完整與系統化，但發展這些遠

程計畫面臨二項嚴重難題：1.俄羅斯近數十年來在探月科技領域沒有太多的技術積累，探月和登月計畫要在短短的二十多年內實現，幾乎是不現實的規劃。2.發展航太科技需要龐大的研發經費支持：2018年俄羅斯聯邦太空署科學技術委員會對外宣稱：將在2025年前對俄羅斯航太產業共投入400億美元預算，均攤到每年可能只有幾十億美元，區區航太預算顯然難支應其探月和載人登月龐大計畫的研發。

2021年3月10日中外媒體報導：中國和俄羅斯宣布，雙方簽署了合作建設國際月球科研站的諒解備忘錄。根據中、俄簽署的備忘錄，月球科研站是一個綜合性科學試驗基地，由中國國家航天局與俄羅斯太空署（Roscosmos）聯手建造，建在月球表面或月球軌道上，進行月球自身探索和利用、月基觀測、基礎科學實驗和技術驗證等科研活動。中國與俄羅斯將秉持「共商、共建、共享」原則，推動國際月球科研站廣泛合作，面向所有感興趣的國家和國際伙伴開放，加強科學研究交流，推進全人類和平探索利用太空。

英國廣播公司（British Broadcasting Corporation）網站認為：近年來在美國與中國探月以及探索火星領域的諸多項目比照下，俄羅斯的太空計畫明顯落後。與中國聯手，俄羅斯有機會重新回到太空科技的領軍國家行列。俄羅斯要重建昔日航天技術的輝煌，中國要追上並超越美國在太空領域的優勢，中、俄聯手可能是一條捷徑，同時也是集合其他航太國家與美國領導的《阿提米絲協議》國家、在「地月太空」各顯身手的平台！

7-3、歐洲航太總署

2016年歐洲太空總署正式宣稱，將在月球南極的隕石坑建造名為「月球村（Moon Village）」的月球基地，預期2030年可能由少數太空人駐留運作，2040年之前將會達到100人。

歐洲太空總署建設「月球村」月球基地的構想為：貨運太空船載運機器人、太陽能發電組件與3D列印機等著陸月球；利用太陽能發電，遙控

機器人利用月球的「月壤（Regolith）」爲基材，以3D列印機製造成建築材料，再搭建爲圓頂房屋，供太空人居住、工作與放置裝備、儀器等。月壤建造的房屋可以防輻射（能保護太空人不受月球輻射侵害），還可以抵抗月球的低溫（月球夜晚低溫會來到−180℃）。俟完成「月球村」相關建設後，太空人才登陸月球，融冰取水供生活必需，灌漑月球土壤栽種植物供食用，展開進一步月球基地的完善與發展，以及駐留月球進行科學研究，或利用「月球村」爲基地飛往火星。

© European Space Agency

第9-31圖　歐洲太空總署的「月球村」月球基地由機器人建造，以防輻射的月壤為基材，利用3D列印機製造成建築材料，再搭建為圓頂房屋，供太空人居住、工作與放置裝備、儀器等。（ESA）

　　歐洲航太總署曾發射人造地球衛星、ATV貨運太空船、月球軌道飛行探測器與深遠太空探測器，但至今未發射過月球著陸器，更不具備載人太空飛行的技能與載人太空船，歐洲太空總署希望結合所有航太國家的能力，來建造與共享「月球村」月球基地。

7-4、日本

日本於1990年與2007年先後發射飛天號（Hiten）與月亮女神號（SE-LENE，也稱「輝夜姬號（Kaguya）」）探測器，進入環月軌道飛行，遙感探測月球。近年來日本積極研製月球著陸探測器，皆已定下發射時間。

日本的下一個月球著陸探測器SLIM（Smart Lander for Investigating Moon，中譯「調查月球的智能著陸器」）原預定2018年發射，因故推遲至2021年，2023年9月7日已成功發射，將於4至6個月後登陸月球。SLIM著陸探測器主要驗證「精確著陸技術」，日本宣稱SLIM探測器著陸點與預定降落點的誤差將控制於100公尺範圍內。

日本的民間企業對研製與發射著月探測器也大感興趣。日本的創投公司ispace宣布，將委請美國太空探索（SpaceX）公司發射2個月球探測器進行月球探測：任務 1，第1個「白兔-R（HAKUTO-R，日文）」月球著陸器已於2022年12月11日自美國卡納維拉爾角發射，攜帶7個有效載荷進行「軟著月」。2023年4月26日凌晨1時40分鐘，「白兔-R」月球著陸器於著月下降過程中，突然加速而失去聯絡。ispace公司研判後5月27日公

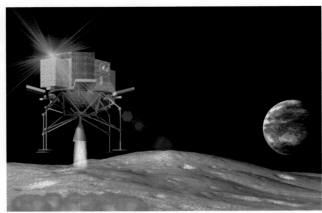

第9-32圖　日本的第一個月球著陸探測器SLIM著月示意圖，圖右的藍色星球係地球（圖源：JAXA）

第9-33圖　日本豐田汽車公司與日本宇宙航空研究開發機構共同研發的
燃料電池「載人加壓月球車」示意圖（圖源：JAXA）

告：由於高度計算錯誤，與燃料耗盡，致使著陸器墜毀於月球表面，未能
達成「軟著月」任務。任務 2，另1個白兔-R月球著陸器將2024 年發射，
著陸後釋出一輛月球車（rover），進行巡航探測。

　　此外，日本豐田汽車公司2019年3月12日發布消息稱，將與日本宇
宙航空研究開發機構（JAXA）共同研發燃料電池驅動的「載人加壓月球
車」（太空人在車內不需身穿太空衣）；2021年11月JAXA和豐田公司宣
布「載人加壓月球車」將被稱為「月球巡航車（Lunar Cruiser）」。「月
球巡航車」長6公尺，寬5.26公尺，高3.86公尺，內部空間約13立方公
尺，能夠容納4名人員，利用可展開的太陽能電池板為車載電池充電，將
於2030年發射著陸月球。

7-5、印度

　　印度曾於2008年10月22日發射其第一個月球探測器「月船1號
（Chandrayaan-1）」，飛行於高度100公里的圓形月球軌道上，進行遙感

探測，印度宣稱月船1號發現月球南極存在水冰物質，一部分被鎖定在礦物中（參閱本章第4-7節）。繼月船1號月球探測器之後，印度於2019年7月22日發射月船2號（Chandrayaan-2）探測器進行著陸月球南極，針對月船1號的發現進行深入探勘，於著月過程中下降至2.1公里時墜毀於月球表面，壯志未酬（參閱本章第4-15節）。

印度為爭取成為繼蘇聯、美國和中國之後第四個成功軟著陸月球的航天國家，將發射「月船3號（Chandrayaan-3）」探測器再次著陸月球南極。月船3號探測器由著陸器（承載月球車軟著陸月球）與月球車（巡航鑽探月球地表，調查水冰存在情況）組成，利用仍在環月軌道飛行的月船2號軌道飛行器執行通信中繼，任務目標除了調查水冰存在情況，並探索月球極地地區是否適合為可持續活動建立月球基地。「月船3號」已於2023年7月14日發射，8月23日成功著陸月球南極，贏得第一個著陸月球南極與第四個著陸月球國家的榮耀。

印度航太科技研發的另一個重要目標是載人飛船Gaganyaan（天空之船）號，計畫於2024年將3名太空人送上地球軌道，進行7天的太空飛行任務。至於載人登月，印度目前尚未規劃。

第八節 結語

月球距離地球384401公里，是離地球最近的星球，也是人類唯一載人飛行與登陸過的星球。近30年來多國探測月球已得知：月球蘊藏鈦、釷、稀土、鎂、磷、硅、鈉、鉀、鎳、鉻、錳等礦藏，月球表面覆蓋的月壤中富含由太陽風粒子累積所形成的氣體——如氫、氦、氖等。其中尤其是氦-3同位素，約有100萬～500萬噸（地球上只有10～15噸氦-3同位素而價格昂貴）。一年用100噸氦-3同位素進行核聚變反應，就能供應全世界所需的電量。此外，月球上無大氣阻礙，陽光充足，用太陽能板發電效率

極高，其電能可通過微波傳輸到地面，供人類享用。簡而言之，月球上蘊藏著豐富的自然資源，是地球的重要資源補充站與儲備庫，將對人類社會的永續發展產生深遠影響。特別是在地球資源愈來愈枯竭的今天，月球和其他星球已成為世界各主要國關注的目標，而月球離地球最近，太空船與太空人往返遠較其他星球容易與節省時間。月球不僅是地球的資源儲備庫，更是移民的理想星球，引發各航太國家覬覦，月球已成為航太科技發展的熱門新邊疆（New Frontier），各國躍躍欲試去月球搶占一片領土。

　　目前不僅美國正在研發太空人重返月球的硬體與軟體，積極展開第二次重登月球；其他航太國家也競相以軌道飛行器遙感探測月球、或著陸器嘗試軟著陸月球；並且月球南極已成為探測與勘查月球的重點地區，各國皆期盼能早日在月球南極建設月球基地或科研站，為開發月球資源與定居月球奠定基礎。

　　美國太空人重返月球的「阿提米絲計畫」，將在月球軌道研建「月球軌道平台-門戶」，初期用於研發重返月球與深遠太空載人飛行科技與能力的平台，未來將作為載人登陸月球與開發月球的整備基地，以及進行載人火星飛行與深遠太空飛行的中轉站。60餘年來美、中、俄與其他航太國家在探月、著月與登月的努力，已為人類開發與移民月球奠定了第一層基石，繼續努力必將產生輝煌的成果。

第十章

深遠太空探測的發展歷程

第一節　緒言

　　1957年蘇聯發射第一顆人造衛星進入近地球太空後，不久蘇、美即揭開人類對月球與深遠太空的探測。有關月球探測在本書第九章「探月與登月的發展歷程」中已說明，本章將扼要說明人類深遠太空探測的發展過程。

　　深遠太空探測（簡稱「深空探測」）通常係指太空飛行器（也稱「深空探測器」、「行星際飛行器」）飛向深邃的行星際太空（也即「太陽系太空」或「太陽圈太空」），對太陽系的天體進行探測與著陸的相關活動。行星際太空的主要天體為太陽與繞著太陽運行的8顆行星——水星、金星、地球、火星、木星、土星、天王星、海王星，以及矮行星、小行星、彗星、柯伊伯帶（Kuiper Belt）等（有關各行星的相關說明與位置示意圖，請參閱本書第一章第八節與第1-5圖）；深遠太空探測就是自地球發射探測器，進入日心軌道（heliocentric orbit），對太陽與其他7顆行星及其他天體採取飛越掠過（flyby，簡稱「飛掠」）、環繞飛行、著陸等方式探測，以及探測器採集樣本後返回地球，目前雖然成果輝煌，但人類仍未達到載人探測或載人登陸深遠太空任何天體的能力。

第二節　人類探測太陽的概要

　　美國於1960年發射人類第一顆太陽探測器，至今全球共發射太陽探測器19個（其中1次發射採「一箭雙星」將STEREO A與STEREO B兩個太陽探測器送入軌道），1次發射失敗，因而共有18個太陽探測器曾飛入日心軌道進行探測太陽；2020年以前的太陽探測器皆係美國航太總署主導研製與發射，僅部分探測器有歐洲太空總署與德國太空署參與研製；2020年2月10日歐洲太空總署發射的「太陽軌道探測器（Solar Or-biter）」，係美國以外機構唯一發射的太陽探測器。本節僅將美國發射的先鋒系列探測器與2018年美國發射的帕克號太陽探測器說明於下：

2-1、先鋒（Pioneer）系列探測器

　　先鋒5號（Pioneer 5）係人類發射的第一個太陽探測器，由美國於1960年3月11日發射，達到第二宇宙速度後經過軌道調整，進入一條遠拱點（Aphelion，即「遠日點」）為0.9931天文單位（astronomical units，簡稱AU，1天文單位 = 150×10^{6}公里）、近拱點（Perihelion，即「近日點」）為0.7061天文單位、週期312天、軌道面和黃道面呈3.35度夾角的環繞太陽軌道，執行探測行星際太空的磁場分布、太陽閃焰粒子（Sun flash particles）與電離化情況等任務。

　　此後，美國於1965年至1969年間陸續發射了先鋒6號、7號、8號、9號與先鋒-E探測器（其中先鋒-E失敗），構成運行於日心軌道的「太空氣象監測網」，觀測太陽風、宇宙射線和磁場等多年，其中先鋒8號探測器工作至2001年。

2-2、帕克號太陽探測器

　　帕克號太陽探測器（Parker Solar Probe）係美國2018年8月12日發

射的太陽探測器，飛行於接近太陽的日心軌道，進行有史以來「最近距離」的探測太陽與了解日晃（Corona）。由於太陽巨大引力的作用，將導致帕克號太陽探測器愈飛近太陽其飛行速度愈快，最終可能撞向太陽而毀滅，因此帕克號必須在飛行途中利用航太力學的「重力減速」原理（參考本書第三章第十二節與第六章第7-2節）、飛掠金星7次持續減速而逐步飛近太陽，進而得以繞飛太陽24次進行規劃的多次近距離探測；並且將帕克號太陽探測器的運行軌道設計為「高橢圓軌道（Highly Elliptical Orbit，簡稱HEO）」，使它每圈只有甚短的時間飛行於熾熱的近日點（perihelion），此時對太陽進行探測，大部分時間飛行於−200℃以下的

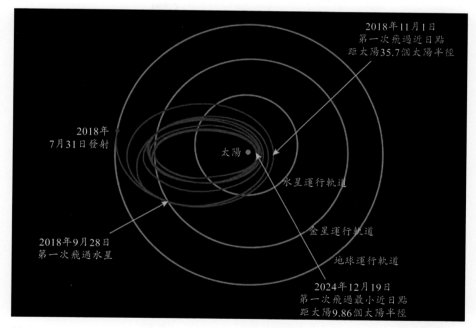

第10-1圖　帕克號探測器被設計在「高橢圓軌道」運行，將陸續飛掠金星7次，持續利用「重力減速」而得以愈飛愈近地繞飛探測太陽24圈。原設計發射日為2018年7月31日，實際發射日為8月4日（圖源：NASA）

第10-2圖　2018年11月8日，帕克太陽探測器拍得與傳回的首張太陽相
片，相片中左側一道日冕流（Coronal Streamers）噴出，亮
點為水星，當時帕克太陽探測器已闖入了日冕之中，距離太
陽約2720萬公里（圖源：NASA/Johns Hopkins APL）

行星際太空（Interplanetary space），在這種雙重防護下儀器才可能對太
陽進行24次探測；又因帕克號探測器將會飛至距離太陽表面約616萬公里
處，帕克號的溫度估計會高達約1400℃——尤其在接近過程中，帕克號
探測器得飛過溫度超過百萬攝氏度的日冕，因而科學家為它裝備了完善的
防熱降溫防護，在上述「三重設計」下帕克號得以對太陽執行24次探測
任務。

　　2018年11月8日，帕克號探測器第一次飛過其軌道的近日點，其「廣
域太陽探測成像儀（Wide-field Imager for Solar Probe Plus）」成功拍
得與傳回首張太陽相片，當時帕克號已闖入了日冕之中，距離太陽僅約
2720萬公里。

第三節　人類探測水星的概要

　　水星（Mercury）是太陽系的八大行星中最小和最靠近太陽的行星，其繞太陽運行軌道的遠日點為0.4667天文單位，近日點為0.3075天文單位。由於水星十分接近太陽，時常被太陽光所籠罩，觀察與探測相當困難，人類對水星的所知有限。進入航太時代迄今，只有3個探測器曾探測過水星，其中2個係美國發射，另1個為歐洲太空總署與日本宇宙航空研究開發機構（JAXA）合作的貝皮可倫坡號（BepiColombo）探測器。本節依序介紹於下：

3-1、水手10號探測器

　　水手10號探測器（Mariner 10 Probe）係美國發射以飛掠方式探測水星與金星的探測器，也是第1個利用「重力減速」效應來減速同時探測2顆行星的探測器——進入金星重力影響區內，利用重力助推減速將水手10號探測器拋至另一個軌道來接近水星，先後進行了3次繞飛水星的探測——1974年3月29日以704公里的距離第1次飛掠水星、1974年9月21日以48069公里的距離第二次飛掠水星、1975年3月16日再以327公里的距離第三次飛掠水星，1975年3月24日終止聯繫。

　　水手10號裝置了8項儀器設備，主要探測水星與金星的環境、大氣、地表與行星的特性。水手10號探測器繪製了水星表面約40～45%地區的地圖與拍攝約2800張照片，並發現水星擁有稀薄的大氣層，主要是由氦氣所組成，以及水星擁有磁場與巨大的鐵質核心。這些水手10號所傳回的資料，是天文學家了解水星的主要來源。

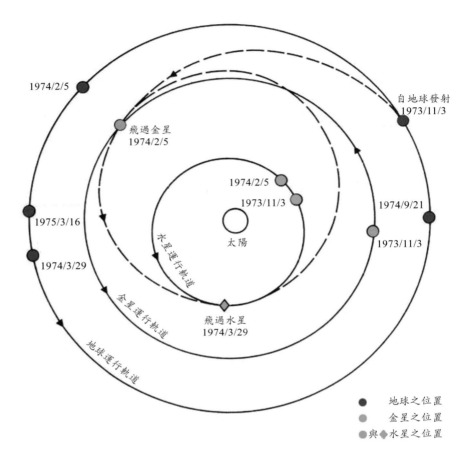

第10-3圖　水手10號探測器於1973年11月3日發射，1974年2月5日以
　　　　　5768公里的距離第一次從金星前方飛過，利用金星「重力減
　　　　　速」再飛往水星，是第一個利用「重力減速」達成探測水星
　　　　　之探測器。圖為水手10號探測器於1974年3月29日第一次飛
　　　　　掠探測水星的飛行軌跡圖（圖源：NASA）

3-2、信使號探測器

　　信使號探測器（MESSENGER Probe）是發射水手10號後，人類30
年來再次發射執行近距離觀測水星的探測器（MESSENGER是取Mercury

Surface, Space ENvironment, GEochemistry and Ranging 的幾個字母組合而成，中譯爲「水星表面、太空環境、地球化學與廣泛探索」）。美國於2004年8月3日發射信使號探測器，用以研究水星表面的化學成分、地理環境、磁場、地質年代、核心的狀態及大小、自轉軸的運動情況、散逸層及磁場的分布等。信使號先進行了一系列複雜的飛掠——先後飛掠地球一次、金星兩次、水星三次後才進入環飛水星的軌道，獲得詳細而且精確的水星地圖、水星磁場的三維模型與北半球的地形剖面結構，以及發現水星的北極存在水冰、水星表面從前曾經存在過火山活動的圖像證據，與水星的核心爲液態鐵的證據。

　　信使號於2012年成功完成其主要任務後，繼續成功執行了2個擴展任務（extended mission），於2015年4月30日被控撞擊水星表面。

3-3、貝皮可倫坡號探測器

　　貝皮可倫坡號（BepiColombo）探測器係以義大利科學家朱塞佩・可倫坡（Giuseppe "Bepi" Colombo）之暱稱「貝皮・可倫坡」命名的水星探測器，由歐洲太空總署（簡稱ESA）與日本宇宙航空研究開發機構（簡稱JAXA）合作研製。探測器由3部分組成：水星行星軌道器（Mercury Planetary Orbiter，ESA研製）、水星磁層軌道器（Mercury Magneto-spheric Orbiter，JAXA研製），與水星載運模組（Mercury Transfer Module，ESA與JAXA合作研製，承載前2個軌道器飛往水星），對水星進行全面深入的探測與研究，包括它的磁場，磁層，內部結構和地表特徵（朱塞佩・可倫坡首先提出了「行星重力助推」的設想）。

　　貝皮可倫坡號探測器於2018年10月20日發射，2020年4月10日飛掠地球，2020年10月15日與2021年8月10日先後2次飛掠金星（目的皆爲利用「重力減速」）；2021年10月1日、2022年6月23日先後第一次、第二次飛掠探測水星（最接近水星的距離約200公里），2023年6月20日將第三次飛掠探測水星，此後還將進行5次飛掠探測水星；預定2027年5月1日主

要任務階段結束，2028年5月1日擴展任務階段結束。

第四節　人類探測金星的概要

　　金星（Venus）是太陽系的八大行星中從太陽向外的第二顆行星，它的大小、質量與體積皆與地球相似。

　　金星繞太陽運行軌道的遠拱點為0.7282 天文單位，近拱點為0.7184天文單位，軌道週期為224.7天。金星是離地球最近的行星，金星與地球的最大距離為1.7天文單位（小於火星的2.7天文單位），當金星位於地球和太陽的連線之間時，它比任何其他行星更靠近地球，距離為0.274天文單位（約為4100萬公里）。

　　自1961年至今，人類陸續共發射了49個探測器採飛越、環繞或登陸方式探測金星（包含飛掠金星探測其他星球者），其中27個達成既定任務目標，3個部分成功，19個失敗。二十世紀只有蘇聯（發射較多）與美國參與，二十一世紀之後，歐洲與日本也加入探測金星的行列。茲就各航太國家發射的其他金星探測器中重要者簡要說明於下：

4-1、金星號（Venera）系列探測器

　　1961年至1967年間，蘇聯陸續發射11個探測器進行飛掠探測金星，皆遭到失敗；1967年至1970年間發射的金星4號、5號、6號、7號（Venera 4、5、6、7）探測器，皆由載運飛行器（carrier spacecraft）與著陸器組成，以氣球降落著陸器進行軟著陸金星；金星4號、5號、6號皆失敗，但著陸器降落過程時分別傳回金星大氣相關數據，成功達成低高度探測金星大氣的任務；1970年8月17日發射的金星7號的著陸器，於同年12月15日首創成功著陸金星的紀錄。

　　金星9號（Venera 9）探測器於1975年6月8日發射，由軌道探測器與著陸探測器組成，共裝置了18項儀器，於同年10月20日進入金星軌道。

軌道探測器環繞金星運行探測金星的大氣與磁場，並用爲著陸探測器的通信中繼站；著陸探測器著陸金星表面後執行探測工作，傳回探測數據達53分鐘，首次向地球發回了金星表面的照片，金星9號探測器成爲第一個從金星軌道與金星表面分別傳回探測資料的探測器。

金星10號的構造與金星9號相同，於1975年6月14日發射，同年10月23日進入另一條金星軌道，其軌道探測器與金星9號軌道探測器成爲第一對環繞金星飛行的軌道探測器，其著陸探測器著陸金星表面後執行探測工作，傳回與金星9號類似的科學數據與照片達65分鐘。

此後，蘇聯陸續發射了任務類似的金星11號與金星12號（1978年9月9日與14日）、金星13號與金星14號（1981年10月30日與11月4日）、與金星15號與金星16號（1983年6月2日與7日），陸續獲得了許多金星的寶貴資料。

4-2、先鋒金星計畫（Pioneer Venus project）

美國的先鋒金星計畫先後發射了先鋒金星軌道器（Pioneer Venus Orbiter，也稱「先鋒-金星1號」）和先鋒金星多探測器（Pioneer Venus Multiprobe，也稱「先鋒-金星2號」）。

先鋒金星軌道器（先鋒-金星1號）質量517 公斤，1978年5月20日發射，1978年12月4日進入環繞金星的軌道飛行，探測金星大氣與表面，持續傳送探測數據直至1992年10月。

先鋒金星多探測器（先鋒-金星2號）由1個載運器（bus，質量290公斤）、1個大型探測器（質量315公斤）與3個小型探測器（各90公斤）組成，於1978年8月8日發射，1978年12月9日進入金星軌道，然後4個探測器分別降落至金星表面不同的位置，於降落過程中進行探測與傳回數據。大型探測器自47公里高度、11.5公里／秒的初速利用降落傘減速，降落過程中以配置的儀器量測金星大氣的成分、太陽光通量穿透性（solar flux penetration）、紅外線輻射分布性、雲粒子的大小與形狀，大氣的溫度與

壓力，以及下降的減速度等。小型探測器不具備任何緩降裝備，降落過程中進行類似的探測。4個探測器中的1個著陸後還傳回數據超過1小時。

4-3、麥哲倫號（Magellan）探測器

　　1989年5月4日，美國藉由亞特蘭提斯號（Atlantis）太空梭將麥哲倫號探測器載入太空、再用慣性上面級加力器（Inertial Upper Stage booster）發射送入日心軌道，15個月後的1990年8月7日抵達金星太空，然後開始「軌道注入機動（orbital insertion maneuver）」，進入距離金星表面295公里×7762公里的橢圓形軌道運行。麥哲倫號探測器總共進行了6次製圖環飛（Mapping cycle）任務（第五、六次任務運行於圓形軌道），4年期間拍攝的照片覆蓋了金星表面的98%，創建了第一套（也是目前最好的）高解析度雷達影像，為科學家提供資料了解金星的表面結構、火山活動和地質作用等。

　　麥哲倫號探測器工作至1994年10月13日，墜入金星大氣內焚燬。

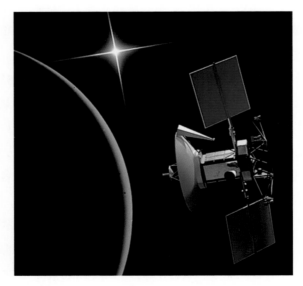

第10-4圖　麥哲倫號探測器環飛金星進行探測想像圖（圖源：NASA）

4-4、金星快車號探測器

金星快車號（Venus Express）探測器是歐洲太空總署發射的第一顆金星探測器，2005年9月9日發射，2006年4月11日完成減速過程，順利進入環繞金星的橢圓形軌道（460公里×63000公里，傾角90度，週期24小時），觀測金星的大氣層和雲的細節、電漿環境和表面特徵，並製作金星表面溫度的全球地圖；4月14日傳回首批金星圖像，並不斷地從其環繞金星的極軌道持續發送回數據，2014年12月可能燃料耗盡而結束任務。

4-5、破曉號探測器

破曉號（Akatsuki）探測器係日本發射的第一顆金星探測器，2010年5月21日發射，2010年12月7日飛達金星，但因入軌機動失敗，未能進入規劃的環繞金星軌道。環繞太陽飛行5年後，經工程師們遙控啟動其姿態控制推進器點火20分鐘，使它於2015年12月7日成功進入另一橢圓形金星軌道工作。2016年12月9日，其照相機5個攝像鏡頭中的2個已經失去功能。截至2021年12月，破曉號探測器仍繼續運行並收集數據。

發射破曉號探測器時，以一箭多星方式一併發射了IKAROS試驗性太空探測器與Shin'en太空飛行器。IKAROS的全名是Interplanetary Kite-craft Accelerated by Radiation Of the Sun（意為「依靠太陽輻射加速的星際風箏」），是世界第一個以太陽帆利用太陽輻射壓力推進的探測器，測試太陽帆用於太空探測器飛行的相關數據，2010年12月8日，IKAROS在距離金星80800公里處飛過，並進入延伸任務階段。Shin'en係日本學生研製的微型太空飛行器，質量20公斤，打算飛掠金星，以研究行星際太空飛行對太空飛行器計算機的影響，但發射後不久就失去聯繫。

第五節　人類探測火星的概要

　　火星是太陽系的八大行星中從太陽向外的第四顆行星，在地球外側繞太陽運行，直徑約為地球的一半，是當前各航太國家最有興趣繞飛探測、著陸探勘與移民的星球，但其大自然環境遠較地球惡劣。

　　火星是沙漠行星，地表上沙丘、礫石遍布，沒有穩定的液態水體，每年常有塵暴發生。火星的大氣層甚薄，表面的平均氣壓為6百帕，不到地球氣壓（1013百帕）的百分之一；大氣含有95%的二氧化碳、3%的氮氣、1.6%的氬氣、些微的氧氣、水氣和甲烷，以及很多塵埃。

　　火星與太陽平均距離為1.52天文單位，公轉週期為1.88地球年（687地球日）。「火星日」平均為24小時39分35.244秒，或1.027「地球日」。火星比地球離太陽遠，日射量較少，表面溫度應較低，計算值約210K，但由於大量二氧化碳所造成的溫室效應，實際觀測火星表面平均溫度約240K。由於大氣層很薄，無法保留很多熱量，使地表日夜溫差很大，某些地區地表溫度白天可達28℃，夜晚可低至–132℃，平均–52℃。

　　火星與地球之間的距離因環繞太陽的運行而時刻發生著變化，兩者的平均距離約為2.25億公里（1.52天文單位）；當火星位於距離太陽最近點（近日點）而地球位於距離太陽最遠點（遠日點）時，兩者之間的距離最近，通常每26個月才會出現一次。火星與地球間距離最近時是發射火星探測器的最有利時機，這樣的發射時機被稱為火星探測器的最佳「發射窗口」，每26個月一次。

5-1、人類探測火星紀要

　　自1960年至2023年4月，人類陸續共發射了49組探測器採飛掠、環繞或登陸方式探測火星；在1998年7月3日日本發射希望號（Nozomi）探測器之前（抵達火星前燃料用盡而失敗），在探測火星的舞台上只有蘇聯與

美國競相表演。人類陸續發射的49組探測器中23組完全達成既定任務目標，7組部分成功，其餘探測器皆未達成任務目標而失敗。

在這些探測器中，初期僅係環繞軌道飛行的軌道探測器（Orbiter），繼而出現由軌道探測器與著陸器（Lander）或著陸器與火星探測車（Rover）整合而成的探測器，分別進行環繞火星飛行探測、著陸火星定點探測和巡航探勘。其中重要的火星探測器（以下未注明者皆爲軌道探測器）有：

‧蘇聯於1960年至1963年間發射的5顆火星探測器──Mars 1M No.1 與No.2、Mars 1962A與Mars 1962B、以及Mars 1，相繼失敗。

‧美國於1964年至1971年間依序號發射的水手（Mariner）系列火星探測器，計有水手1號、3號與8號（皆失敗），水手2號、4號、6號與7號（皆達成飛掠火星探測），以及水手9號（達成環飛火星探測）。

‧蘇聯的火星2號（Mars 2）與火星3號（Mars 3）探測器（皆爲軌道探測器＋著陸器），1971年5月與11月發射，軌道探測器成功，著陸器皆著陸失敗。

‧美國的維京人1號（Viking 1，或譯「海盜1號」）與維京人2號（Viking 2，或譯「海盜2號」）探測器（皆爲軌道探測器＋著陸器），1975年6月與7月發射，雙雙達成探測與著陸任務。

‧美國的火星探路者號（Mars Pathfinder、或譯「火星拓荒者號」，又名Mars Environmental Survey，簡稱MESUR，譯爲「火星環境測量號」）著陸器，1996年12月發射，成功著陸後釋放第一輛火星車。

‧美國2001火星奧德賽號（2001 Mars Odyssey）探測器，2001年4月發射，至2022年8月仍在軌運行中。

‧歐洲太空總署的火星快車號（Mars Express）探測器，2003年發射，著陸器失敗，軌道探測器至今仍在軌運行。

‧美國的勇氣號（Spirit）和機遇號（Opportunity）探測器（皆爲火星探測車），2003年6月與7月發射，先後成功著陸火星；勇氣號工作至

2011年5月25日，機遇號2019年2月13日任務終止。

・美國的火星勘測軌道飛行器（Mars Reconnaissance Orbiter，簡稱MRO），2005年8月發射，在軌運行探測17年零8日。

・美國的鳳凰號（Phoenix）（著陸）探測器，2007年8月發射，成功著陸，工作至2010年5月24日。

・美國的好奇號（Curiosity）探測器（火星探測車），2011年11月發射，自著陸火星後已執行任務11年多，至今仍持續中。

・印度的曼加里安號（Mangalyaan）火星軌道探測器，2013年11月發射，2022年4月失聯，在軌工作8年多。

・美國的MAVEN號（Mars Atmosphere and Volatile Evolution Mission／「火星大氣與揮發物演化任務」的簡稱）探測器，2013年11發射，目前仍正常工作，已在軌運作9年多。

・火星微量氣體任務探測器（ExoMars Trace Gas Orbiter，簡稱TGO），是歐洲太空總署和俄羅斯太空署合作的「火星生物探測（Exobiology on Mars，簡稱ExoMars）」計畫的第一部分（軌道探測器＋著陸器），2016年3月發射，軌道探測器進入環繞火星的400公里圓形軌道執行探測任務至今，著陸器失敗。

・美國的洞察號（InSight）探測器（著陸器），2018年5月5日發射，2018年11月26日成功著陸火星，目前持續工作中。

・阿聯火星探測器（Emirates Mars Mission，也稱「希望號探測器／Hope probe」，2020年7月發射，係阿拉伯聯合大公國（簡稱「阿聯」）研製的火星軌道探測器，至今仍在軌工作。

・天問1號探測器係中國2020年7月23日發射的火星探測器，由軌道探測器、著陸器與火星車組成，先後達成軌道探測器入軌、著陸器著陸火星，以及火星車釋放至火星表面，目前三者皆正常工作中。截至2022年9月15日，天問1號軌道探測器已在軌運行780多天；著陸器通過相機影像和光譜資料，在著陸區附近的板狀硬殼岩石中發現含水礦物，證明了在距

今10億年（晚亞馬遜紀時期）以來，著陸區存在過大量液態水活動；火星車累計行駛1921公尺，完成既定科學探測任務，獲取原始科學探測資料1480GB。

- 美國的毅力號（Perseverance）火星車（任務名稱為「火星2020（Mars 2020）」）於2020年7月30日發射，2021年2月18日成功著陸火星。毅力號火星車除了探勘火星外主要實驗任務有三：一是在火星上採集岩石和土壤樣品封裝在密封管中貯存，放置於火星地表容易取得處，為火星樣品送返地球做準備工作，這是火星探樣返回任務長期工作的第一步，2021年9月6日，毅力號成功取得第一塊火星岩石樣本；二是毅力號攜帶一架太陽能驅動的火星無人直升機（命名為Ingenuity／機智號），測試它在火星環境的飛行能力，截至2023年2月5日機智號已飛行40次，累積飛行時間達1小時5分52秒，飛行距離共8008公尺（2023年1月23日），創下令人驚喜的成績；三是「就地資源利用（In-Situ Resource Utilization）」實驗，毅力號攜帶了一台名為MOXIE的實驗裝置，重15公斤，體積24×24×31公分，能量消耗300W，實驗「利用火星富含二氧化碳的大氣製造氧氣」——運用電和化學方法將二氧化碳分子中的1個碳原子和2個氧原子分解而產生氧氣，2021年4月21日美國航太總署宣稱：MOXIE第一次運行時產生了5公克氧氣，以及每小時可產生多達10公克的氧氣。這三項實驗皆係人類地外探測的新創技術，並且將對地外星球探測產生深遠的影響（MOXIE係Mars Oxygen In-Situ Resource Utilization Experiment的縮寫，意為「火星氧氣就地資源利用實驗」）！

　　總結人類陸續發射的49組火星探測器中，蘇聯（1960年至1988年間）共發射17次，其中1次成功，5次部分成功，11次失敗；俄羅斯（1996年與2011年）發射2次，皆以失敗收場；歐洲太空總署（2003年至2016年間）發射3次，1次成功，2次部分成功；日本（1998年）發射1次，失敗；印度（2013年）發射1次，成功；阿拉伯聯合大公國（2020年）發射1次，成功；中國（2020年）發射1次，成功；美國（1964年至

2020年間）共發射23次，其中18次成功，5失敗。

5-2、探測器軟著陸火星的3類模式

　　火星探測器的著陸器或（和）火星探測車在火星表面軟著陸的難度遠甚於在月球軟著陸。一方面由於火星與地球之間的距離遙遠，通信存在著數分鐘至20分鐘的延遲時間，因此在無人火星著陸器的著陸過程中，著陸器必須完全依賴於預設的電腦程式，獨立自主完成整個過程，地球的遙控中心是完全無能為力的；另一方面由於火星的重力比月球大，而火星大氣層比地球稀薄，若火星著陸器著陸前不能減速至甚低，仍足以使高速度飛行的著陸器在下降過程中導致表面溫度過高而焚燬，或者因硬著陸而損毀。**因此數十年來發射無人著陸器達成軟著陸火星的國家只有美國與中國。**

　　美國係發射火星探測器最多的國家，也是發射火星著陸器最成功的國家。早在1975年8月與9月發射的維京人1號（Viking 1，或譯「海盜1號」）與維京人2號（Viking 2，或譯「海盜2號」）火星探測器，皆各由1個軌道飛行器與1個著陸器構成，兩者的著陸器不僅是全球成功著陸火星的第一個與第二個火星著陸器，並且分別在火星上運作了2245個火星日與1281個火星日。此後美國陸續發射的火星探路者號、勇氣號、機遇號、鳳凰號、好奇號與洞察號探測器皆成功著陸火星，同時陸續發展出三種各有特色在火星表面安全軟著陸的模式。中國於2020年首次發射火星探測器──天問1號，一次達成軌道探測器入軌、著陸器著陸火星，以及火星車巡航火星表面，令各航太國家艷羨。

　　茲將三種探測器在火星表面安全軟著陸的模式扼要說明於下：

5-2-1、氣囊緩衝模式

　　比較簡單，成本低，但只能滿足質量較小的探測器軟著陸要求，火星探路者號探測器首先採用。

　　火星探路器由著陸器（質量264公斤）與索傑納探測車（Sojourner rover，質量10.5公斤）組成，包裹與防護於「進入大氣層氣囊莢（atmospheric entry aeroshell）」內，自其飛行軌道以21000公里／時（相當於5833.33公尺／秒）的高速直接進入火星大氣，具有背殼（backshell）與燒蝕性防熱功能的氣囊莢，利用大氣阻力大幅降低其速度至370公尺／秒；接著超音速降落傘張開，將速度進一步降低至68公尺／秒；20秒鐘後「進入大氣層氣囊莢」被拋脫；再20秒鐘後，包裹於緩衝氣囊內的火星探路者號脫離背殼，被1組20公尺長的繩索組懸掛於背殼下方；當高度降至355公尺時，緩衝氣囊在1秒中完成充氣；當高度降至距火星地面98公尺時，裝置於背殼下方的3具制動火箭（retro-rocket，或稱「反推進火

第10-5圖　氣囊緩衝模式：火星探路者號、勇氣號和機遇號火星探測器採用，歷經一系列減速，最後在緩衝氣囊防護中以自由落體方式跌落於火星地面前之示意圖（圖源：NASA/JPL-Caltech）

第10-6圖　火星探路者號探測器著陸後運作情況：著陸器駐立於4塊護
　　　　　板中的底板上進行探測，索傑納探測車駛離著陸器後巡行
　　　　　進行探勘，地面上顯現著漫遊車行駛留下的輪跡（圖源：
　　　　　NASA）

箭」）點火，帶著緩衝氣囊緩緩下降；當高度介於15至 25公尺與速度為
零時，繩索組被切斷，超音速降落傘與背殼隨著作用中的制動火箭飛離，
緩衝氣囊以自由落體方式跌落於火星地面，彈跳了16次。當緩衝氣囊停
止滾動後，氣囊自動洩氣，4塊「花瓣」式護板將火星探路者號調整於
「正立」之位置。在著陸74分鐘後，4塊花瓣張開並放平，展露出火星探
路者號的著陸器與「索傑納」探測車；第二天，索傑納探測車沿著2條坡
道自著陸器頂部降落至火星地面，火星探路者號完成了軟著陸。

　　此後，勇氣號和機遇號探測器（著陸器質量348公斤、火星車185公斤）皆採用氣囊緩衝方式成功軟著陸於火星表面。

5-2-2、著陸支架緩衝模式

　　適宜質量較重且有著陸支架的著陸器，著陸精度較高。2007年8月4日美國發射的鳳凰號探測器首次採用。

　　鳳凰號著陸器質量350公斤（無火星車），底部裝有制動火箭組與伸展式支架，著陸方式基本上與火星探路者號相似，利用氣囊莢、超音速降落傘與防熱盾持續減速，於「關鍵7分鐘」內將飛行速度自21000公里／時降到8公里／時（相當於自5833.33公尺／秒降到2.22公尺／秒），然後著陸器啟動制動火箭減速，張開伸展式支架，以支架緩衝方式達成軟著陸。

　　2018年美國發射的洞察號（InSight）著陸器、2020年中國發射的天問一號探測器，皆採用著陸支架緩衝模式。

第10-7圖　著陸支架緩衝模式：鳳凰號與洞察號火星著陸器採用，利用氣囊莢、超音速降落傘與防熱盾持續減速後，再啟動制動火箭組減速，張開伸展式支架，以支架緩衝方式達成軟著陸（圖源：NASA/JPL-Caltech）

第10-8圖　天問1號探測器的著陸器背負著祝融號火星車，實施制動減速，即將軟著陸火星；軌道飛行器繞火星飛行，進行遙感探測與通信中繼（圖源：中國航天科技集團）

第10-9圖　2021年5月22日10時40分，祝融號火星車（右）安全駛離著陸器，到達火星表面，開始巡航探測（圖源：國家航天局）

5-2-3、空中吊降模式

適宜質量更重、且沒有駐立式著陸器的探測器軟著陸，好奇號探測器首先採用。

好奇號係1輛裝有6個直徑0.5公尺空心車輪的火星探測車（沒有駐立式著陸器），質量900公斤，比機遇號和勇氣號探測車長2倍，重5倍，因而採用由鳳凰號「支架緩衝模式」衍生、適於大質量著陸器的「空中吊降模式」著陸。

第10-10圖　空中吊降模式：好奇號火星探測器首先採用，探測器的吊降平台距離火星表面約20公尺高度時「懸停」於空中，將好奇號火星車吊降到火星表面軟著陸（圖源：NASA/JPL-Caltech）

好奇號利用防熱氣囊莢、超音速降落傘、制動火箭組持續減速下降，當好奇號探測器的吊降平台距離火星表面約20公尺高度時，「懸停」於空中並釋放出一組尼龍繩，將好奇號火星車緩緩吊降到火星表面而實現軟著陸，然後繩索組被切斷，吊降平台隨著作用中的制動火箭組飛離。

　　近年來火星不僅已成為各航太國家深遠太空探測的熱門星球，美國太空探索（SpaceX）公司創辦人伊隆・馬斯克（Elon Musk）更在積極研發載人飛往與移民火星的火箭與太空船；但以當前太空探索公司研發星艦（SpaceX Starship）計畫的內容與進度評估，載人飛往與移民火星仍有很多硬體與軟體尚待研發，預估2030年以前尚不太可能實現的。

第六節　人類探測其他星球的概要

　　人類除了探測前述的各星球外，並探測了太陽系的木星、土星、天王星、海王星、矮行星（冥王星已被歸類於「矮行星」）、彗星、小行星與柯伊伯帶（Kuiper Belt）其中有些探測器一路探測了多顆星球；但絕大部分探測器皆係以遠距離飛越掠過或飛行於環繞軌道對該衛星進行探測，反而是探測小行星的探測器中，有著陸與採取土壤返回地球者。概略情況請參閱第10-1表。

探測目標	探測器總數量	飛掠	環繞	著陸+撞擊	樣本採集	備註
木星	9	7	2	0	0	
土星	4	3	1	0	0	
天王星	1	1	0	0	0	
海王星	1	1	0	0	0	
小行星、彗星、矮行星、其他	30	21	2	3 + 1	4	

第10-1表　人類探測其他各星球之深空探測器概況表

　　茲將這些其他星球探測器具有特殊意義者列述於下：

　　6-1、先鋒10號（Pioneer 10或Pioneer F）探測器──美國1972年3月3日發射的一個深空探測器，質量僅258公斤，是人類史上第一個穿過火星軌道（1972年6月）、第一個安然通過火星與木星之間的小行星帶（asteroid belt，1972年7月15日至1973年2月15日）、第一個飛掠木星（1973年12月4日，最近距木星132252公里飛掠而過），以及第一個飛越海王星軌道（1983年6月13日），成為第一個飛離八大行星範圍的太空飛行器。飛行途中其設備探測了小行星帶、木星周遭環境、太陽風與宇宙射線等，並傳回相關探測資訊與相關照片。先驅10號另一重要事跡是攜帶了一塊鍍金鋁板（先驅11號也攜帶），以圖畫示意人類向可能存在的外星人問候，並表明地球在銀河系的位置。2003年1月23日，由於通訊訊號過弱，先鋒10號在距離地球80天文單位（約合122.3億公里）處與地球失去聯絡。

　　6-2、先鋒11號（Pioneer 11或Pioneer G）探測器──美國於1973年4月6日發射，用來研究木星和外太陽系的深空探測器。它先飛掠木星，然後利用木星的強大引力而改變它的軌道飛向土星（1979年9月1日最接近土星，離土星最高雲層約21000公里），遙測了土星和它的光環後，順著它的逃逸軌道朝飛離太陽系的方向飛行。先鋒11號的儀器探測了行星及星際間的太陽風、宇宙射線、星塵粒子的分布、大小、質量、通量及速度等。因電池提供的電力下降，1995年9月30日終止傳送運作資訊與遙測數據；當時先鋒11號正處於離開太陽約44.7天文單位的距離，飛向天鷹（Aquila）星座。

　　6-3、航海家1號（Voyager 1，或譯「旅行者1號」）探測器──係美國1977年9月5日發射，用以探測木星、土星與其衛星以及土星環的深空探測器，於1979年飛掠木星系統、1980年飛掠土星系統，是第一個提供了木星、土星以及其衛星詳細照片的探測器。受惠於幾次星球的「重力助推加速」，航海家1號的飛行速度比人類任何一個探測器都快，使它於2012年8月25日於距太陽121天文單位處越過太陽圈，進入恆星際太空，

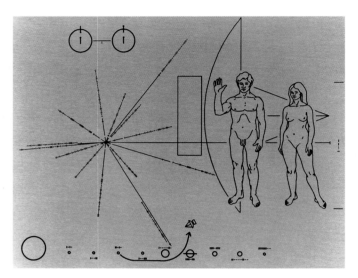

第10-11圖　先鋒10號與11號探測器所攜帶向外星人問候鍍金鋁板上的圖
　　　　　畫（圖源：NASA Ames Resarch Center）

成為第一個離開行星際太空（太陽圈）的人造飛行器，也是有史以來距
離地球最遠的人造飛行器。截至2022年10月底，航海家1號在距離太陽約
158.25天文單位（236.742億公里）處繼續向前飛行，係人類開創太空時
代以來飛行最遠與飛行最久（超過45年）的太空探測器。雖然美國深空
測控網（Deep Space Network）仍勉強能與航海家1號傳送指令與接收探
測資訊，但無線電信號需時20小時才能到達，並且信號微弱。航海家1號
的飛行任務雖展延至2025年，屆時其同位素核電池可能將不能供應足夠
的電能運作其科學儀器。

　　6-4、航海家2號（Voyager 2，或譯「旅行者2號」）探測器——係美
國1977年8月20日發射，利用「176年一遇的行星幾何排列」機會，一次
探測木星、土星、天王星、海王星與其衛星的深空探測器，使太陽系中
所有行星都至少被人造太空飛行器探測過一次。航海家2號曾就木星與木
衛一至木衛四及木星環，土星與土衛二、土衛三、土衛六、土衛八及土星

環，天王星與天衛一至天衛五及天王星環，海王星與海衛一、海衛五、海衛七、海衛八及卷雲等，傳回大量清晰照片與探測資料，使人類對這4顆行星與其衛星得到進一步的了解。2018年11月5日，航海家2號探測器飛離行星際太空，成為第二個進入恆星際太空的太空飛行器，開始測量恆星際太空電漿的密度與溫度。截至2022年10月底，航海家2號在距離地球131.44天文單位（196.634億公里）處繼續向前飛行。

　　有關先鋒10號、先鋒11號、航海家1號與航海家2號探測器執行深空探測的飛行軌跡示意圖請參閱第10-12圖。

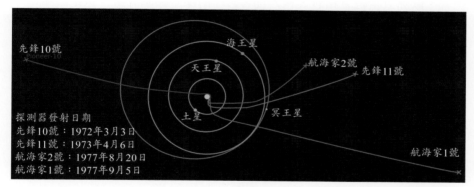

第10-12圖　　先鋒10號、先鋒11號、航海家1號與航海家2號探測器執行深空探測的飛行軌跡示意圖。繪圖時間為2007年4月4日（圖源：7Train at English Wikipedia）

　　6-5、伽利略號（Galileo）探測器──係美國專門用以研究木星及其衛星的探測器，由軌道飛行器（orbiter）與降落探測器（entry probe）組成，1989年10月18日由亞特蘭蒂斯號（Atlantis）太空梭載運送入太空後飛往木星，途中被安排飛掠金星、地球、地球（前後2次）以獲得「重力助推」加速，於1995年12月7日接近木星，8日進入木星軌道，是第一個圍繞木星飛行的深空探測器。

　　伽利略號降落探測器於12月7日先投放進入木星大氣層，探測木星大

氣組成。降落探測器成功地發回了信號；降落約57分鐘後，因高速與木星大氣摩擦產生高溫而焚燬，但它傳回的資訊增進了人類對木星大氣和氣候的了解。

伽利略號軌道飛行器環繞木星約2個月飛行一周，運行木星軌道工作了8年之久。它探測了木星的大氣成分，在木星的不同位置上探測其磁層的數據等，多次近距離飛越木衛一和木衛二等進行探測。

2003年9月21日被控墜落於木星，結束它長達14年的任務。

6-6、卡西尼-惠更斯號（Cassini-Huygens）探測器——是美國航太總署、歐洲太空總署和義大利太空署合作的深空探測計畫，也是人類迄今發射過規模最大、複雜程度最高的深空探測器，主要任務係對土星系統進行精密探測。

卡西尼-惠更斯號探測器質量高達5712公斤（無燃料的質量2523公斤），由2部分組成——卡西尼號軌道飛行器與惠更斯號著陸探測器；卡西尼號軌道飛行器環繞土星及其衛星飛行，惠更斯號探測器飛入土衛六濃霧包圍的大氣層並在其表面著陸，這兩具探測器上的精密儀器進行相關探測，為科學界提供土星系統更精密的探測資料。

1997年10月15日，卡西尼-惠更斯號探測器自美國卡納維爾角（Cape Canaveral）發射升空，先後2次近距離飛掠金星、地-月系統以獲得「重力助推」加速，再飛掠2685號小行星、木星後，飛往土星。在此漫長的飛行過程中，卡西尼-惠更斯號探測器對2685號小行星與木星進行了一系列觀測，並拍攝了26000張木星影像（最佳解析度可達60公里），提供了一些重要發現。

2004年7月1日，卡西尼-惠更斯號通過F環與G環之間進入環繞土星的軌道，經主發動機減速，卡西尼-惠更斯號被土星引力捕獲，成為人類第一個繞飛土星系統的探測器。

2004年12月25日，惠更斯號著陸探測器脫離卡西尼號飛向土衛六；2005年1月14日，惠更斯號在降落土衛六過程中拍攝了土衛六照片，測量

風速及壓力，分析大氣層氣體，並將探測資料經卡西尼號軌道器中繼傳回地球；惠更斯號是第一具成功著陸地球外側太陽系行星之衛星的探測器，也是迄今登陸過最遙遠星球的人類探測器，它拍攝了人類歷史上第一張土衛六表面的照片，在土衛六上運作約90分鐘。

卡西尼號軌道飛行器在飛行過程中進行了155次繞飛土星、54次近距離掠過土衛六、11次近距離探測土衛二，以及多次或1次探測土星其它冰衛星（如土衛一、土衛三、土衛四、土衛五與土衛十二等），卡西尼號採集了大量探測資料與照片；其他具體的成果有：發現8顆新衛星、發現土衛六上有碳氫化合物湖泊、發現土衛二的羽狀物中含有複雜的碳氫化合物、發現土衛二南極地底存在液態水海洋等。

卡西尼號多次延展探測任務，至2017年9月15日因燃料耗盡墜入土星大氣層中焚燬。

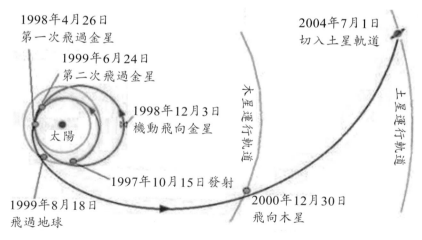

第10-13圖　對土星系統進行精密探測的卡西尼-惠更斯探測器，於1997年10月15日發射，先後2次飛掠金星後，再飛掠地-月系統與木星皆獲得「重力助推」，歷經約6.7年、長達32億公里的行星際飛行，於2004年7月1日進入環繞土星的軌道（圖源：ESA）

6-7、隼鳥號（Hayabusa）與隼鳥2號（Hayabusa 2）探測器

隼鳥號係日本2003年5月9日發射、飛往採集小行星糸川（Itokawa，國際編號為25143）土壤樣本、並將採集到的樣本送回地球的深空探測器。隼鳥號探測器的發射質量510公斤，只儲備60公斤推進劑，但裝有4台離子推進器（ion thruster），升空後以離子發動機推進，持續加速飛往糸川小行星；由於行星際太空中沒有空氣阻力，依靠微量推力持續提供的加速度，最終能達到很高的飛行速度。

2004年5月19日，隼鳥號利用飛掠地球進行重力助推成功。2005年9月12日，隼鳥號進入繞飛糸川小行星的軌道，遙感探測糸川小行星的形狀、旋轉速率、地形、顏色、成分與密度等。隼鳥號探測器陸續於2005年11月12日、11月20日與11月26日先後進行降落預演、第一次降落與第二次降落；第二次降落時，隼鳥號成功發射採集樣本的子彈，著陸時間僅1、2秒鐘即上升，同時採取濺飛至空中的塵土樣本後飛返地球。隼鳥號於2010年6月13日飛回到地球，在進入大氣層前先將裝有樣本的隔熱膠囊彈出，然後隼鳥號焚毀於大氣層內，隔熱膠囊則於2010年6月14日在澳洲內陸著陸後成功回收。2010年11月16日，日本正式發表在隼鳥號帶回地球的容器中發現了1500顆從小行星帶回的微粒。這是人類首次從月球之外的宇宙天體取回樣本。

隼鳥號在太空中旅行了7年，飛行了約60億公里的漫長路程，抵達浩瀚深遠太空中1個大小僅535×294×209公尺的小行星，完成著陸採取小行星物質帶回地球的預定任務，因而被金氏世界紀錄認定是「世界上第一個從小行星上帶回物質的探測器」與「著陸目標最小的探測器」。

隼鳥2號係日本繼隼鳥號之後，採類似模式飛往小行星龍宮（Ryugu，國際編號為162173，直徑約900公尺，距離地球約3億公里）採集樣本、並將採集到的樣本送回地球的第二個深空探測器。

隼鳥2號於2014年12月3日發射，發射質量609公斤，升空後以離子發動機推進，並利用飛掠地球獲得重力助推，飛行約3.5年後於2018年6月飛

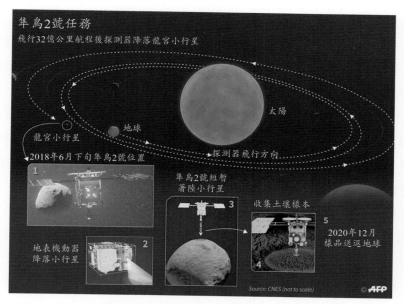

第10-14圖　隼鳥2號探測器採集龍宮小行星岩石等樣本的飛行任務簡要過程（圖源：CNES、AFP）

第10-15圖　日本隼鳥2號探測器著陸龍宮小行星採樣想像圖，請注意探測器底部伸出的採樣器正著陸取樣（圖源：JAXA）

抵龍宮，先對龍宮進行環繞飛行探測，並布放了3台「地表機動器（surface rovers）」——Rover-1A、Rover-1B與MASCOT。由於龍宮小行星的重力場微弱，這3台「地表機動器」能跳躍改變位置而蒐集龍宮表面風化層的就地（in-situ）觀測資料。

2019年2月21日，隼鳥2號進行第一次著陸採集作業，從距龍宮表面約20公里高的軌道開始朝龍宮緩慢下降，在距地表500公尺的高度時改爲自動駕駛，2月22日上午8時許隼鳥2號先朝龍宮地表發射子彈後，隼鳥2號底的筒狀採樣器接觸地表採集沙石等樣本，與龍宮進行短暫接觸（停留約數秒鐘）後立即上升，飛回到待機的20公里上空。爲了萬無一失，隼鳥2號於7月11日探第一次採樣的相同流程成功進行了第二次著陸採樣作業。

隼鳥2號將攜帶採集樣本於2019年11月12日離開龍宮飛返地球，2020年12月5日回到地球，將採集的樣本投放於澳洲伍默拉（Woomera, Australia）地區被回收。

除了日本，2016年9月8日美國NASA發射的「歐西里斯-Rex（OSIRIS-Rex）」無人探測器，飛行4年於2020年10月20日在貝努（Bennu，編號101955）小行星成功採樣，2021年5月10日開始飛返地球，將於2023年9月將樣本送回地球進行詳細分析。美國這次小行星採樣得到日本JAXA的技術協助。

6-8、新視野號（New Horizons，或譯爲「新地平線號」）探測器——係美國發射用以探測矮行星冥王星與古柏帶（Kuiper Belt）的深空探測器，它是第一個飛越和研究冥王星和它的多顆衛星的太空探測器。

新視野號質量470公斤，於2006年1月19日發射，擎天神五號（Atlas V）運載火箭直接將它推送進日心軌道，2006年4月7日先後飛越火星軌道與通過小行星132524（Asteroid 132524）；2007年2月28日新視野號以2304537公里的距離飛掠木星，同時展開其儀器與設備對木星全面測試，傳回很多木星大氣層、衛星和磁層的數據；在飛掠木星後的大部分飛行

中，新視野號處於休眠模式中以保護探測器上的系統。

　　2008年6月8日新視野號飛越土星的軌道（距離地球9.5天文單位）；2011年3月18日飛越天王星的軌道；2012年2月11日飛至距冥王星10天文單位；2013年10月25日距冥王星5個天文單位；2014年7月20日拍攝冥王星與冥衛一（Charon，或音譯「卡戎星」，冥王星最大的衛星），照片顯示兩者彼此沿軌道運行（兩者間的平均距離為19570公里，以6.387天的週期互繞飛行）；2014年8月25日新視野號飛越海王星的軌道。

　　2014年12月7日新視野號從休眠狀態中喚醒；2015年3月10～11日新視野號與冥王星系的距離接近到1天文單位；2015年7月14日上午11時49分57秒世界協調時間（Coordinated Universal Time，＋8小時即為台灣時間，以下時間皆同），新視野號距冥王星12500公里、以13.78公里／秒的速度飛掠冥王星，係航程中最接近冥王星的位置，新視野號花了九年半的時間終於從地球飛近了冥王星，成為第一個探測冥王星的探測器；同日（7月14日）12時03分50秒新視野號以28858公里的距離飛掠探測冥衛一，再先後飛掠探測了Hydra、Nix、Kerberos與Styx等冥王星的衛星；2015年7月至2016年10月新視野號探測冥王星時的數據陸續傳送回地球，並於2016年10月25日傳輸完畢。

　　2015年10月22日至11月4日間，新視野號進行了4次調整航道的機動操作，飛向古柏帶中的小行星486958（也名2014MU69，綽號為「終極遠境（Ultima Thule）」），飛入距冥王星約16億公里、黑暗且寒冷的古柏帶，進行其探測任務；2018年8月16日新視野號首次拍攝到小行星486958；2019年1月1日新視野號於05時33分在3500公里的距離上飛掠小行星486958，這是人類所探測的距離地球最遠之天體；2019年1月至2020年新視野號探測小行星486958的數據將陸續傳送回地球，預計需要18個月才能傳完。由於「終極遠境」小行星距離太陽太遠，溫度低到攝氏零下兩百多度，物體都處於凍結狀態，維持其剛形成時的原貌和結構，是太陽系初期的遺跡，可以提供其他行星起源的答案。

　　2021年4月17日，新視野號達到了距太陽50個天文單位（AU）的距離，並且仍能全面運行，因此將用以繼續探測太陽圈（Heliosphere）環境（等離子體、塵埃和氣體）與其他柯伊伯帶天體。

第10-16圖　　新視野號探測器外形圖（圖源：NASA/APL）

第七節　結語

　　本章就人類探測深遠太空星球的發展過程，作了一扼要的說明。早期蘇聯與美國在冷戰思維下展開航太競賽，彼此競相研製與發射人造衛星、太空船、太空站、月球探測器和深遠太空探測器，將近20年的激烈競爭促使航太科技得以快速成長，奠定了航太科技的基礎。接著其他航太國家也力追而上，紛紛投入航太領域的研究與發展，為航太領域貢獻心力。

　　時至今日，深遠太空探測不僅愈飛愈遠、探測內容愈來愈詳細，並且人類已經開始研發載人飛往與移民火星所需的新科技。持續研發、與時俱進，2030年後更久的未來，有可能實現載人飛往火星，為人類航太探測史寫下新的一頁。

第十一章

全球六個主要航太國家／組織

第一節　緒言

從1957年蘇聯發射世界第一顆人造衛星至2023年4月19日，60多年中全球累計共實施過6410次航太發射（其中398次失敗），累計總共將15495個太空飛行器送進太空軌道，其中人造地球衛星超過總數的95%。目前全球共計多達86個國家曾經擁有過衛星，但大多數國家的衛星皆係他國製造與他國運載火箭發射的。

全球以本國研製的運載火箭發射自製衛星的國家共有11個，按照發射年份依序是：蘇聯、美國、法國、日本、中國、英國、印度、以色列、伊朗、北韓和南韓（詳參本書第二章第2-2表）；但每年以本國研製的火箭、發射太空飛行器或衛星1次以上的國家/組織只有6個，它們分別是：蘇聯／俄羅斯、美國、中國、歐洲太空總署、日本與印度，這6個國家／組織可稱為目前全球的「主要航太國家／組織」。

2022年全球航太國家／組織、共計發射太空飛行器186次，以發射次數排序為美國（87次，其中84次成功，2次失敗，1次部分失敗）、中國（64次，其中62次成功，2次失敗）、俄羅斯（22次，全部成功）、歐洲太空總署（5次，其中4次成功，1次失敗）、印度（5次，其中4次成功，1次失敗）、伊朗（1次，成功）與南韓（1次，成功）、日本（1次，失敗）。

截至2022年底，全球在軌太空飛行器數量達到7218個，其中美國以4731個居世界之冠，占比65.5%；歐洲以1002個居世界之二，占比13.88%；中國以704個居世界第三，占比9.75%；俄羅斯以219個居第四，日本以108個居第五，印度以76居第六，其他國家378個。

　　蘇聯與美國是研發航太科技的先驅國家，最初發射衛星的運載火箭皆係由軍方的彈道飛彈研改而衍生，因而初期航太科技皆由軍方的機構（研究機構與工廠）研發與製造。繼而爲了專業化策劃與管理，各國政府先後成立主管航太科技的專業機構，負責該國航太科技研究與發展的策劃、推展與督導。

　　本章針對這6個主要航太國家/組織發展各國航太科技的歷史背景、主管研發機構形成的過程，與航太科技發展的成果與現況，概略說明於下。

第二節　蘇聯／俄羅斯

　　蘇聯的航太科技是以軍用長程彈道飛彈技術爲基礎發展而產生的；長程彈道飛彈技術是軍事工業的重要組成部分，因此蘇聯初期的航太計畫和政策由蘇共中央國防會議決定，國防工業委員會組織與實施，蘇聯軍方工業部門、蘇聯科學院和高等院校的科研單位參加研製。1985年爲了專業化，蘇聯先後成立「通用機器製造部」與「航天管理總局」（隸屬於「通用機器製造部」），主管戰略飛彈、運載火箭和太空飛行器的研製與生產，蘇聯國防會議（蘇共中央總書記兼任主席）仍是蘇聯航太政策和計畫的最高決策機構，而會議主席常憑藉其非專業的個人意識進行裁決，加上民用航太和軍用航太混在一起，皆受軍方領導與控制，必須遵守軍隊嚴格的紀律，資訊不公開等原則，以及民用航太的比重偏低等。

　　蘇聯解體後，俄羅斯繼承了蘇聯約90%的航太工業資產。1992年2月25日，根據鮑利斯·葉爾辛（Boris Nikolayevich Yeltsin）總統頒布的法令將航天管理總局改組爲獨立的「俄羅斯太空署（Russian Space Agency）」，用爲俄羅斯政府的民用航太活動管理機構，涉及國家安全與軍方的航太活動仍由國防部主導。1999年和2004年先後重組爲「俄羅斯航空航太署（Russian Aviation and Space Agency）」和「聯邦太空署（Federal Space Agency）」。但由於俄羅斯經濟拮据，致使1990年代俄羅斯的航太活動不得不以爲外國發射商業衛星、出售火箭發動機與太空旅遊來維持其太空產業的運作。

2014年8月，俄羅斯政府將主要研發航太科技的國有機構「俄羅斯能源（S. P. Korolev RSC Energia）公司」與「動力機械科研生產聯合體（NPO Energomash）整合爲「聯合火箭與太空集團（United Rocket and Space Corporation，簡稱URSC；俄文：OPKK）」，新公司係俄羅斯聯邦擁有所有權的組織，包括由48家公司和14個獨立組織組成的10個綜合結構體，以強化其航太研製能量，並向國際航太商業市場爭取業務。

2015年12月，「聯邦太空署」與「聯合火箭太空集團」合併重組，成立「俄羅斯國家航太活動公司」（Roscosmos State Corporation for Space Activities，簡稱Roscosmos或Роскосмос，爲一複合詞，Ros意爲俄羅斯、cosmos意爲宇宙；中譯通常稱「俄羅斯太空署」），重新國有化與公司化俄羅斯航太產業。新的俄羅斯太空署（Roscosmos）主要職責爲制定和協調國家航太政策，組織技術開發與硬體研製，選拔訓練太空人，完成以科學和社會經濟爲目的之航太活動等；發展戰略由集中主要力量發展軍用航太轉向軍用航太、民用航太、商業航太同時發展。

蘇聯運載火箭的始祖是R-7彈道飛彈，由它研改而產生了史潑尼克號（Sputnik，或譯「衛星號」）、月神號（Luna，或譯「月球號」）、東方號（Vostok）系列、上升號（Voskhod）系列、聯盟號（Soyuz）系列多型運載火箭。此外，蘇聯研製了質子號（Proton）系列、天頂號（Zenit）系列和能量號（Energia，或譯爲「能源號」）運載火箭。俄羅斯時代只研製了安加拉號（Angara）系列運載火箭；蘇聯與俄羅斯60多年來發射了一系列的人造衛星、探測器、太空船與太空站等，以及建構

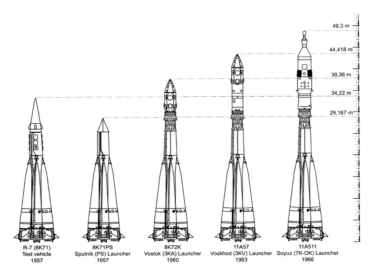

第11-1圖　R-7彈道飛彈（左1）是蘇聯運載火箭的始祖，由它研改而產生了史潑尼克號（左2）、東方號（左3）、上升號（左4）、聯盟號（左5）系列多型運載火箭（圖源：Пресс-служба Роскосмоса）

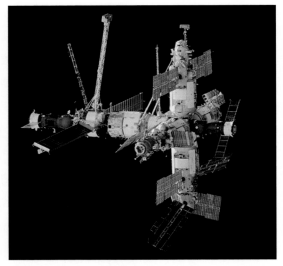

第11-2圖　繼禮炮號系列單艙太空站之後，蘇聯／俄羅斯研建了和平號7個艙段的多艙太空站，在軌運行5519天（圖源：Roscosmos）

格洛納斯（GLONASS）定位系統。航太發射中心有座落於哈薩克境內的拜科努爾太空發射場（Baykonur Cosmodrome），俄羅斯境內阿爾漢格爾斯克州（Arkhangelskaya oblast）的普列謝茨克太空發射場（Plesetsk Cosmodrome）與阿穆爾州（Amurskaya oblast）新建的東方太空發射場（Vostochny Cosmodrome）等。

　　1991年以前，蘇聯不僅是超級航太強國，並且是航太科技的創新者；進入俄羅斯時代，受困於經濟拮据，航太科技研發與製造實力大幅式微。

第三節　美國

　　美國初期運載火箭與衛星的研製由陸軍與海軍競相進行。1958年7月29日，美國總統艾森豪（Dwight David Eisenhower）簽署了《美國國家航空暨太空法案（National Aeronautics and Space Act of 1958）》，創設了「美國國家航空暨太空總署（National Aeronautics and Space Administration，簡稱NASA）」，負責制定與實施美國的民用太空計畫，以及推動航空科學與太空科學的研究。「美國國家航空暨太空總署」是美國聯邦政府的一個獨立機構，由於主導的研究領域涵括航空科學與太空科學，因而中譯名字中通常加上「總署」以彰顯其不同於各國的太空署，本書簡稱為「美國航太總署（NASA）」。至於美國軍用與國防目的之航太計畫則由國防部將資源和任務分配給空軍太空司令部、國家偵察局等機構分別主導研製、部署與管理。

　　由於美國高新科技研發與製造的主力為企業界與學術界，因此運載火箭、人造衛星、無人探測器與太空船，以及軍方的各型飛彈、軍用衛星、衛星預警系統、衛星定位系統等，皆由民間企業廠商與學術機構負責研發與製造，美國的航太科技早在1970年代已在企業界與學術界擴散與成長，經過數十年的發展已形成了龐大的科研生產體系，航太科技產業的研

發、製造與應用，充滿了活力與創新性。世界級的航太科技公司有：太空探索技術公司（Space Exploration Technologies Corp.，簡稱SpaceX）、軌道科學公司（Orbital Sciences Corporation）、藍色起源（Blue Origin）公司、波音（Boeing）公司、洛克希德·馬丁（Lockheed Martin）公司、諾斯洛普·格拉曼（Northrop Grumman）公司、雷神公司（Raytheon Company）、漢威聯合國際公司（Honeywell International, Inc.）等，航太科技產業的主要承包商約有370多家公司。由於美國已將航太科技的實力深植於民間，成為美國經濟的火車頭之一，不僅促使美國的國防強

第11-3圖　美國執行載人登月的農神5號火箭研製主持人馮·布朗、與一子級火箭發動機的噴嘴合影。農神5號火箭的一子級火箭由5台F1液氧、煤油發動機整合而成，可產生3500噸推力；二子級火箭有5台液氫、液氧發動機可產生500噸的推力；三子級火箭採用1台第二級使用的液氫、液氧推進劑發動機，產生100噸的推力（圖源：NASA）

第11-4圖　美國太空探索公司的獵鷹9號火箭發射後，一子級火箭定點
　　　　　回收技術，是運載火箭60餘年來的創新發明，回收的一子級
　　　　　火箭略經檢修可重複使用10次以上，能大幅降低火箭的造價
　　　　　（圖源：SpaceX）

盛、經濟繁榮、航太技術民用化，並且形成美國在航太科技領域領先世界
各國，在國際航太商業市場也獨享龐大的份額。

　　美國曾研製過的重要液體燃料運載火箭有：擎天神（Atlas，或譯
「宇宙神」）系列、泰坦（Titan，或譯「大力神」）系列、三角洲（Del-
ta，或譯「德爾它」）系列、農神（Saturn，或譯「土星」）系列、獵鷹
（Falcon）系列與安塔瑞斯（Antares）等火箭；60多年來發射了一系列
的人造衛星、探測器、太空船與太空站等，以及完成載人登月任務、建
構全球定位系統（Global Positioning System，簡稱GPS）與深空小行星
取樣等，一直是超級航太強國，近20年來更是大幅領先各國。太空發射
中心有位於佛羅里達州的卡納維爾角空軍站（Cape Canaveral Air Force
Station）與甘迺迪太空中心（Kennedy Space Center）、加利福尼亞州
的范登堡空軍基地（Vandenberg Air Force Base）、密西西比州的斯坦尼

斯太空中心（John C. Stennis Space Center）與新墨西哥州的美國太空港
（Spaceport America）。

第四節　中國

中國航太科技的研發始自其1957年創設的國防部第五研究院，1965
年改組為「第七機械工業部」，負責航太科技的策劃，研發與製造的管
理。此後經過數次改組，於1993年由「航空航天工業部」，分割成「國
家航天局（China National Space Administration，簡稱CNSA）」與「航
天工業總公司」。「國家航天局」為中國負責航太科技策劃、管理研發與
製造的國家行政機構，「航天工業總公司」為航太科技相關研發與製造的
國有企業（簡稱「央企」）。由於師承蘇聯的體制，中國的航太科技研發
也以軍用目的為先，然後才衍生用為民用、科學研究等衛星，因此傳統地
遵循軍方的嚴格紀律，資訊不公開，航太科技的研製也未讓民間參與。

1998年為引入產業的良性競爭，將「航天工業總公司」再次改組為
「中國航天科技集團公司」和「中國航天科工集團公司」兩個大型國有企
業集團；中國航天科技公司主要負責運載火箭、衛星、太空船、戰略飛彈
等研發與製造；中國航天科工公司則主要負責防空飛彈武器、巡航飛彈、
固體運載火箭及太空技術產品的研發與製造（中國的「航天科技」界定為
包含「航太（航天）科技」與「飛（導）彈科技」兩大領域）。除了上述
兩大央企外，中國科學院、解放軍總裝備部等政府與軍方機構，也參與中
國航太科技的策劃、管理與研製。

中國曾研製過的重要液體燃料運載火箭系列：第一代有長征1號、長
征2號、長征3號與長征4號；第二代有長征5號、長征6號、長征7號與長
征8號，以及固體燃料運載火箭系列：長征11號與快舟1號。50多年來發
中國發射了一系列的人造衛星、嫦娥系列月球探測器、天問1號火星探測
器、神舟系列載人太空船、天宮系列太空實驗室與天宮太空站等，以及建

構北斗衛星定位系統,是近年崛起的航太強國。太空發射中心有位於甘肅省的酒泉衛星發射中心、山西省的太原衛星發射中心、四川省的西昌衛星發射中心與海南省的文昌太空發射場。

　　二十一世紀初,中國開始向學術界與企業界開放人造衛星與運載火箭的研發。在人造衛星研製方面,先後已有清華大學、哈爾濱工業大學、南京航空航天大學、國防科技大學、西北工業大學、九天微星公司、千乘探索公司、天儀空間研究院公司、國星宇航公司等研製的小型、微型衛星成

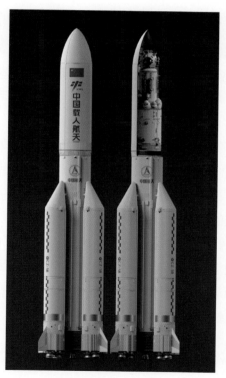

第11-5圖　長征5號B是中國推力最大的運載火箭,整流罩的直徑5.2公
　　　　　尺,長度達20.5公尺,能將25,000公斤的載荷送入近地軌
　　　　　道;右圖整流罩中安置著天宮太空站的天和號核心艙段 (圖
　　　　　源:中國航天科技集團)

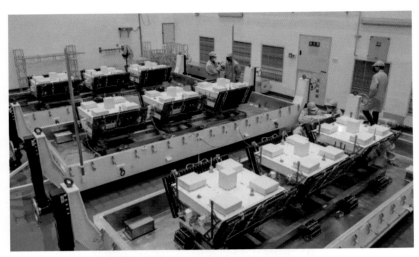

第11-6圖　中國民企星空智聯衛星工廠，具備年產衛星500顆的批量生產
　　　　　能力，圖為衛星測試車間（圖源：時空道宇科技公司）

功在軌運行，成績斐然。在運載火箭研製方面，企業界有星際榮耀空間科
技公司、零壹空間科技公司、藍箭航天空間公司等競相研發固體與液體推
進劑輕型火箭、液氧-甲烷火箭發動機與火箭回收技術。2019年7月25日，
星際榮耀空間科技的雙曲線一號運載火箭，將2顆衛星與其他載荷精確送
入預定300公里圓軌道，發射任務圓滿成功，實現了中國民營運載火箭
「零的突破」。截至2020年年底，中國註冊的商業航太企業共313家，其
中衛星應用領域134家、衛星製造領域84家、衛星運營領域48家、衛星發
射領域47家，商業航太產業正在形成中。

第五節　歐洲太空總署

　　歐洲的法國與英國曾研製過運載火箭與人造衛星，先後於1965年
與1971年將該國研製的火箭將其第一顆人造衛星發射入軌運行。但早

在1964年3月20日，歐洲多國共同協議成立「歐洲太空研究組織（European Space Research Organization, ESRO）」，設立於荷蘭的諾德韋克（Noordwijk），統合歐洲多國的力量，進行開發與研製運載火箭和太空探測的相關工作。

1975年，「歐洲太空研究組織」改組為「歐洲太空總署（European Space Agency，簡稱ESA）」，係由歐洲多國政府組成的跨國組織，負責歐洲會員國航太科技的研究、探測和開發之策劃、組織與實施，以及運載火箭與太空飛行器的研發、製造與發射，總部設於法國巴黎；「歐洲太空研究組織」則更名為「歐洲太空研究與技術中心」，成為「歐洲太空總署」的一部分。

目前歐洲太空總署共有22個成員國，按參與的順序為：法國、德國、義大利、英國、西班牙、比利時、荷蘭、瑞士、瑞典、丹麥（以上皆為1980年參加）、愛爾蘭、挪威、奧地利、芬蘭、葡萄牙、希臘、盧森堡、捷克、波蘭、羅馬尼亞、愛沙尼亞與匈牙利，以及準成員國（Associate Member）加拿大、斯洛維尼亞（Slovenia）、拉脫維亞、立陶宛、斯洛伐克，與歐洲聯盟（European Union，簡稱「歐盟」）。各國對於各強制性與選擇性太空計畫的出資比例不盡相同，其中以法國與德國貢獻最多，研製與發射工作也參與最多。

關於歐洲太空總署有2點必須特別說明：1.各成員國與準成員國在國內各設有主管本國航太業務的機構，如太空署、航太（太空）中心或航空太空中心等，本書將「歐洲太空總署」稱之為「總署」，以彰顯其它是歐洲主要國家間處理航太事務的「總機構」。2.歐洲太空總署與歐盟沒有隸屬關係，歐盟於2004年5月28日才加入歐洲太空總署；歐盟轄下另設有「歐盟衛星中心（European Union Satellite Centre）」，負責透過衛星影像搜集資訊。

歐洲太空總署透過亞利安太空公司（Arianespace SA）先後研製了亞利安1號（Ariane 1，或譯「阿麗亞娜1號」）、2號、3號、4號與5號一系

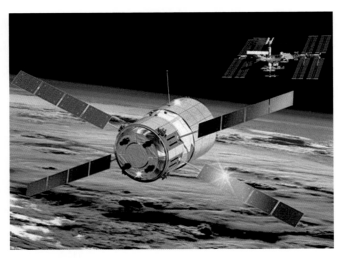

第11-7圖　歐洲太空總署研製的ATV貨運太空船，正飛向國際太空站
　　　　　（圖源：ESA）

第11-8圖　2018年10月20日，承載著貝皮可倫坡號水星探測器（參閱本
　　　　　書第十章第3-3節）的亞利安5號火箭即將發射升空（圖源：
　　　　　ESA）

列液體運載火箭，以及織女星（Vega）固體運載火箭；另組織、研製與發射了大量人造衛星與探測器，以及ATV貨運太空船（Automated Transfer Vehicle），並建構了伽利略衛星導航系統（Galileo satellite navigation system），目前未發展載人航太。

　　歐洲太空總署的航太發射中心位於南美洲北部大西洋海岸的法屬蓋亞那（French Guiana，地近赤道，因緯度低而對發射太空飛行器能節省火箭推力甚多），由法國國家太空研究中心管理，控制中心則位於德國的達姆施塔特（Darmstadt）。

第六節　日本

　　第二次大戰後日本是戰敗國，發展國防相關的科技受到嚴格限制，東京大學教授絲川秀雄（Hideo Itokawa，二戰期間曾參與Ki-43隼式戰鬥機研製）有鑒於美、蘇競相開始研發的火箭，不僅將是人類進入太空的工具，並且美國尚未限制日本研發，認爲日本也應早日跟進，乃在日本推動火箭的研究。

　　1955年4月12日，絲川秀雄教授率領的科學研究小組（後衍生爲日本的航太研究機構「宇宙科學研究所（The Institute of Space and Astronautical Science，簡稱ISAS）」成功試射了一枚名爲「鉛筆」的微型火箭——高約23公分、直徑2公分，質量僅數百公克。1958年ISAS配合國際地球物理年（International Geophysical Year）發射了兩級的3K-6固體探空火箭，飛行高度達60公里，觀測高空大氣的風向、風速與氣溫。1964年至1970年，ISAS又先後研製了飛行高度更高的S系列、K系列和L系列探空火箭，推力尚不足以發射人造衛星。

　　日本繼而研製的L-4S（Lambda-4S）4級固體推進劑火箭，於1966年首飛，在連續4次失敗後，於1970年2月11日將1顆質量26公斤的大隅-5號（Osumi-5）衛星、成功送入近地軌道，使日本繼美、蘇、法之後成爲第

四個以本國航太科技發射衛星的國家。此後日本研製了M（全名爲Mu）系列多級固體火箭，自1970年服役至2006年，其中推力最強的M-5火箭之投送酬載能力：近地軌道爲1800公斤，太陽同步軌道爲1300公斤。

　　1970年代日本引進美國三角洲（Delta，或譯「德爾它」）運載火箭技術，由三菱重工公司（Mitsubishi Heavy Industries）研製而衍生了N型系列液體火箭（服役期間：1975年至1987年），然後再自主研發衍生了H-1、H-2、H-2A與H-2B火箭，投送酬載能力逐型提升。

　　2003年10月1日，日本政府將3個與日本航太事業相關的政府機構：文部科學省宇宙科學研究所（ISAS）、獨立行政法人航空宇宙技術研究所（National Aerospace Laboratory of Japan，簡稱NAL）與宇宙開發事業團（National Space Development Agency of Japan，簡稱NASDA）整合爲「宇宙航空研究開發機構（Japan Aerospace Exploration Agency，簡稱JAXA）」，係隸屬於文部科學省的國立研究開發法人，負責日本航空與

第11-9圖　日本宇宙航空研究開發機構研製的H-II貨運太空船，正飛往國際太空站（圖源：JAXA）

第11-10圖　2018年9月23日，承載H-II貨運太空船的H-2B火箭即將發射飛往國際太空站（圖源：JAXA）

太空研發的策劃，主導與推動太空飛行器——衛星、探測器、H-II貨運太空船（H-II Transfer Vehicle，簡稱HTV）與運載火箭的研製，小行星探測，以及建構了「準天頂衛星系統（Quasi-Zenith Satellite System）」的區域性衛星定位系統。日本在深空小行星探測與採樣領域獨步全球，但目前未發展載人航太。運載火箭的研製機構為三菱重工公司；太空發射中心座落於日本南部鹿兒島縣的種子島。

第七節　印度

　　有鑒於航太科技的重要性，早在1962年印度就成立了「印度國家

太空研究委員會（Indian National Committee for Space Research，簡稱 INCOSPAR），1969年8月15日將它擴展爲「印度太空研究組織（Indian Space Research Organisation，簡稱ISRO）」，總部設立於印度班加羅爾（Bengaluru），負責印度航太科技的策劃、組織、研發與發射。1972年，印度政府成立了太空部（Department of Space），負責督導「印度太空研究組織」，而太空部直接向印度總理報告，彰顯航太科技研發在印度的重要性。

　　印度太空研究組織的第一項研製成果係人造衛星阿耶波多號（Aryabhata，發射質量360公斤），於1975年4月19日由蘇聯運載火箭發射入軌。1980年7月18日，印度太空研究組織研製的SLV-3運載火箭將研製的衛星羅希尼1B號（Rohini-1B，發射質量40公斤）送入太空軌道，成爲第

第11-11圖　印度推力最大的GSLV MkIII火箭能將10000公斤載荷送入近地軌道，圖爲2017年6月5日首次發射情況（圖源：ISRO）

七個以本國航太科技實力發射衛星的國家。此後印度太空研究組織研製
了ASLV火箭、PSLV系列火箭與GSLV系列火箭，以及一系列衛星與探測
器。其中2013年11月5日發射的曼加里安號探測器、2014年9月24日進入
環飛火星的軌道，使印度成為第一次發射就成功，以及亞洲第一個、世界
第四個成功探測火星的國家，膾炙人口。

2017年2月15日，印度太空研究組織的PSLV-C37運載火箭一次發射
104顆衛星入軌，創下當時「一箭多星」的世界紀錄，也為該組織的一項
殊榮。此外印度建構了「印度區域導航衛星系統（Indian Regional Navi-
gation Satellite System）區域性衛星定位系統，為印度大陸提供區域性定
位導航服務。

2007年，印度太空研究組織開始進行「印度載人航太計畫（Indian
Human Spaceflight Programme）的先期研究，發展將載人太空船發射到

第11-12圖　印度天舟太空船飛行想像圖，採用當下流行的2艙式構型，
　　　　　　返回艙能容納3名太空人，服務艙太陽能電池板由一對增為
　　　　　　兩對，具備7天的獨立飛行能力（圖源：ISRO）

地球低軌太空所需的硬與軟體，爭取繼蘇聯／俄羅斯、美國與中國之後，成為第四個載人航太的國家。

　　2018年8月印度載人航太計畫正式立項。印度媒體報導：印度載人航太計畫投資13.5億美元，太空船命名為「加岡揚號（Gaganyaan，梵文，英譯為Sky Craft／天舟），為時下流行的2艙式構型，能容納3名太空人，具備7天的獨立飛行能力，將使用GSLV Mark III 火箭發射；第一次不載人太空飛行與第一次載人太空飛行，分別訂於2022年與2024年進行。2022年09月15日，印度科學和技術國務部長吉滕德蘭・辛格（Jitendra Singh）說，印度由於新冠疫情的影響首次不載人太空飛行發射推遲至2023年第二季執行，首次載人太空飛行計畫於2024年執行。

　　印度太空研究組織的發射場名為薩迪什・達萬太空中心（Satish Dhawan Space Centre），位於印度東南部、孟加拉灣西岸的安得拉邦（Andhra Pradesh）。

第八節　結語

　　本章簡略說明了蘇聯／俄羅斯、美國、中國、歐洲太空總署、日本與印度，成為當前主要航太國家／組織的背景、發展歷程、成果與現況，讀者應能察覺到這6個國家／地區具有全部與部分下列的基本條件：科技與工業發達、科技教育普及、發展航太科技的雄心與長遠計畫、國力富強、人口眾多、國土廣大等，因為運載火箭與太空飛行器係科技、工業與資本密集的產物，必須有上述的基本條件支持，才能長期地研發航太科技與營運航太產業，成為主要航太國家。

　　本書第七章至第十章的分別簡要說明了各國研製人造衛星、發展載人太空飛行、探月與登月與深遠太空探測的歷程，這6個主要航太國家／地區分別先後參與，對航太科技發展的貢獻也各有不同，這當然係因受限於上述基本條件不同。讀者讀完本書第七章至第十一章的內容後，應不難體認當前這6個主要航太主要國家在航太科技實力的排序吧！

第十二章

太空已是人類的資產與未來的戰場

第一節　緒言

　　宇宙形成時就已存在的浩瀚太空，歷經漫長時期的沉寂與平靜，人類直到科技與工藝因長期累積而成熟的二十世紀六十年代，才有能力開始發射太空飛行器來探索太空，突破了太空的沉寂與平靜。經過人類數十年積極發展航太科技，並利用航太科技大幅改善了人類的生活品質與內涵，促進了經濟的發展與社會的繁榮，時至今日太空已被轉化為人類的寶庫與資產。

　　同時由於航太科技的功能獨特，促使各主要航太國家正趨向將太空「軍事化」，不久太空將成為強國開戰之初必須占據的「戰略制高點」，未來太空可能成為烏煙瘴氣的戰場。另一方面，由於太空中的太空垃圾持續增加，日趨嚴重地將妨害太空飛行器飛行，多年後可能致使人類無法使用太空，太空勢將成為人類對抗（清除）太空垃圾的戰場。本章將就此兩話題作一簡要說明。

第二節　太空飛行器衍生為實用化工具

　　1957年與1958年蘇聯與美國發射的第一顆人造衛星，皆係以執行科學探測任務來彰顯其科技實力，但很快人造衛星的發展就趨於實用化。

　　1958年12月18日，美國成功發射了世界上第一顆實驗通信衛星「斯科爾（SCORE，Signal Communications by Orbiting Relay Equipment的字首組成，意為「透過軌道中繼設備進行信號通信」）」進入太空軌道，提供了太空通信中繼系統的第一次測試，標誌著人類通訊事業即將展開始一個新紀元。繼而：回聲1號（Echo 1，第一顆金屬氣球衛星，用為微波信號的無源反射器，1960年發射）、電星1號（Telstar 1，第一顆跨洋通訊實驗通訊衛星，1962年發射）、同步通信衛星2號（Syncom 2，第一顆地球同步軌道通訊衛星，1963年發射）等各型通訊衛星陸續進入太空，人類的通訊變得無遠弗屆、方便與便宜，也反映人造衛星的功能已由科技探測發展為造福人民福祉的科技應用了。

　　繼通信衛星之後，照相衛星、氣象衛星、資源衛星、環境監測衛星、海洋衛星陸續相繼誕生，為各國科學、民生、社會與經濟提供了服務與助力，使人民生活、國家的經濟與科技獲得長足的進步。

第三節　太空飛行器與平民生活的關連

　　太空飛行器歷經60餘年的發展，與平民的生活、社會的繁榮已產生密切的關連，立即或持續地產生直接或間接的影響。在太空運行各類太空飛行器中的人造地球衛星，最能改善平民的生活品質、增加生活的內涵，促進經濟的發展與社會的繁榮。茲列舉數項太空飛行器對平民生活的影響說明於下：

　　• **通信衛星** —— 已發展為目前應用最廣泛、最重要、商業化程度最

高的航太科技產業。通信衛星裝有由接收和發射設備組成的轉發器與天線，將收到的通訊電波經放大、移頻後發射給地面，用爲無線電通訊的中繼站。由於衛星軌道離地面很高，天線波束能覆蓋地球廣大面積，且電波傳播不受地形限制，能實現地面遠距離通訊。常用的地球靜止軌道通訊衛星，只需3〜4顆定點於地球靜止軌道組成通信衛星網，就可實現全球即時通訊，建立大量的衛星通信雙向通路，傳輸語音、文字、圖片、資料數據與報表等，不僅能增進平民生活的方便性，並且能提升工商服務的品質與時效。通訊衛星也可用以轉發電視信號電波而成爲衛星廣播電視，進而擴大電視的有效覆蓋範圍和強化電視影音品質，不僅改善平民的休閒影音享受，並且可爲廣大、偏僻、交通不便的農牧地區進行電視教學，傳播知識與概念，進而提高平民的生活觀念與品質。通過衛星網路建立的遠程醫療系統，可以對疑難病症和急症，迅速地請教異地專業醫生或進行遠程會診，甚至指導進行外科手術。時至今日，平民生活中已經不能沒有通信衛星系統的服務。近年來低軌（軌道高度2000公里以下）通信衛星星座興起，各國競相研建數量多達數萬顆衛星的星座，將致使近地太空布滿衛星，雖然使通信服務更爲方便與綿密，但未來因近地太空過於擁擠勢將嚴重影響各國使用太空（詳參本書第七章第3-6節）。

　　•**對地觀測衛星與資源衛星**——對地觀測衛星與資源衛星利用運行於太空軌道的位置優勢，對地球進行觀測以獲取地球體系的詳細資訊，能快速而廣闊地得知地面的情況，可在國土普查、城市建設、作物估產、森林調查、礦藏探勘、地圖測繪、水利系統規劃、海洋預報、環境保護與災害防範等方面廣泛被應用，直接對國家的經濟發展、社會繁榮產生貢獻，間接則對平民生活有所助益。對地觀測衛星與資源衛星也是世界上應用最廣的衛星之一。

　　•**氣象衛星**——氣象衛星能獲取完整的全球與本國的氣象資料。一方面，經氣象機構整合爲氣象預報資料後，能爲平民的生活提供服務；另一方面，完整的全球與本國的氣象資料能爲氣象研究、環境監測與防災減災

提供較精準的預測與分析，並可用為大氣科學、海洋學和水文學等領域研究必要的相關數據。

• **導航定位衛星**——導航定位衛星廣泛地應用於大地測量、船舶導航、飛機導航、地震監測、地質防災監測、森林防火滅火、災難搜救和交通管理等領域；並且由於導航定位模組與軟體已整合於汽車、手機、掌上型電腦等，因而使平民的生活變得更方便、更充實與更多彩多姿。

• **太空船、返回式衛星與太空站**——太空船與返回式衛星皆係在太空中運行一段時間後、再返回地球的太空飛行器；太空站則係長期運行於低地球軌道、經常有太空人駐留與往返的太空實驗室。近地太空是具有高真空、微重力、強輻射的獨特環境，太空站在軌飛行時，可利用此一特殊環境進行太空科技、太空醫學、生命科技、生物生理、農作物物種、製藥、材料生成、物理科學與化學科學等方面的實驗與研究，生產出地面無法產生的各種物種與材料，以及了解太空特殊環境下生物、物理與化學等的特殊效應。太空站已是農作物物種、製藥、材料生成等民生科技，與生物、化學、物理的研究室與「孵化器」！

綜合而言，太空飛行器與平民生活已形成密切的關係，其中人造地球衛星在通信、對地觀察與導航定位三大領域的應用，對平民福祉與國防實力整合更是貢獻極大。航太科技發展的歷史雖僅60餘年，但已成為各國人民生活、經濟活力、社會繁榮與國防建設不可或缺的「基本元素」，致使各國競相研發與應用。

第四節　航太科技的內涵與效益

航太科技係泛指與太空飛行器的研發、製造、發射、操控，以及探索和利用太空的相關科學、技術與工藝，它的內涵廣泛，基礎厚實。

研發、製造、發射與操控太空飛行器所涉及的科技包括：系統設

計、系統工程、天體力學、流體力學、熱力科學、機械設計、冶金科學、
材料科學、製程工程、通訊工程、遙測工程、遙控工程、自動化工程、機
械加工、持殊加工、電子科技、品質管制、檢驗與測試、軟體編製、系統
管理等，不勝枚舉。此外還需要持續投入大量資金、科技研發能量的成長
與突破、全國科技界與工業界的長期交流與融合，以及全體研製人員一絲
不苟、確實達到任務的工作紀律與心態。因此，航太科技的研發、製造、
發射與操控不僅是該國科學與技術體系的能力表現，更是該國整體工業體
系實力、基礎科技應用能力、經濟活力與人員素質的綜合體現，以及總體
國力的反映。另一方面，探索和利用太空也需要前述的科技為基礎與配
合，否則不可能實現。

　　各類在太空中運行的太空飛行器不僅能改善平民的生活品質、增加生
活的內涵，或強化國防力量外，更值得重視的是為探索和利用太空進行研
發而產生的新科學、新技術、新產品，更能衍生眾多的新科技、新商機與
龐大的經濟利益，國家與社會受益無窮，影響深遠。簡要列述幾條相關資
訊於下：

　　•美國載人登月的「阿波羅計畫（Project Apollo）」（詳參本書第九
章第五節），從1961年至1972年進行的一系列載人登月太空任務，阿波
羅11號、12號、14號、15號、16號與17號太空船，先後載送太空人軟登
陸月球與安全返回地球，總共耗資約254億美元（1973年美國航太總署提
交國會的結案報告中之總費用）。為了達成此一科技大突破的任務，持續
研發了大量創新的科技、工藝與產品；計畫結束多年後美國綜合檢討得出
的結論：由於載人登月計畫研究發展所產生的新科學、新技術、新工藝與
新產品，開放給美國的大學、研究機構與工業界運用，促使美國的民間科
技工藝大幅進步，經濟蓬勃發展，社會欣欣向榮，當年每1美元的投資能
產生7美元的收益，增益十分豐盛。

　　•人造衛星產業已發展衍生為衛星服務業、衛星製造業、發射服務
業和地面設備製造業四大產業領域。全球人造衛星產業產值從2007年的

1220億美元，到2016年已增加至2610億美元，10年間增長2倍多。另根據美國衛星產業協會（Satellite Industry Association）資料顯示，2021年全球太空經濟產值約3860億美元，其中全球衛星產業產值約2790億美元，2022年全球衛星產值有望達到2950億美元，其產值將繼續快速成長。

• 美國軍方為了其核動力潛艦、軍艦、戰略轟炸機、戰機、自走式火炮等戰具、能隨時快速與精確地決定其位置，而研建了GPS衛星導航定位系統（全名為「全球定位系統（Global Positioning System）」），1994年全面建成，可為位於全球任何地方或近地太空的用戶提供精確的三維位置、三維運動資訊和精確時間。GPS信號分為軍規的精確定位服務（Precise Positioning Service, PPS）與民用的標準定位服務（Standard Positioning Service, SPS）兩類；精確定位服務只開放給美軍與授權的盟軍使用，標準定位服務免費開放給全球民間使用。由於GPS系統的民用定位服務提前於1983年8月對全球民間開放，因而促使其接收裝置與衛星定位衍生性商品成為世界性的衛星導航產業，其銷售量約占全球衛星定位導航市場的90%，為美國航太業的高利潤產業。GPS系統不僅能為美軍戰具快速精確定位而及時發揮其戰力，並且其商業價值遠遠超過美國軍方的投資，其他各國的衛星導航系統一時很難與其爭鋒（詳參本書第七章第5-3節）。

• 美國銀行（Bank of America）2020年10月發布研究報告估計，按照過去2年的複合年均成長率10.6%計算，太空產業的收入將從2019年的4240億美元，增至2030年的1.4萬億美元。世界正在進入高速成長的太空時代，未來數十年太空產業的發展將如旭日東升。

第五節　太空愈來愈趨於「軍事化」

1957年蘇聯發射第一顆人造地球衛星後，美國與蘇聯競相研製與發射衛星，持續衍生了不同功能的民用衛星與軍用衛星，各種功能的軍用衛

星已被運用於軍事目的；另一方面，也激發了反衛星武器的誕生，用以摧毀或癱瘓敵方在軌的軍用衛星。自從第一顆人造衛星進入太空軌道，太空就開始愈來愈趨於「軍事化」。

5-1、人造衛星已被整合為作戰的天基C4ISR系統

在各種功能不同的應用衛星出現之後，人造衛星很快就被應用於軍事領域，偵察衛星、軍用氣象衛星、海洋監視衛星、軍用通訊衛星、飛彈預警衛星與定位導航衛星等也先後衍生，人造衛星逐漸被整合用為軍方的偵察、監視、氣象、通訊、預警、導航等的平台，進而為軍隊作戰提供了全球性、高水準的天基「指揮、管制、通信、電腦、情報、監視、偵察（C4ISR）」系統，人造衛星已衍生成為航太強國的「戰力倍增器（force multiplier）」。

5-2、各航太國家先後研發反衛星武器與設立太空部隊

蘇聯始自1961年開始研發「攔截衛星（俄文Istrebitel Sputnik，簡稱IS）」，以運載火箭發射送入太空，攔擊在軌運行的敵方衛星，總共進行了23次測試，擊毀在軌衛星，1973年2月宣布「攔截衛星」系統進入戰鬥部署。

美國是空射式反衛星飛彈的「始作俑者」。1959年美國空軍一架B-47轟炸機在離海平面11000公尺的高空，向近地軌道（高度251公里）上已經報廢的探險者-6號（Explorer-6）衛星發射了一枚「大膽獵戶座（Bold Orion）」飛彈，飛彈距探險者-6號衛星小於6.4公里的距離通過，被判定為「成功攔截」──如果飛彈裝有核彈頭，衛星就會被摧毀，但因政治因素而未繼續研發。1979年美國展開ASM-135反衛星飛彈的研發，1985年9月13日1架F-15戰機飛行於11600公尺高度，垂直發射ASM-135反衛星飛彈，命中555公里軌道上運行的老舊「太陽風（Solwind）」目標衛星。

2007年，中國發射1枚陸基SC-19反衛星飛彈，成功摧毀了其運行於距離地球864公里太陽同步軌道、即將報廢的的風雲一號C氣象衛星。

2008年2月20日，美國海軍伊利湖號飛彈巡洋艦（USS Lake Erie CG-70）發射的一枚RIM-161標準-3型飛彈，摧毀了離海面高247公里的報廢US-193衛星，這是全球第一次以服役中的軍艦發射現役的反彈道飛彈、擊毀運行於軌道的衛星。

2019年3月27日，印度發射1發陸基PDV Mk-II反衛星飛彈，命中1顆運行於740公里軌道上的Microsat-R目標衛星，成為第四個具備反衛星能力的國家。

2021年11月15日，俄羅斯發射1枚努多利河（Nudol，北約稱A-235）陸基反衛星飛彈，擊落了1顆運行於軌道高度679公里、名為「宇宙1408（Kosmos-1408）」衛星，產生了數千塊碎片，引發美國嚴厲批評。

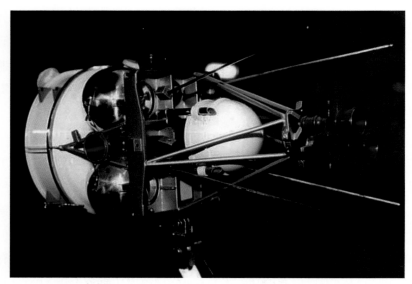

第12-1圖　蘇聯研製的「攔截衛星」於1970年2月第一次攔擊目標衛星成功（圖源：Роскосмоса）

第12-2圖　美國空軍F-15戰機發射ASM-135反衛星飛彈摧毀一顆軌道上
　　　　的衛星（圖源：U.S. Air Force）

　　這些反衛星飛彈射擊成功驗證了其命中在軌衛星的能力外，也在太空
產生了大量的太空垃圾。

　　除了陸基與空射式反衛星飛彈外，各航太國家也在積極研發海基反
衛星飛彈、地基定向能反衛星武器與天基反衛星武器。同時，美國、俄
羅斯、中國、印度與日本先後建立了太空作戰相關的部隊，積極發展太
空作戰戰力。此外，美國邀約其友邦參加、進行了14次「施裡弗太空作
戰（Schriever Wargame）」軍事演習（2001年至2020年間）、6次「全球
哨兵（Global Sentinel）」演習（2014年至2019年間），與6次「太空旗
（Space Flag）演習（2017年至2020年間），研討與和發展與太空戰相關

的理論、準則與運作。

　　未來攻擊衛星的武器勢必愈來愈多，太空將愈來愈趨於「軍事化」，不禁令人憂心人類能避免太空戰爭嗎？

第六節　發展航太科技的副產品 ── 大量累積的太空垃圾

　　太空垃圾（space debris或 space junk）或軌道碎片（orbital debris）是人類在進行航太活動時遺棄在太空的各種物體和碎片。太空垃圾的來源有：失去功能的太空飛行器、執行發射任務後的火箭殘骸、太空人失落的工具與器材等物品、廢棄的火箭與其產生的碎片、科學實驗後的遺留物、太空垃圾碰撞形成的更多新碎片、反衛星武器產生的碎片等。

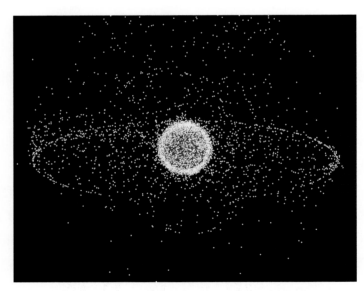

第12-3圖　從35800公里地球靜止軌道所見的太空垃圾散布情況，可概分為兩個主要的散布帶：主要集中於近地軌道；其次散布於地球靜止軌道內（圖源：NASA）

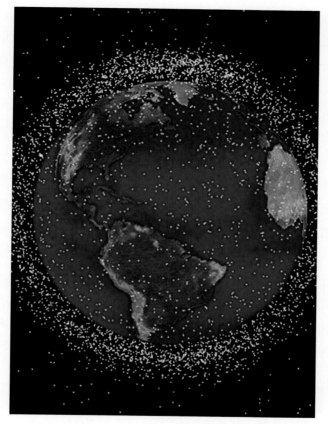

第12-4圖　美國航太總署由電腦生成的圖解顯示地球周圍軌道裡具有危
　　　　　險的太空垃圾。這些低軌道太空垃圾以每秒鐘7至8公里的速
　　　　　度飛行著，對太空飛行器的安全威脅甚大（圖源：NASA）

　　歷經60餘年來持續的航太活動，人類「製造」的太空垃圾已嚴重污
染了太空；目前在地球太空軌道上累積的軌道碎片數量非常龐大，已瀕臨
將影響未來的航太活動了，值得世人關心。

　　據美國航太總署（NASA）2021年5月26日的資料，地球太空中約有
2.3萬個接近或超過壘球大小（約10公分）、50萬顆約1公分大小與100萬
片約1公厘大小的太空垃圾；太空垃圾主要散布於2個區間：大部分集中

於近地軌道；另一部分散布於地球靜止軌道內。其中數量相對較少的「大形」整體性太空垃圾數，易於發現、追蹤、定軌與規避；對近地太空飛行器威脅最大的是那些尺寸較小的太空碎片。這些較小的太空碎片由於尺寸小，發現、跟蹤與定軌都比較困難，且由於數量眾多，因此與太空飛行器相撞的機率比「大形」整體性太空垃圾大得多。

飛行於高度250至800公里的近地球軌道上之太空垃圾，通常飛行速度約為每秒鐘7至8公里；而飛行於36000公里高度的高軌道上之太空垃圾，飛行速度則約為每秒鐘3公里；太空飛行器與太空垃圾發生碰撞時，兩者的相對速度甚至可以達到每秒鐘10公里以上（因兩者的軌道面傾角而異）。如此高速度相撞會產生巨大的破壞力——據計算太空飛行器被一塊10公分大小的太空垃圾撞擊，就可能被嚴重損毀。也即太空垃圾若與軌道上運行中的人造地球衛星、載人太空船或國際太空站相撞，不僅會損毀它們（可能危及太空人的生命安全），並且會產生更多的太空垃圾。

另據2019年12月23的一份BBC報導稱：產生太空垃圾最多的三個國家，依序為：蘇聯／俄羅斯、美國與中國。詳如第12-1表。

國家	數量
蘇聯／俄羅斯	5099
美國	4815
中國	3720
法國	507
印度	163

第12-1表　產生火箭殘骸和碎片數量最多的國家（資料來源：NASA）

近年來由於人造衛星愈做愈小、功能卻愈來愈強；加上運載火箭的發射價格降低與流行「一箭多星」發射，多家公司競相大量發射小型衛星，進入高度2000公里以下的低軌道，形成具有通信功能的衛星星座謀取商

業利益。目前已經公開宣佈的有：英國一網（OneWeb）公司、美國太空探索（SpaceX）公司、美國亞馬遜（Amazon）公司、中國衛星網路通信公司、中國航天科工公司、中國航天科技公司等，皆將陸續發射小型衛星建構各自的通信衛星星座，目前合計未來將有超過65000顆衛星運行於高度2000公里以下的近地軌道，不僅低軌道太空將無比的擁擠，並且這些壽命約1至3年的小型衛星將形成大量的大型太空垃圾，若不能於失去功能後立即自行墜返大氣層焚燬，勢將加速太空垃圾累積，遺害無窮。

第七節　太空垃圾將使太空面臨不能使用的危機

早在1978年，美國航太總署科學家唐納德・凱斯勒（Donald J. Kessler）曾提出一項「凱斯勒現象（Kessler Syndrome）」或「凱斯勒效應（Kessler effect）」的理論假設，來推測太空垃圾對太空危害的嚴重性。

凱斯勒現象認為：當在近地軌道運行的物體之密度達到某一程度時，將使這些物體在碰撞後產生的碎片能形成更多的新撞擊，而形成「逐次暴增（cascade）」效應，進而致使近地球軌道被危險的太空垃圾所覆蓋，太空飛行器將逐漸失去能夠安全運行的軌道。由於太空飛行器失去能夠安全運行的軌道，致使在此後的數百年內人類將無法發射太空飛行器與進行太空探索。

第八節　航太國家已展開減量與清除太空垃圾的行動

多年來太空垃圾大量累積，「凱斯勒現象」的危機愈來愈迫近，清除太空垃圾已刻不容緩，近年來各航太國家已展開太空垃圾減量的行動與清

除太空垃圾的研發。

在太空垃圾減量方面，盡量使高軌道衛星與低軌道衛星不成為大型太空垃圾，具體的措施有：

• 靜止軌道衛星與同步軌道衛星——在衛星將失去功能前，受控飛行升高數百公里至墓地軌道（參閱本書第五章第4-2-4節），騰出珍貴的靜止軌道或地球同步軌道位置供新衛星使用。

• 低軌道衛星——衛星必須具備「墜落返回大氣」機制的設計，以確保衛星失去功能前自動下降飛進地球大氣層焚燬，避免衛星殘骸成為太空垃圾，降低已擁擠不堪的低軌道太空的負擔。

在太空垃圾清除方面，各國積極研究發展中，但皆仍在設計、開發或試驗中，目前各國提出的構想有：

• 歐洲太空總署的「e.脫離軌道（e.deorbit）」概念設計。

• 英國薩里太空中心的「碎片清除任務（the Remove Debris mission）」太空試驗。

• 瑞士洛桑聯邦理工學院的「清潔太空一號」（Clean Space One）衛星網捕太空垃圾構想。

• 中國航太科技集團公司的「遨龍一號」機械臂捕捉太空碎片實驗。

• 日本宇宙航空研究開發機構（JAXA）的「太空飛行器釋放電磁動力繫纜（ElectroDynamic Tether）清理太空垃圾」構想。

• 日本理研高能天體物理實驗室的「雷射清除太空垃圾」構想（美國與中國也先後提出類似構想）。

但這些構想要研發成為實用的清除太空垃圾技術，尚需投入大量研發經費與時間。同時值得注意的是：清除太空垃圾的技術與硬體不僅可用以清除太空垃圾，但也可用以捕捉與破壞在軌運行的衛星，用為太空戰爭的反衛星武器。因此研發清除太空垃圾技術與硬體，航太強國處於矛盾與關切對手研發進展的心態。

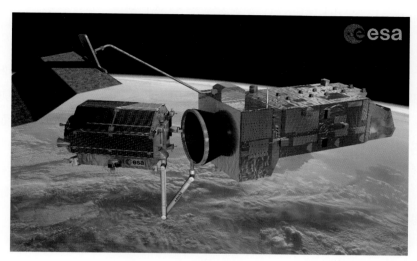

第12-5圖　歐洲太空總署的「e.脫離軌道（e.deorbit）」概念的「清除衛星」擄獲廢棄衛星作業示意圖。圖中左側「清除衛星」下方的1隻機械手臂先抓住廢棄衛星噴嘴的一邊，對側的另一機械手臂再抓住噴嘴的另一邊，然後拖曳至墓地軌道或返回大氣層焚燬（圖源：ESA）

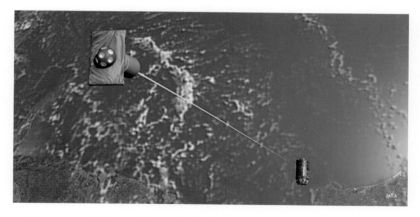

第12-6圖　2016年日本「鸛」6號貨運太空船飛往國際太空站執行運補任務後，回程中進行「太空飛行器釋放電磁動力繫纜清理太空垃圾」示意圖（圖源：JAXA）

第九節　結語

　　長期沉寂與平靜的太空，經過人類60餘年來透過航太科技予以開發與經營，已轉化爲人類的寶庫與資產，大幅改善了人類的生活品質與內涵，促進了經濟的發展與社會的繁榮。但太空科技的過度發展，一方面促使各主要航天國家正趨向將太空「軍事化」，太空勢將成爲烏煙瘴氣的戰場；另一方面由於太空垃圾持續增加，多年後終將致使人類無法使用太空。這兩項對太空的嚴重危害是人類必須盡力反對與防止的，否則人類將長期無法使用太空！

附錄一

本書參考資料

第一章

1. "Kármán line", Wikipedia, the free encyclopedia.

2. 「卡門線：卡門的觀點，定義，對定義的解讀，其他的定義」，中文百科全書。

3. 徐德文，「科學研究重新定義太空邊界：80公里，美國爲什麼一直反對？」，每日頭條網2018-07-29，https://kknews.cc/zh-tw/science/k29vm68.html

4. "Ionosphere", Wikipedia, the free encyclopedia.

5. 「地球的外衣——大氣圈」，中科院南海海洋所。

6. "Outer space", Wikipedia, the free encyclopedia.

7. 「太空教室學習資料庫」，國立中央大學太空科學研究所，http://www.ss.ncu.edu.tw/~lyu/lecture_files/IntroSpace.html。

8. Mary Kathryn Fritz, Multimedia; Scott Tilley, "WHAT ARE CISLUNAR SPACE AND NEAR RECTILINEAR HALO ORBITS?", https://blog.maxar.com/space-infrastructure/2019/what-is-cislunar-space-and-a-near-rectilinear-halo-orbit

9. 蘭順正，「太空軍事化正逐步向地月空間邁進」，網易網，2020-05-14，https://www.163.com/dy/article/FCJ9RCPL0515W7JS.html。

10. Karen Fox, "Interplanetary Space", NASA.

11. "What is Interplanetary Space?",Universe Today, https://www.universetoday.com/34074/interplanetary-space/

12. "Solar System", Wikipedia, the free encyclopedia.

13. "Interstellar Space", Wikipedia, the free encyclopedia.

14. "What is interstellar space?", EarthSky, https://earthsky.org/astronomy-essentials/definition-what-is-interstellar-space/.

15. "Deep Space", NASA.

16. "Deep space exploration", Wikipedia, the free encyclopedia.

17. "Aerospace", Wikipedia, the free encyclopedia.

18. 「月球探測算是深空探測嗎？什麼才是深空探測？」，一讀網，2021/11/12，https://read01.com/kjOazL4.html#.Y4XDPXZBzrc

19. 「近太空」，維基百科，自由的百科全書。

20. 「NearSpace」，快懂百科。

21. 「中國的空間飛艇「圓夢」號可能長啥樣？」，2018/08/02，http://www.ifuun.com/a2018080215187482/

22. 應紹基，「剖析東風-17因何被列爲「戰略飛彈」」，《台北論壇》，2020年11月5日，https://www.taipeiforum.org.tw/article_d.php?lang=tw&tb=3&cid=24&id=1590。

23. 應紹基，「太空旅遊　蓄勢待發」，《全球防衛雜誌》，第421期（2019年9月號）。

25. "Voyager 1", Wikipedia, the free encyclopedia.

第二章

1. "Spacecraft", Wikipedia, the free encyclopedia.

2. 「宇宙飛船」，維基百科，自由的百科全書。

3. "Sputnik 1", Wikipedia, the free encyclopedia.

4. 「史普尼克1號」，維基百科，自由的百科全書。

5. "Sputnik 1", NASA.

6. "Luna 3", Wikipedia, the free encyclopedia.

7. 「月球3號」，維基百科，自由的百科全書。

8. "Vostok 1", Wikipedia, the free encyclopedia.

9. "Space Shuttle Discovery", Wikipedia, the free encyclopedia.

10. "Boeing X-37", Wikipedia, the free encyclopedia.

11. "Timeline of first orbital launches by country", Wikipedia, the free encyclopedia.

12. "Chronology of Space Launches", Gunter's Space Page.

13. "Juno I", Wikipedia, the free encyclopedia.

14. 「朱諾1號運載火箭」，維基百科，自由的百科全書。

15. "Explorer 1", Wikipedia, the free encyclopedia.

16. 「探索者一號」，維基百科，，自由的百科全書。

17. "International Designator", Wikipedia, the free encyclopedia.

18. 「國際衛星標識符」，維基百科，自由的百科全書。

19. "Satellite Catalog Number", Wikipedia, the free encyclopedia.

20. 「衛星目錄序號」，維基百科，自由的百科全書。

第三章

1. "Aerospace engineering", Wikipedia, the free encyclopedia.

2. 「航空太空工程學」，維基百科，自由的百科全書。

3. "Aerospace", Wikipedia, the free encyclopedia.

4. 「航天」，維基百科，自由的百科全書。

5. "Aerodynamics", Wikipedia, the free encyclopedia.

6. "Aeronautics", Wikipedia, the free encyclopedia.

7. "Aircraft", Wikipedia, the free encyclopedia.

8. 「飛機」，維基百科，自由的百科全書。

9. "Astronautics", Wikipedia, the free encyclopedia.

10. 「航空太空工程學」，維基百科，自由的百科全書。

11. 「航空學」，百度百科。

12. "Orbital mechanics", Wikipedia, the free encyclopedia.

13. 「軌道動力學」，維基百科，自由的百科全書。

14. "NASA completes balloon technology test flight, sets flight duration record", July 2, 2016, https://blogs.nasa.gov/superpressureballoon/page/3/

15. 「氫氣球能飛多高：直接飛出大氣層?」，2021-01-10，https://ppfocus.com/0/sp-ba5dc50.html。

16. "Hybrid Air Vehicles Airlander 10", Wikipedia, the free encyclopedia.

17. 「宇宙速度」，維基百科，自由的百科全書。

18. "Mangalyaan", Wikipedia, the free encyclopedia.

19. "Voyager 1", Wikipedia, the free encyclopedia.

20. "Launch window", Wikipedia, the free encyclopedia.

21. 「發射窗口」，百度百科。

22. "Orbital spaceflight", Wikipedia, the free encyclopedia.

23. "Sub-orbital spaceflight", Wikipedia, the free encyclopedia.

24. "Kepler's laws of planetary motion", Wikipedia, the free encyclopedia.

25. 「克卜勒定律」，維基百科，自由的百科全書。

26. "Hohmann transfer orbit", Wikipedia, the free encyclopedia.

27. 「霍曼轉移軌道」，維基百科，自由的百科全書。

28. "Orbit", Wikipedia, the free encyclopedia.

29. 「軌道保持」，百度百科。

30. "Gravity assist", Wikipedia, the free encyclopedia.

31. 「重力助推」，維基百科，自由的百科全書。

32. 「重力助推」，百度百科。

第四章

1. 「航天器」，百度百科。

2. 「航天」，維基百科，自由的百科全書。

3. "Satellite Control Network", Wikipedia, the free encyclopedia.

4. "Tracking and Data Relay Satellite System", Wikipedia, the free encyclopedia.

5. 「航天測控網」，百度百科。

6. 「航太測控網」，快懂百科，https://www.baike.com/wikiid/8804912702172765154?view_id=2znnhsr544c000

7. 「航天測控網」，華人百科，https://www.itsfun.com.tw/%E8%88%AA%E5%A4%A9%E6%B8%AC%E6%8E%A7%E7%B6%B2/wiki-0227087-7213357

8. 「什麼是航天測控網」，中國載人航天工程網，http://www.cmse.gov.cn/art/2011/9/28/art_1395_23647.html

9. 「測控系統──我國的航太測控網」，搜狐新聞網，2007年08月15日，http://news.sohu.com/20070815/n251598022.shtml

10. 「天宮一號與神舟八號交會對接任務測控網（圖）」，搜狐新聞網，2011年09月29日，http://news.sohu.com/20110929/n320987623.shtml

11. 「西安衛星測控中心具備中國所有發射場同時火箭發射測控能力」，城市新聞網，https://icitynews.com/?p=142245

12. 風雲，「中國航太測控網覆蓋全球」，中國青年報網站，2013年12月04日，http://qnck.cyol.com/html/2013-12/04/nw.D110000qnck_20131204_1-18.htm

13. "Chinese Deep Space Network", Wikipedia, the free encyclopedia.

14. "About Chinese VLBI Network", EAVN/APT，http://astro.sci.yamaguchi-u.ac.jp/eavn/aboutcvn.html

15. 董光亮等，「中國深空測控系統建設與技術發展」，《深空探測學報Vol. 5 No. 2》，http://jdse.bit.edu.cn/fileSKTCXB/journal/article/sktcxb/2018/2/PDF/20180201.pdf

16. Weiren WU, et al., "Status and prospect of China's deep space TT&C network", SCIENTIA SINICA Informationis, Volume 50, Issue 1: pp87-127 (2020), https://www.sciengine.com/publisher/scp/journal/SSI/50/1/10.1360/SSI-2019-0242?slug=fulltext

17. 「中國航天測控站列表」維基百科，自由的百科全書。

18. 「VLBI測軌分系統為『天問一號』火星探測任務保駕護航」，上海天文臺，2020-07-23，http://www.shb.cas.cn/kjjz2016/202007/t20200723_5643642.html

19. 「中國甚長基線干涉測量系統二期工程建設圓滿完成」，中國科學院，2004-07-19，http://www.cas.cn/ky/kyjz/200407/t20040719_1026366.shtml

20. 「天鏈系列中繼衛星」，維基百科，自由的百科全書。

21. 王然等，「天鏈衛星：搭起天地往返的『資訊天路』」，中國軍網，2020年8月21日，http://www.81.cn/jfjbmap/content/2020-08/21/content_269067.htm

22. "Space Network", Wikipedia, the free encyclopedia.

23. "Ground Data Systems & Mission Operations", NASA, https://www.nasa.gov/smallsat-institute/sst-soa/ground-data-systems-and-mission-operations

24. "Near Earth Network", Wikipedia, the free encyclopedia.

25. "Deep Space Network", Wikipedia, the free encyclopedia.

26. "Tracking and Data Relay Satellite", Wikipedia, the free encyclopedia.

第五章

1. 「人造衛星」，維基百科，自由的百科全書。

2. 「人造衛星（環繞地球在空間軌道上運行的無人航天器）」，百度百科。

3. "Satellite", Wikipedia, the free encyclopedia.

4. Ben Biggs, Elizabeth Howell, "What is a satellite?", https://www.space.com/24839-satellites.html

5. Paul Kirvan,"Satellite", https://www.techtarget.com/searchmobilecomputing/definition/satellite

6. Space Foundation Editorial Team,"COMPONENTS OF A SATELLITE", https://www.

spacefoundation.org/space_brief/satellite-components/

7. "What is Satellite? | Types of Satellite | Components of Satellite", https://informationq. com/satellite-overview/

8. 「科普：一顆衛星的由哪些部分組成」，雲腦智庫，https://www.eet-china.com/mp/ a101250.html

9. 「衛星平臺」，維基百科，自由的百科全書。

10. "Orbital elements", Wikipedia, the free encyclopedia.

11. "The 6 Classic Orbital Elements",Science 2.0, https://www.science20.com/satellite_dia-ries/6_classic_orbital_elements-79561

12. 「軌道六根數」，知乎專欄，https://zhuanlan.zhihu.com/p/483566878

13. 劉奇，「確定衛星位置需要幾個要素你知道多少？」，2019-08-26，https://www.kepu-china.cn/wiki/yzts/04/201908/t20190823_1100361.shtml。

14. "List of orbits", Wikipedia, the free encyclopedia.

15. 「常見航天器軌道的簡單介紹」，bilibili網，2018-05-08，https://www.bilibili.com/ read/cv458854

16. "Types of orbits", European Space Agency, https://www.esa.int/Enabling_Support/Space_ Transportation/Types_of_orbits

17. "Graveyard orbit", Wikipedia, the free encyclopedia.

18. 「低軌道」，維基百科，自由的百科全書。

19. 「中地球軌道」，維基百科，自由的百科全書。

20. 「高地球軌道」，維基百科，自由的百科全書。

21. 「高橢圓軌道」，維基百科，自由的百科全書。

22. 「地球同步軌道」，維基百科，自由的百科全書。

23. 「太陽同步軌道」，維基百科，自由的百科全書。

24. 「極地軌道」，維基百科，自由的百科全書。

25. 「人造地球衛星運行軌道」，百度百科。

26. "Geostationary transfer orbit", Wikipedia, the free encyclopedia.

27. 「地球同步轉移軌道」，維基百科，自由的百科全書。

28. 「地球同步轉移軌道」，百度百科。

29. "Satellite mass categories",Encyclopedia of Science, The Worlds of David Darling, https:// www.daviddarling.info/encyclopedia/S/satellite.html

30. "Small satellite", Wikipedia, the free encyclopedia.

31. 「小型衛星」，維基百科，自由的百科全書。

32. Vaios Lappas and Vassilis Kostopoulos, "A Survey on Small Satellite Technologies and Space Missions for Geodetic Applications", https://www.intechopen.com/chapters/72354

33. "CubeSat", Wikipedia, the free encyclopedia. https://www.wikiwand.com/en/CubeSat

34. 「立方衛星」，維基百科，自由的百科全書。

35. 「立方體衛星」，百度百科。

36. 「人造衛星的一般壽命是多久？」，https://www.juduo.cc/club/2745559.html

37. 李奕德，「為什麼一場不經意的小磁暴卻造成SpaceX 40顆衛星殞落」，2022-02-15，https://swoo.cwb.gov.tw/swapp/news/show/20220215001/

38. "Satellite constellation", Wikipedia, the free encyclopedia.

39. "Satellite constellation", European Space Agency, https://www.esa.int/Applications/Observing_the_Earth/Copernicus/Sentinel-1/Satellite_constellation.

40. 「衛星星座」維基百科，自由的百科全書。

41. "Satellite formation flying", Wikipedia, the free encyclopedia.

42. "Satellite Formation Flying", Navipedia, https://gssc.esa.int/navipedia/index.php/Satellite_Formation_Flying.

43. 「什麼是衛星編隊？六個問題帶你一文讀懂」，騰訊網，2021年11月26日，https://new.qq.com/rain/a/20211126A0ARPM00

44. 任廷領，「衛星能飛多久？為什麼不是永遠飄在天上？」，新浪科技，2016.11.11，https://tech.sina.cn/d/bk/2016-11-11/detail-ifxxsmic5972640.d.html?from=wap

第六章

1. Giles Sparrow, "How rockets work: A complete guide", https://www.space.com/how-rockets-work.

2. "How are satellites launched into orbit?", Astronomy WA, https://www.astronomywa.net.au/how-are-satellites-launched-into-orbit.html

3. Gary Brown & William Harris, "How Is a Satellite Launched Into an Orbit?",How Satellites Work, https://science.howstuffworks.com/satellite5.htm

4. Arif Karabeyoglu,"Lecture 7, Launch Trajectories", Stanford University, https://web.stanford.edu/~cantwell/AA284A_Course_Material/Karabeyoglu%20AA%20284A%20Lectures/AA284a_Lecture7.pdf

5. "Gravity turn"Wikipedia, the free encyclopedia.

6. "Why is it better to launch a spaceship from near the equator?", https://www.qrg.north-western.edu/projects/vss/docs/navigation/2-why-launch-from-equator.html

7. 「火箭發射」，百度百科。

8. 「火箭發射軌道」，《中國載人航太科普叢書・通天神箭》，2012年09月17日，http://www.spacechina.com/n25/n148/n272/n348309/c284946/content.html

9. 「火箭如何將飛行器送入預定軌道？」，https://www.juduo.cc/science/1744813.html。

10. 「發射彈道與入軌」，百度百科。

11. 「為什麼火箭是沿著彎曲軌道發射進入太空的？」，天文線上網，2019年11月28日，https://zhuanlan.zhihu.com/p/94200851

12. 「火箭垂直發射技術」，快懂百科。

13. 周武：「為什麼火箭要垂直起飛」，科普中國網，2018-10-22，https://www.kepuchina.cn/2016zt/100000whys/02/201810/t20181022_756151.shtml

14. "Kobalt-M reconnaissance satellite series", Russian Space Web, http://www.russianspace-web.com/kobalt_m.html

15. 「地球靜止軌道通信衛星入軌的難點和看點」，信息與電子前沿網，2017/10/11，https://read01.com/xDARK3D.html#.Y6uyMnZBzrc

16. Jason Davis ,"How to get a satellite to geostationary orbit", The Planetary Society,Jan 17, 2014, https://www.planetary.org/articles/20140116-how-to-get-a-satellite-to-gto.

17. "Geostationary orbit", Wikipedia, the free encyclopedia.

18. "Supersynchronous transfer orbit (SSTO)", ESA, 21/10/202219, https://www.esa.int/ESA_Multimedia/Images/2022/10/Supersynchronous_transfer_orbit_SSTO

19. "What are the benefits of supersynchronous transfer orbits?", 2022年1月10日，https://space.stackexchange.com/questions/57669/what-are-the-benefits-of-supersynchronous-transfer-orbits.

20. 「靜止衛星發射和定點」，百度百科。

21. 「超同步轉移軌道」，百度百科。

22. 「一次昂貴的自駕出行---地球靜止軌道通信衛星獨上3.6萬公里」，2017-09-23，https://www.sohu.com/a/194094463_466840

24. 「什麼是人造地球衛星的發射軌道？什麼是星際探測器的能量最省航線？航天器的返回軌道有幾種？」，中國探月與深空探測網，http://www.clep.org.cn/n5982044/n5988857/c5990746/content.html

25. "Upper Stages", Centennial of Flight, https://www.centennialofflight.net/essay/SPACE-FLIGHT/upper_stages/SP12.htm

26. 楊宇光，「上面級技術的前世今生」，http://news.sohu.com/20150922/n421827204.shtml

27. "Delta IV", Wikipedia, the free encyclopedia.

28. 「三角洲4號運載火箭」，維基百科，，自由的百科全書。

29. "Starlink",Wikipedia, the free encyclopedia.

30. Issam Ahmed, "SpaceX satellites pose new headache for astronomers", MAY 29, 2019, https://phys.org/news/2019-05-spacex-satellites-pose-headache-astronomers.html.

31. "OneWeb",Wikipedia, the free encyclopedia.

32. "Soyuz launches fourth OneWeb cluster", Russian Space Web, http://www.russianspace-web.com/oneweb4.html

33. 「一箭發射多星技術」，百度百科。

34. 「SpaceX一箭143星「太空拼車」破人類航太紀錄！一箭多星技術大起底」，2021年01月25日 18:28來源：雷鋒網，https://finance.sina.com.cn/tech/2021-01-25/doc-ikftpn-ny1656428.shtml

35. 「長征二號丁成功以一箭四星方式發射升空」，Now新聞，2020年2月20日，https://news.now.com/home/international/player?newsId=381299

36. 「『一箭22星』成功發射，長征八號遙二火箭創我國一箭多星最高紀錄」，知乎網2022年2月27日，https://www.zhihu.com/question/519019446/answer/2366688645

37. 「行星際航行」，維基百科，自由的百科全書。

38. "Basic of Space Flight: Interplanetary Flight", Rocket and Space Technology, http://www.braeunig.us/space/interpl.htm.

39. "Mars Orbiter Mission",Wikipedia, the free encyclopedia.

40. "Mangalyaa", wiki, https://www.slideshare.net/bsmukunth/mangalyaan-wiki.

41. Anuj Tiwari, "ISRO's Mangalyaan: Here's All You Need To Know About The Mars Orbiter Mission", Nov 05, 2022, https://www.indiatimes.com/trending/social-relevance/isro-historic-mission-mangalyaan-all-you-need-to-know-583963.html.

42. "Mars Orbiter Mission – Spacecraft & Mission", https://spaceflight101.com/mom/mars-orbiter-mission/

43. 「（曼加里安號）火星軌道探測器」，維基百科，自由的百科全書，https://zh.m.wikipedia.org/zh-tw/%E7%81%AB%E6%98%9F%E8%BB%8C%E9%81%93%E6%

8E%A2%E6%B8%AC%E5%99%A8。

44. 「印度曼加里安號已環繞火星工作7年半，與天問一號相比有何優劣？」，2021/03/17，來源：科學膠囊，https://read01.com/3zeDOnO.html#.Y5RRjXZBzrc

45. "Gravity assist", Wikipedia, the free encyclopedia.

46. 「重力助推」，維基百科，自由的百科全書。

47. "Voyager 1", Wikipedia, the free encyclopedia.

48. "Voyager 2", Wikipedia, the free encyclopedia.

49. Eric Betz ,"Voyager: What's next for NASA's interstellar probes?", April 28, 2020, https://astronomy.com/news/2020/04/voyager-whats-next-for-nasas-interstellar-probes.

50. John Uri "45 Years Ago: Mariner 10 First to Explore Mercury", Mar 29, 2019, https://www.nasa.gov/feature/45-years-ago-mariner-10-first-to-explore-mercury.

51. "Apollo 13", NASA, https://www.nasa.gov/mission_pages/apollo/missions/apollo13.html.

52. "Apollo 13", Wikipedia, the free encyclopedia.

53. 顏安譯，《阿波羅13號》，五南圖書出版公司印行。

54. 「太空飛行器返回技術」，中文百科全書。

55. 邱天人，「載人飛船是如何返回地面的？」，2012年6月29日，http://news.cntv.cn/special/thinkagain/spaceshipreturn/index.shtml

56. "Interplanetary spaceflight",Wikipedia, the free encyclopedia.

57. "Atmospheric entry",Wikipedia, the free encyclopedia.

58. 「再入」，維基百科，自由的百科全書。

59. 「航天器返回技術」，快懂百科。

60. 「太空飛行器是如何返回到地球的，一文帶你了解太空飛行器返回技術！」，2019/12/19，https://read01.com/zh-tw/zyQnoa4.html#.Y5Q963ZBzrc

61. "Non-ballistic atmospheric entry", Wikipedia, the free encyclopedia.

62. 「返回軌道」，三度漢語網，https://www.3du.tw/article.php?id=178443。

63. 「返回軌道」，百度百科。

64. 「在返回艙觸地的一瞬間，受力多少呢？」，騰訊網，https://new.qq.com/rain/a/20220430A06BTE00。

65. 「再入走廊」，百度百科。

66. 「再入返回方式」，2016-12-05，https://medium.com/@9sunrise945/%E5%86%8D%E5%85%A5%E8%BF%94%E5%9B%9E%E6%96%B9%E5%BC%8F-6a9584916f25

67. Robert Frost,"Re-entry corridor", https://www.quora.com/Is-it-possible-to-design-a-

spacecraft-reentry-with-a-shallower-profile-resulting-in-lower-g-loading-and-heating-Could-you-fly-a-profile-that-decelerates-more-slowly-say-at-a-maximum-of-2g-like-an-extended-period-of-aerobraking.

68. Jeff Scott, "Atmosphere & Spacecraft Re-entry"6 March 2005, http://www.aerospaceweb. org/question/spacecraft/q0218.shtml.

69. "Apollo 17",Wikipedia, the free encyclopedia.

70. "Apollo 8",Wikipedia, the free encyclopedia.

71. 「阿波羅8號」，維基百科，自由的百科全書。

72. "Space Shuttle orbiter - Wikipedia",Wikipedia, the free encyclopedia.

73. "Atalantis-STS-122", http://www.zlutykvet.cz/STS_122/mise.html.

74. Austin Bugden, "What would the Space Shuttle do if it over shot its target landing?", https://www.quora.com/What-would-the-Space-Shuttle-do-if-it-over-shot-its-target-landing.

第七章

1. "Timeline of first orbital launches by country", Wikipedia, the free encyclopedia.

2. "Chronology of Space Launches", Gunter's Space Page.

3. "Communications satellite", Wikipedia, the free encyclopedia.

4. 「通訊衛星」，維基百科，自由的百科全書。

5. "Syncom 1, 2, 3", Gunter's Space Page.

6. "Molniya satellite", Wikipedia, the free encyclopedia.

7. "Iridium satellite constellation", Wikipedia, the free encyclopedia.

8. 「分類：中國通信衛星」，維基百科，自由的百科全書。https://zh.wikipedia.org/zh-hk/Category:%E4%B8%AD%E5%9B%BD%E9%80%9A%E4%BF%A1%E5%8D%AB%E6%98%9F

9. "Mega-constellation satellites on the horizon", DNV, https://www.dnv.com/to2030/technology/mega-constellation-satellites-on-the-horizon.html

10. 「商業低軌通信衛星星座的發展態勢及軍事應用分析」，全球趣味資訊2020-08-07，http://www.ifuun.com/a2020080726191602/

11. 應紹基，「近地軌道：太空競爭的新邊疆系列之一：美英積極發射通信衛星搶佔太空近地軌道」，《全球防衛雜誌》，455期（2022年7月號）。

12. 應紹基，「近地軌道：太空競爭的新邊疆系列之二：中國迎頭趕上積極籌建低軌通信衛星星座」，《全球防衛雜誌》，456期（2022年8月號）。

13. 「低軌道衛星系統」，百度百科。https://baike.baidu.com/item/%E4%BD%8E%E8%BD%A8%E9%81%93%E5%8D%AB%E6%98%9F%E7%B3%BB%E7%BB%9F/10691542

14. "SPOT satellite", Wikipedia, the free encyclopedia.

15. 「SPOT」，國立中央大學太空及遙測研究中心，https://www.csrsr.ncu.edu.tw/rsrs/satellite/SPOT.php

16. 「斯波特衛星」，百度百科。

17. "Pléiades satellite", Wikipedia, the free encyclopedia.

18. 「昴宿星衛星」，百度百科。

19. "WorldView Series",Earth Online, https://earth.esa.int/eogateway/missions/worldview

20. "DigitalGlobe", Wikipedia, the free encyclopedia.

21. 「DigitalGlobe」，維基百科，自由的百科全書。

22. "Dove Satellite Constellation (3m)", Dove (3m) Satellite Imaging Corp. https://www.satimagingcorp.com/satellite-sensors/other-satellite-sensors/dove-3m/

23. 「星球實驗室」，百度百科。

24. "Jilin-1", Wikipedia, the free encyclopedia.

25. 「吉林一號」，維基百科，自由的百科全書。

26. 「吉林一號商業衛星」，百度百科。

27. 「吉林一號高分03D47星等8顆衛星發射成功！」，北京時間網站，2022-12-10，https://item.btime.com/f43nga2gili9io8g0h5ebrh82er?page=1

28. 「『吉林一號』衛星星座」，衛星百科，https://sat.huijiwiki.com/wiki/%E2%80%9C%E5%90%89%E6%9E%97%E4%B8%80%E5%8F%B7%E2%80%9D%E5%8D%AB%E6%98%9F%E6%98%9F%E5%BA%A7

29. 「高分專項工程」，維基百科，自由的百科全書。

30. 「高分專項工程」，百度百科。

31. 「高分系列衛星介紹與資料下載」，知乎網，https://zhuanlan.zhihu.com/p/443448348

32. 「高分四號衛星影像資料」，北京中景視圖公司，http://www.zj-view.com/GF4

33. Kristin Huang, "China completes final link in Gaofen earth observation satellite chain", South China Morning Post, 8 Dec, 2020. https://www.scmp.com/news/china/science/article/3113056/china-completes-final-link-gaofen-earth-observation-satellite

34. "Satellite navigation", Wikipedia, the free encyclopedia.

35. 「衛星導航系統」，維基百科，自由的百科全書。

36. "Global Positioning System", Wikipedia, the free encyclopedia.

36. 「全球定位系統」，維基百科，自由的百科全書。

38. "GLONASS", Wikipedia, the free encyclopedia.

39. 「格洛納斯系統」，維基百科，自由的百科全書。

40. "BeiDou", Wikipedia, the free encyclopedia.

41. 「北斗衛星導航系統」，維基百科，自由的百科全書。

42. "Galileo satellite navigation", Wikipedia, the free encyclopedia.

43. 「伽利略定位系統」，維基百科，自由的百科全書。

44. "Indian Regional Navigation Satellite System", Wikipedia, the free encyclopedia.

45. 「印度區域導航衛星系統」，維基百科，自由的百科全書。

46. "Quasi-Zenith Satellite System", Wikipedia, the free encyclopedia.

47. 「準天頂衛星系統」，維基百科，自由的百科全書。

48. 應紹基，「衛星導航系列之一：北斗系統完成全球覆蓋 挑戰美國GPS」，《全球防衛雜誌》，435期（2020年11月號）。

49. 應紹基，「衛星導航系列之二：GPS、格洛納斯與伽利略系統S」，《全球防衛雜誌》，437期（2021年1月號）。

50. 應紹基，「衛星導航系列之三：「印度區域衛星導航系統」與日本「準天頂衛星系統」」，《全球防衛雜誌》，438期（2021年2月號）。

第八章

1. "Human spaceflight", Wikipedia, the free encyclopedia.

2. "List of human spaceflights", Wikipedia, the free encyclopedia.

3. "History of Manned Space Missions", Windows to the Universe, https://windows2universe.org/space_missions/manned_table.html&dev=1/

4. 「載人航天」維基百科，自由的百科全書。

5. "List of spaceflight records", Wikipedia, the free encyclopedia.

6. 「航太紀錄列表」，維基百科，自由的百科全書。

7. "What was the first animal sent into space?", Royal Museums Greenwich，https://www.rmg.co.uk/stories/topics/what-was-first-animal-space

8. 「盤點飛向太空的動物宇航員」，2013.12.22，https://tech.sina.cn/2013-12-22/detail-

iavxeafs2242978.d.html

9. "Yuri Gagarin", Wikipedia, the free encyclopedia.

10. Gregory McNamee, "This Soviet cosmonaut was the first human in orbit — fueling the space race", CNN, April 12, 2021, https://edition.cnn.com/2021/04/12/world/space-race-yuri-gagarin-scn/index.html

11. 「尤里・亞歷克賽耶維奇・加加林」，維基百科，自由的百科全書。

12. 「尤里・阿列克謝耶維奇・加加林」，百度百科。

13. "Alan Shepard", Wikipedia, the free encyclopedia.

14. 「艾倫・雪帕德」，維基百科，自由的百科全書。

15. "Gherman Titov", Wikipedia, the free encyclopedia.

16. "Extravehicular activity", Wikipedia, the free encyclopedia.

17. 「艙外活動」，維基百科，自由的百科全書。

18. "Space rendezvous", Wikipedia, the free encyclopedia.

19. 「太空對接」，維基百科，自由的百科全書。

20. 「空間交會對接」，百度百科。

21. 「『太空之吻』背后的『支撐點』——空間交會對接技術解讀」，科技日報，http://scitech.people.com.cn/BIG5/n/2013/0614/c1007-21843736.html

22. "Apollo program", Wikipedia, the free encyclopedia.

23. 「阿波羅計畫」，維基百科，自由的百科全書。

24. "Salyut programme", Wikipedia, the free encyclopedia.

25. 「禮炮計劃」維基百科，自由的百科全書。

26. "Apollo–Soyuz", Wikipedia, the free encyclopedia.

27. 「阿波羅-聯盟測試計劃」，維基百科，自由的百科全書。

28. "Skylab", Wikipedia, the free encyclopedia.

29. 「天空實驗室」，維基百科，自由的百科全書。

30. "Space Shuttle", Wikipedia, the free encyclopedia.

31. 「太空梭」，維基百科，自由的百科全書。

32. "Mir", Wikipedia, the free encyclopedia.

33. 「和平號太空站」，維基百科，自由的百科全書。

34. "International Space Station", Wikipedia, the free encyclopedia.

35. 「國際太空站」，維基百科，自由的百科全書。

36. "China Manned Space Program", Wikipedia, the free encyclopedia.

37. 「中國載人航天工程」，維基百科，自由的百科全書。

38. 「中國載人航天工程」，百度百科。

39. "Shenzhou (spacecraft)", Wikipedia, the free encyclopedia.

40. 「神舟載人太空船」，維基百科，自由的百科全書。

41. "List of space stations", Wikipedia, the free encyclopedia.

42. 「楊利偉」維基百科，自由的百科全書。

43. "Zhai Zhigang", Wikipedia, the free encyclopedia.

44. 「翟志剛」，維基百科，自由的百科全書。

45. 「中國太空站工程」，維基百科，自由的百科全書。

46. "Tiangong-1", Wikipedia, the free encyclopedia.

47. 「天宮一號」，維基百科，自由的百科全書。

48. "Tiangong-2", Wikipedia, the free encyclopedia.

49. 「天宮二號」，維基百科，自由的百科全書。

50. "Tiangong space station", Wikiwand

51. 「天宮太空站」，維基百科，自由的百科全書。

52. 「中國空間站」，百度百科。

53. 「天宮太空站載人發射任務列表」，維基百科，自由的百科全書。

54. 應紹基，「中國開始研建天宮一號太空站」，《全球防衛雜誌》，444期（2020年8月號）。

55. KENNETH CHANG，「為何全球許多科學家選擇天宮太空站進行科研」，紐約時報中文網，2022年12月14日，https://cn.nytimes.com/science/20221214/tiangong-science-physics/zh-hant/

56. "Space tourism", Wikipedia, the free encyclopedia.

57. 「太空遊客」，維基百科，自由的百科全書。

58. Anne Wainscott-Sargent, "Space tourism", https://interactive.satellitetoday.com/the-coming-of-space-tourism/

59. 「應紹基，「太空旅遊蓄勢待發」，《全球防衛雜誌》，421期（2019年9月號）。

60. "Commercial Orbital Transportation Services", Wikipedia, the free encyclopedia.

61. "Commercial Orbital Transportation Services (COTS)", NASA, https://www.nasa.gov/commercial-orbital-transportation-services-cots

62. "Commercial Crew Program", Wikipedia, the free encyclopedia.

63. 「商業載人計劃」，維基百科，自由的百科全書。

64. "Commercial Crew Program", NASA, https://www.nasa.gov/exploration/commercial/crew/index.html

65. 應紹基，「商業航太運輸產業系列之一：美國商業航太貨運產業正在形成」，《全球防衛雜誌》，441期（2022年5月號）。

66. 應紹基，「商業航太運輸產業系列之二：美國商業航太載人產業方興未艾」，《全球防衛雜誌》，443期（2022年7月號）。

67. "SpaceX Dragon", Wikipedia, the free encyclopedia.

68. 「天龍號太空船」，維基百科，自由的百科全書。

69. 「天龍號太空船2號」，Wikiwand。

70. "Cygnus (spacecraft)", Wikipedia, the free encyclopedia.

71. 「天鵝座號飛船」，維基百科，自由的百科全書。

72. "Dream Chaser", Wikipedia, the free encyclopedia.

73. 「逐夢者太空飛機」，維基百科，自由的百科全書。

74. "Boeing Starliner", Wikipedia, the free encyclopedia.

75. 「波音星際航線」，維基百科，自由的百科全書

第九章

1. "Moon", Wikipedia, the free encyclopedia.

2. 「月球」維基百科，自由的百科全書。

3. "Exploration of the Moon", Wikipedia, the free encyclopedia.

4. 「月球探測」，百度百科。

5. "List of lunar probes", Wikipedia, the free encyclopedia.

6. 「月球探測任務列表」，維基百科，自由的百科全書。

7. "Luna E-1 No.1", Wikipedia, the free encyclopedia.

8. "Luna 1", Wikipedia, the free encyclopedia.

9. 「月球1號」維基百科，自由的百科全書。

10. "Pioneer program", Wikipedia, the free encyclopedia.

11. 「先鋒計劃」維基百科，自由的百科全書。

12. "Luna 2", Wikipedia, the free encyclopedia.

13. 「月球2號」維基百科，自由的百科全書。

14. "Luna 3", Wikipedia, the free encyclopedia.

15. 「月球3號」維基百科，自由的百科全書。

16. "Ranger program", Wikipedia, the free encyclopedia.

17. 「游騎兵計劃」維基百科，自由的百科全書。

18. "Luna 9", Wikipedia, the free encyclopedia.

19. 「月球9號」維基百科，自由的百科全書。

20. "Luna 10", Wikipedia, the free encyclopedia.

21. 「月球10號」維基百科，自由的百科全書。

22. "Surveyor 1", Wikipedia, the free encyclopedia.

23. 「測量員1號」維基百科，自由的百科全書。

24. "Surveyor 6", Wikipedia, the free encyclopedia.

25. 「測量員6號」維基百科，自由的百科全書。

26. "Zond 5", Wikipedia, the free encyclopedia.

27. 「探測器5號」維基百科，自由的百科全書。

28. "Luna 16", Wikipedia, the free encyclopedia.

29. 「月球16號」維基百科，自由的百科全書。

30. "Luna 17", Wikipedia, the free encyclopedia.

31. 「月球17號」維基百科，自由的百科全書。

32. "Luna 20", Wikipedia, the free encyclopedia.

33. 「月球20號」維基百科，自由的百科全書。

34. "Luna 24", Wikipedia, the free encyclopedia.

35. 「月球24號」維基百科，自由的百科全書。

36. "Hiten (spacecraft)", Wikipedia, the free encyclopedia.

37. 「飛天號」維基百科，自由的百科全書。

38. "Clementine (spacecraft)", Wikipedia, the free encyclopedia.

39. 「克萊門汀號」維基百科，自由的百科全書。

40. "Lunar Prospector", Wikipedia, the free encyclopedia.

41. 「月球勘探者號」維基百科，自由的百科全書。

42. "SMART-1", Wikipedia, the free encyclopedia.

43. 「SMART-1」維基百科，自由的百科全書。

44. "SELENE", Wikipedia, the free encyclopedia.

45. 「輝夜號（航天器）」維基百科，自由的百科全書。

46. "Chang'e 1", Wikipedia, the free encyclopedia.

47. 「嫦娥一號」維基百科，自由的百科全書。

48. "Chandrayaan-1", Wikipedia, the free encyclopedia.

49. 「月船一號」維基百科，自由的百科全書。

50. "Lunar Reconnaissance Orbiter", Wikipedia, the free encyclopedia.

51. "LCROSS", Wikipedia, the free encyclopedia.

52. 「月球勘測軌道飛行器」維基百科，自由的百科全書。

53. 「月球坑觀測和傳感衛星」維基百科，自由的百科全書。

54. "Chang 'e 2", Wikipedia, the free encyclopedia.

55. 「嫦娥二號」維基百科，自由的百科全書。

56. "GRAIL", Wikipedia, the free encyclopedia.

57. 「重力回溯及內部結構實驗室」維基百科，自由的百科全書。

58. "LADEE", Wikipedia, the free encyclopedia.

59. 「月球大氣與粉塵環境探測器」維基百科，自由的百科全書。

60. "Chang'e 4", Wikipedia, the free encyclopedia.

61. 「嫦娥四號」維基百科，自由的百科全書。

62. 應紹基，「歷史性創舉中國「嫦娥四號」著陸月球背面」，《全球防衛雜誌》，2019年6月號（第418期）。

63. "Beresheet", Wikipedia, the free encyclopedia.

64. 「創世紀號」維基百科，自由的百科全書。

65. 「追趕中國的腳步？以色列籌集1億美元，決定去月球背面看看」，新浪網，2021年07月14日，https://k.sina.com.cn/article_7282569714_1b21331f200100xgjy.html

66. "Chandrayaan-2", Wikipedia, the free encyclopedia.

67. 「月船2號」維基百科，自由的百科全書。

68. "Chang'e 5", Wikipedia, the free encyclopedia.

69. 「嫦娥五號」維基百科，自由的百科全書。

70. 「嫦娥五號探測數據：1公噸月壤有120公克「水」」，《世界日報》，2022-01-09，https://udn.com/news/story/7332/6020256

71. "Danuri", Wikipedia, the free encyclopedia.

72. 「Danuri號」，維基百科，自由的百科全書。

73. Daisy Dobrijevic, "Danuri: Facts about the Korea Pathfinder Lunar Orbiter (KPLO)", 2023-01-04, https://www.space.com/danuri-korea-pathfinder-lunar-orbiter-kplo-moon-mission

74. "South Korea's First Orbital Mission to the Moon is on its Way", Australia News/Australia Science/2022-08-07, https://newsprepare.com/2022/08/09/south-koreas-first-orbital-mission-to-the-moon-is-on-its-way/

75. 「韓國『賞月』號飛船爲什麼要飛134天？」，https://zhuanlan.zhihu.com/p/552223986

76. "Why S. Korea's first lunar orbiter will take 4 months for a trip Apollo 11 did in 3 days", Jun.7, 2022, https://english.hani.co.kr/arti/english_edition/e_national/1046050.html

77. "Apollo program", Wikipedia, the free encyclopedia.

78. 「阿波羅計劃」，維基百科，自由的百科全書。

79. "Saturn V", Wikipedia, the free encyclopedia.

80. 「農神5號運載火箭」，維基百科，自由的百科全書。

81. "Apollo 11", Wikipedia, the free encyclopedia.

82. 「阿波羅11號」，維基百科，自由的百科全書。

83. "Soviet crewed lunar programs", Wikipedia, the free encyclopedia.

84. "Russia: Why did the Soviet Union lose the Moon Race?", http://www.astronautix.com/r/russiawhydisethemoonrace.html

85. 袁嵐峰，「航太帝國被禁錮的腳步——蘇聯載人登月失敗原因分析」，https://zhuanlan.zhihu.com/p/102933649

86. 「爲什麼有空間站的前蘇聯無法登月？」，https://www.zhihu.com/question/307788614

87. "Artemis program", Wikipedia, the free encyclopedia.

88. 「阿提米絲」，維基百科，自由的百科全書。

89. "Lunar Gateway", Wikipedia, the free encyclopedia.

90. 「月球門戶」，維基百科，自由的百科全書。

91. Mary Kathryn Fritz, et al. "WHAT ARE CISLUNAR SPACE AND NEAR RECTILINEAR HALO ORBITS?", 08.28.2019, https://blog.maxar.com/space-infrastructure/2019/what-is-cislunar-space-and-a-near-rectilinear-halo-orbit

92. "Artemis Accords", Wikipedia, the free encyclopedia.

93. 徐子軒，「人類能擁有月球嗎？美國NASA發起「阿提米絲協議」的盤算」，26 Nov, 2020，https://opinion.udn.com/opinion/story/120491/5045946

94. 「將中俄踢出局！增加阿爾忒彌斯協定成員，美國要壟斷月球開礦」，2021-05-21 13:51:21，https://www.163.com/dy/article/GAHC171K05359EIB.html

95. 林芷瑩，「探月工程四期今年正式啓動工程研制　2030年前於月球南極建科研站」，2022-04-24，https://www.hk01.com/%E5%8D%B3%E6%99%82%E4%B8%AD%E5%9C

%8B/762842/%E6%8E%A2%E6%9C%88%E5%B7%A5%E7%A8%8B%E5%9B%9B%E6
%9C%9F%E4%BB%8A%E5%B9%B4%E6%AD%A3%E5%BC%8F%E5%95%9F%E5%8
B%95%E5%B7%A5%E7%A8%8B%E7%A0%94%E5%88%B6-2030%E5%B9%B4%E5%
89%8D%E6%96%BC%E6%9C%88%E7%90%83%E5%8D%97%E6%A5%B5%E5%BB%
BA%E7%A7%91%E7%A0%94%E7%AB%99

96. 「我國探月工程四期初步規劃獲批，包括嫦娥六七八號任務，將建設無人和載人科研
站，會帶來哪些新突破？」，2022-09-25，https://www.zhihu.com/question/295176710/
answer/2689283629

97. 「中國航天：嫦娥六號、七號、八號將於2025.2026.2028年前後發射」，2022-11-25，
https://chaiwanbenpost.net/article/%E4%B8%AD%E5%9C%8B%E8%88%AA%E5%A4
%A9%EF%BC%9A%E5%AB%A6%E5%A8%A5%E5%85%AD%E8%99%9F%E3%80%8
1%E4%B8%83%E8%99%9F%E3%80%81%E5%85%AB%E8%99%9F%E5%B0%87%E6
%96%BC2025%E3%80%812026%E3%80%812028%E5%B9%B4%E5%89%8D%E5%BE
%8C%E7%99%BC%E5%B0%84/3426。

98. "Next-generation crewed spacecraft（中國新一代載人太空船）", Wikipedia, the free en-
cyclopedia.

99. 「新一代載人運載火箭」，維基百科，自由的百科全書。

100.布藍，「專家透露中國載人登月時間表　2030年前後實現2名航天員登陸月球」，
2021-09-02，https://www.hk01.com/%E5%8D%B3%E6%99%82%E4%B8%AD%E5%
9C%8B/671322/%E5%B0%88%E5%AE%B6%E9%80%8F%E9%9C%B2%E4%B8%A
D%E5%9C%8B%E8%BC%89%E4%BA%BA%E7%99%BB%E6%9C%88%E6%99%-
82%E9%96%93%E8%A1%A8-2030%E5%B9%B4%E5%89%8D%E5%BE%8C%E5%AF
%A6%E7%8F%BE2%E5%90%8D%E8%88%AA%E5%A4%A9%E5%93%A1%E7%99%
BB%E9%99%B8%E6%9C%88%E7%90%83

101.Leonard David, "Russia aims to rekindle moon program with lunar lander launch this
July", February 11, 2022, https://www.space.com/russia-rekindle-moon-program-luna-
25-launch

102."Luna-Glob", Wikipedia, the free encyclopedia.

103."Luna 25", Wikipedia, the free encyclopedia.

104."Luna 26", Wikipedia, the free encyclopedia.

105."Luna 27", Wikipedia, the free encyclopedia.

106."Luna 28", Wikipedia, the free encyclopedia.

107.「俄羅斯恢復登月，月球25號整裝待發，46年了終於記起自己還有夢想」，2022-04-13，https://www.sohu.com/a/537484058_120399893

108.「擬推三款新一代登月探測器，俄羅斯計畫2025前"重返月球"」，2020-05-11，https://www.sohu.com/a/394314669_115479，https://www.sohu.com/a/394314669_115479

109."Orel (spacecraft)", Wikipedia, the free encyclopedia.

110.「俄羅斯開始準備載人登月 首次登月將於2030年進行」，澎湃新聞，2021年09月23日，https://mil.news.sina.com.cn/2021-09-23/doc-iktzscyx5929195.shtml

111.「俄羅斯擬最快於2030年派人登陸月球」，i-Cable，2022年10月05日，https://www.i-cable.com/%E6%96%B0%E8%81%9E%E8%B3%87%E8%A8%8A/62405/%E4%BF%84%E7%BE%85%E6%96%AF%E6%93%AC%E6%9C%80%E5%BF%AB%E6%96%BC2030%E5%B9%B4%E6%B4%BE%E4%BA%BA%E7%99%BB%E9%99%B8%E6%9C%88%E7%90%83/

112."Yenisei (rocket)", Wikipedia, the free encyclopedia.

113.「葉尼塞運載火箭」，維基百科，自由的百科全書。

114."Angara (rocket family)", Wikipedia, the free encyclopedia.

115.「安加拉系列運載火箭」，維基百科，自由的百科全書。

116.「俄停止研製『葉尼塞』重型火箭，對載人登月影響重大」，搜狐網，2021-09-23，https://www.sohu.com/a/491592148_260616

117.「俄航太集團：今後可用中國火箭發射俄登月飛船」，觀察者網，2021.05.27，https://news.sina.cn/gj/2021-05-27/detail-ikmyaawc7897249.d.html

118.Mike Wall, "Russia and China just agreed to build a research station on the moon together", March 18, 2021, https://www.space.com/russia-china-moon-research-station-agreement

119.Deng Xiaoci, "China, Russia ink MOU on building international scientific research station on moon, CNSA", Mar 09, 2021, https://www.globaltimes.cn/page/202103/1217875.shtml

120.「中俄將聯合推動國際月球科研站廣泛合作」，新華網，2021年03月10日，http://finance.people.com.cn/BIG5/n1/2021/0310/c1004-32047232.html

121.「中國俄羅斯合建月球科研站：太空聯手的四大看點」，BBC網站，2021年3月10日，https://www.bbc.com/zhongwen/trad/chinese-news-56346151

122."Moonbase", Wikipedia, the free encyclopedia.

123.Muaz Emre, "Moon Village, The First Self-Sufficient Lunar Masterplan By SOM And

ESA",June 25, 2022, https://parametric-architecture.com/moon-village-by-som-and-esa/

124. "ESA engineers assess Moon Village habitat", 17/11/2020, https://www.esa.int/Enabling_Support/Space_Engineering_Technology/CDF/ESA_engineers_assess_Moon_Village_habitat

125. 「月球村」，百度百科。

126. 「歐洲科學家計畫 2030年初步殖民月球」，2017/09/22，https://news.ltn.com.tw/news/world/breakingnews/2201639

127. 「歐空局：希望全球合作建設「月球村」」，2017/06/08，https://read01.com/Ly0aLg.html#.Y8EttXZBzrc

128. "Smart Lander for Investigating Moon (SLIM)", Wikipedia, the free encyclopedia.

129. 「日本探月器『SLIM』發射再次推遲2023年」，微博網，2022-9-27，https://weibo.com/7783169513/M7FUikzBP

130. ispace, "What is HAKUTO-R?", https://ispace-inc.com/hakuto-r/eng/about/

131. "Hakuto", Wikipedia, the free encyclopedia.

132. 「白兔-R M1」，維基百科，自由的百科全書。

133. 「『陸地巡洋艦』之後，豐田推出載人加壓月球車『月球巡洋艦』」，騰訊網，2020-11-26，https://ppfocus.com/0/scda888f0.html

134. "Chandrayaan-3", Wikipedia, the free encyclopedia.

135. 「月船三號」，維基百科，自由的百科全書。

第十章

1. "Deep space exploration", Wikipedia, the free encyclopedia.

2. 「深空探測」，百度百科。

3. "List of Solar System probes", Wikipedia, the free encyclopedia.

4. 「太陽系探測器列表」，維基百科，自由的百科全書。

5. "Timeline of Solar System exploration", Wikipedia, the free encyclopedia.

6. 「太陽系探索年表」，維基百科，自由的百科全書。

7. "Pioneer program", Wikipedia, the free encyclopedia.

8. 「先鋒計劃」，維基百科，自由的百科全書。

9. "Parker Solar Probe", Wikipedia, the free encyclopedia.

10. 「派克太陽探測器」，維基百科，自由的百科全書。

11. 應紹基,「「貼近」探測太陽的帕克號探測器」,《全球防衛雜誌》,2019年4月號（416期）。

12. "Mariner 10", Wikipedia, the free encyclopedia.

13. 「水手10號」,維基百科,自由的百科全書。

14. "MESSENGER", Wikipedia, the free encyclopedia.

15. 「信使號」,維基百科,自由的百科全書。

16. "BepiColombo", Wikipedia, the free encyclopedia.

17. 「貝皮可倫坡號」,維基百科,自由的百科全書。

18. "Venera", Wikipedia, the free encyclopedia.

19. 「金星計劃」,維基百科,自由的百科全書。

20. "Pioneer Venus Orbiter", Wikipedia, the free encyclopedia.

21. 「先驅者金星計劃」,維基百科,自由的百科全書。

22. "Magellan (spacecraft)", Wikipedia, the free encyclopedia.

23. 「麥哲倫號金星探測器」,維基百科,自由的百科全書。

24. "Venus Express", Wikipedia, the free encyclopedia.

25. 「金星特快車」,維基百科,自由的百科全書。

26. "Akatsuki (spacecraft)", Wikipedia, the free encyclopedia.

27. 「破曉號」,維基百科,自由的百科全書。

28. "Exploration of Mars", Wikipedia, the free encyclopedia.

29. 「火星探測」,維基百科,自由的百科全書。

30. "List of missions to Mars", Wikipedia, the free encyclopedia.

31. 「火星探測任務列表」,維基百科,自由的百科全書。

32. "Viking 1", Wikipedia, the free encyclopedia.

33. 「維京1號」,維基百科,自由的百科全書。

34. "Viking 2", Wikipedia, the free encyclopedia.

35. 「維京2號」,維基百科,自由的百科全書。

36. "Mars Pathfinder", Wikipedia, the free encyclopedia.

37. 「火星探路者」,維基百科,自由的百科全書。

38. "2001 Mars Odyssey", Wikipedia, the free encyclopedia.

39. 「2001火星奧德賽號」,維基百科,自由的百科全書。

40. "Mars Express", Wikipedia, the free encyclopedia.

41. 「火星快車號」,維基百科,自由的百科全書。

42. ""Spirit (rover)", Wikipedia, the free encyclopedia.

43. 「勇氣號火星探測器」，維基百科，自由的百科全書。

44. "Opportunity (rover)", Wikipedia, the free encyclopedia.

45. 「機遇號火星漫遊車」，維基百科，自由的百科全書。

46. "Mars Reconnaissance Orbiter", Wikipedia, the free encyclopedia.

47. 「火星偵察軌道飛行器」，維基百科，自由的百科全書。

48. "Phoenix (spacecraft)", Wikipedia, the free encyclopedia.

49. 「鳳凰號火星探測器」，維基百科，自由的百科全書。

50. "Curiosity (rover)", Wikipedia, the free encyclopedia.

51. 「好奇號」，維基百科，自由的百科全書。

52. "Mars Orbiter Mission", Wikipedia, the free encyclopedia.

53. 「火星軌道探測器」，維基百科，自由的百科全書。

54. "MAVEN", Wikipedia, the free encyclopedia.

55. 「MAVEN」，維基百科，自由的百科全書。

56. "Trace Gas Orbiter", Wikipedia, the free encyclopedia.

57. 「火星微量氣體任務探測器」，維基百科，自由的百科全書。

58. "InSight", Wikipedia, the free encyclopedia.

59. 「洞察號火星探測器」，維基百科，自由的百科全書。

60. "Emirates Mars Mission", Wikipedia, the free encyclopedia.

61. 「阿聯希望號火星探測器」，維基百科，自由的百科全書。

62. "Tianwen-1", Wikipedia, the free encyclopedia.

63. 「天問一號」，維基百科，自由的百科全書。

64. 「天問一號著陸：中國成第二個成功登陸火星的國家」，BBC網站，2021年5月15日，https://www.bbc.com/zhongwen/trad/science-57126001

65. 「突破50％失敗率 中國「天問一號」登陸火星寫歷史新頁」，自由時報，2021/05/15，https://news.ltn.com.tw/news/world/breakingnews/3533058

66. 應紹基，「著陸火星 全球第二：中國祝融號火星車軟著陸火星」，《全球防衛雜誌》，2021年9月號（445期）。

67. 安普忠、王凌碩，「天問一號任務實現我國航天發展史上6個首次」，中華人民共和國國防部，2021-06-13，http://www.mod.gov.cn/big5/education/2021-06/13/content_4887308.htm

68. 「天問一號探測器入軌環繞火星逾一年，拍完火星表面全圖像」，科技新報，2022年6

月30日，https://technews.tw/2022/06/30/tianwen-1-orbiter-spacecraft-china-mars/

69. "Perseverance (rover)", Wikipedia, the free encyclopedia.

70. 「毅力號火星探測器」，維基百科，自由的百科全書。

71. "Exploration of Jupiter", Wikipedia, the free encyclopedia.

72. 「木星探測」，維基百科，自由的百科全書。

73. "Exploration of Saturn", Wikipedia, the free encyclopedia.

74. 「土星探測」，維基百科，自由的百科全書。

75. "Pioneer 10", Wikipedia, the free encyclopedia.

76. 「先鋒十號」，維基百科，自由的百科全書。

77. "Pioneer 11", Wikipedia, the free encyclopedia.

78. 「先鋒十一號」，維基百科，自由的百科全書。

79. "Voyager program", Wikipedia, the free encyclopedia.

80. 「航海家計畫」，維基百科，自由的百科全書。

81. "Voyager 1", Wikipedia, the free encyclopedia.

82. 「航海家一號」，維基百科，自由的百科全書。

83. "Voyager 2", Wikipedia, the free encyclopedia.

84. 「航海家二號」，維基百科，自由的百科全書。

85. "Galileo (spacecraft)", Wikipedia, the free encyclopedia.

86. 「伽利略號探測器」，維基百科，自由的百科全書。

87. "Cassini–Huygens", Wikipedia, the free encyclopedia.

88. 「凱西尼-惠更斯號」，維基百科，自由的百科全書。

89. "Hayabusa", Wikipedia, the free encyclopedia.

90. 「隼鳥號探測器」，維基百科，自由的百科全書。

91. "Hayabusa2", Wikipedia, the free encyclopedia.

92. 「隼鳥2號探測器」，維基百科，自由的百科全書。

93. 「NASA OSIRIS-REx探測器精準「親吻」迷你行星，16秒達成耗時12年準備的任務」，2020-10-21，https://www.storm.mg/article/3131918?mode=whole

94. "OSIRIS-REx", Wikipedia, the free encyclopedia.

95. 「OSIRIS-REx」，維基百科，自由的百科全書。

96. "New Horizons", Wikipedia, the free encyclopedia.

97. 「新視野號」，維基百科，自由的百科全書。

第十一章

1. "2021 in spaceflight", Wikipedia, the free encyclopedia.
2. 「2021年航太活動列表」維基百科，自由的百科全書。
3. 「2022年全球共進行186次航太發射，世界航太漸呈『兩超一強』格局」，2023-01-04，https://www.163.com/dy/article/HQ895S8G0552ZKWI.html
4. "History of spaceflight", Wikipedia, the free encyclopedia.
5. 「航天史」維基百科，自由的百科全書。
6. "Soviet space program", Wikipedia, the free encyclopedia.
7. 「蘇聯太空計畫」維基百科，自由的百科全書。
8. "Ministry of General Machine Building", Wikipedia, the free encyclopedia.
9. 「蘇聯通用機器製造部」維基百科，自由的百科全書。
10. "Roscosmos", Wikipedia, the free encyclopedia.
11. 「俄羅斯航太」維基百科，自由的百科全書。
12. "Category: Space launch vehicles of the Soviet Union", Wikipedia, the free encyclopedia.
13. "Category: Space launch vehicles of Russia", Wikipedia, the free encyclopedia.
14. "List of orbital launch systems", Wikipedia, the free encyclopedia.
15. 「運載火箭列表」，維基百科，自由的百科全書。
16. 「俄羅斯運載火箭」，中國載人航太官方網站，2008-09-11，http://www.cmse.gov.cn/kpjy/htzs/ttsj/200809/t20080911_37306.html
17. "NASA", Wikipedia, the free encyclopedia.
18. 「美國國家航空暨太空總署」維基百科，自由的百科全書。
19. 「美國航太史」，快懂百科，https://www.baike.com/wikiid/3881988935165192918?view_id=3gaux4ex9e0000
20. "Category:Aerospace companies of the United States", Wikipedia, the free encyclopedia.
21. 「分類:美國航空航太公司」，維基百科，自由的百科全書。
22. "Category: Space launch vehicles of the United States", Wikipedia, the free encyclopedia.
23. 「美國航天運載火箭」，百度百科。
24. "China National Space Administration", Wikipedia, the free encyclopedia.
25. 「國家航天局」，維基百科，自由的百科全書。
26. 「國家航天局」，百度百科。
27. "Chinese space program", Wikipedia, the free encyclopedia.

28. 「中華人民共和國航天」，維基百科，自由的百科全書。

29. "China Aerospace Science and Technology Corporation", Wikipedia, https://en.wikipedia.org/wiki/China_Aerospace_Science_and_Technology_Corporation

30. 「中國航天科技集團」，維基百科，自由的百科全書。

31. "China Aerospace Science and Industry Corporation", Wikipedia, the free encyclopedia.

32. 「中國航天科工集團」，維基百科，自由的百科全書。

33. "Long March (rocket family)", Wikipedia, the free encyclopedia.

34. 「長征系列運載火箭」，維基百科，自由的百科全書。

35. "Category: Space launch vehicles of China", Wikipedia, the free encyclopedia.

36. 「逐夢星河，中國商業航太產業邁向2.0時代」，2022/08/04，https://new.qq.com/rain/a/20220804A05PO100

37. 孫劍鋒、牛旼，「2021年中國商業航太產業進展」，《國際太空》2022年第3期，2022/04/09，https://new.qq.com/omn/20220409/20220409A072U800.html

38. "European Space Agency ", Wikipedia, the free encyclopedia.

39. 「歐洲太空總署」，維基百科，自由的百科全書。

40. "Arianespace ", Wikipedia, the free encyclopedia.

41. 「亞利安空間」，維基百科，自由的百科全書。

42. "French Guiana", Wikipedia, the free encyclopedia.

43. 「法屬圭亞那」，維基百科，自由的百科全書。

44. "Institute of Space and Astronautical Science", Wikipedia, the free encyclopedia.

45. 「宇宙航空研究開發機構」，維基百科，自由的百科全書。

46. "JAXA", Wikipedia, the free encyclopedia.

47. "Japanese space program", Wikipedia, the free encyclopedia.

48. "Category: Space launch vehicles of Japan", Wikipedia, the free encyclopedia.

49. 「日本運載火箭」，維基百科，自由的百科全書。

50. 「日本運載火箭系列」，百度百科。

51. "Indian Space Research Organisation", Wikipedia, the free encyclopedia.

52. 「印度空間研究組織」，維基百科，自由的百科全書。

53. "Space industry of India", Wikipedia, the free encyclopedia.

54. 「印度航天」，維基百科，自由的百科全書。

55. 「印度航天」，百度百科。

56. "Category:Space launch vehicles of India", Wikipedia, the free encyclopedia.

57. 「Category:印度運載火箭」，維基百科，自由的百科全書。

58. "Indian Human Spaceflight Programme", Wikipedia, the free encyclopedia.

59. "Gaganyaan", Wikipedia, the free encyclopedia.

60. 「印度載人航天計劃」，維基百科，自由的百科全書。

第十二章

1. "Apollo program", Wikipedia, the free encyclopedia.

2. 「阿波羅計畫」，維基百科，自由的百科全書。

3. 「美國阿波羅登月五十年給地球人生活帶來的八大變化」，BBC網站，2019年7月3日，https://www.bbc.com/zhongwen/trad/science-48854690

4. 陳惟杉、銀昕，「中國"馬斯克們"的商業邏輯——中國商業航天市場解析」，來源：人民網-中國經濟周刊，2018年11月27日，http://capital.people.com.cn/BIG5/n1/2018/1127/c405954-30424121.html

5. 工業技術與資訊，「太空競賽新亮點 低軌衛星讓通訊無遠弗屆」，創科技網站，2022-11-15，https://itritech.itri.org.tw/blog/auto-tech_leo/

6. 「美國銀行：預計未來十年內太空產業規模將達到1.4萬億美元」，新浪科技網，2020-10-06，https://finance.sina.cn/tech/2020-10-06/detail-iivhuipp8271427.d.html?fromtech=1

7. "Istrebitel Sputnikov", Wikipedia, the free encyclopedia.

8. 「殺手衛星和衛星獵擊機」，2015/11/09，https://read01.com/J2Rj5L.html#.Y-iaeXBZz-rc

9. "Anti-satellite weapon", Wikipedia, the free encyclopedia.

10. 「反衛星飛彈」，維基百科，自由的百科全書。

11. "ASM-135 ASAT", Wikipedia, the free encyclopedia.

12. 「"阿薩特" ASM-135反衛星導彈」，百度百科。

13. "2007 Chinese anti-satellite missile test", Wikipedia, the free encyclopedia.

14. 「2007年中國反衛星飛彈試驗」，維基百科，自由的百科全書。

15. "USA-193", Wikipedia, the free encyclopedia.

16. 「美國193號衛星」，維基百科，自由的百科全書。

17. 「USA-193間諜衛星」，百度百科。

18. "Mission Shakti", Wikipedia, the free encyclopedia.

19. 「印度測試反衛星武器」，人民網，2019年04月03日，http://military.people.com.cn/BIG5/n1/2019/0403/c1011-31011259.html

20. 江飛宇，「俄羅斯測試其反衛星飛彈 美國怒批危害太空安全」，中時新聞網，2021/11/17，https://www.chinatimes.com/realtimenews/20211117005001-260417?chdtv

21. 「美軍太空演練新進展」，高端裝備產業研究中心，2021/05/11，https://new.qq.com/rain/a/20210511A05Y6Z00

22. 「施裡弗軍事演習」，百度百科。

23. 張巧陽 編譯，「施裡弗兵棋推演：推定重大太空事件」，遠望智庫網，2020-11-13，https://ibook.antpedia.com/x/539483.html

24. "Space Flag", Wikipedia, the free encyclopedia.

25. "Global Sentinel 22 Kicks Off", Space Command, July 28, 2022, https://www.spacecom.mil/Newsroom/News/Article-Display/Article/3108385/global-sentinel-22-kicks-off/

26. "Space debris", Wikipedia, the free encyclopedia.

27. 「太空垃圾」，維基百科，自由的百科全書。

28. "NASA Orbital Debris Program Office", Wikipedia, the free encyclopedia.

29. "Space Debris and Human Spacecraft", May 26, 2021, https://www.nasa.gov/mission_pages/station/news/orbital_debris.html

30. 「最新的太空垃圾製造國排名」，2018-11-17，https://kknews.cc/zh-tw/science/k9laz-vp.html

31. 「太空垃圾：俄羅斯，美國，中國和印度誰更該對此負責？」，BBC新聞網，2019年12月23日，https://www.bbc.com/zhongwen/trad/world-50889996

32. 林羽彤，「太空垃圾危機！再不處理廢棄物，地球即將有「垃圾環」」，2021-12-20，https://buzzorange.com/techorange/2021/12/20/space-junk-spacex/

33. 「宇宙中50萬個太空垃圾怎解？中國、NASA 科學家要用「雷射」消滅垃圾」，中央社，2018-04-03，https://buzzorange.com/techorange/2018/04/03/orbital-debris/

34. "Kessler syndrome", Wikipedia, the free encyclopedia.

35. 「凱斯勒現象」，維基百科，自由的百科全書。

36. 「太空垃圾泛濫成災 盤點幾種潛在清理方案」，BBC網站，2020年5月26日，https://www.bbc.com/zhongwen/trad/science-52807475

37. "Mitigating space debris generation", ESA, https://www.esa.int/Space_Safety/Space_Debris/Mitigating_space_debris_generation

38. "E.DEORBIT: IT IS TIME TO MAKE ACTIVE DEBRIS REMOVAL", 30 January 2017,

https://blogs.esa.int/cleanspace/2017/01/30/e-deorbit-it-is-time-to-make-active-debris-removal-a-reality-for-the-european-space-sector/

39. 「日本發射貨運飛船 將試驗清除太空垃圾」BBC網站，2016年12月9日，https://www.bbc.com/zhongwen/trad/38271203

40. 「清潔太空一號」，搜狗百科，https://baike.sogou.com/v49850374.htm

41. 「把太空垃圾一網打盡，「清除碎片」計畫成功上路」，科技新報網，2018年06月30日，https://technews.tw/2018/06/30/removedebris-mission-to-clear-a-huge-mess-above-earth/

42. 「英國進行攔截網實驗，首次成功清除太空垃圾」，2018年11月17日，https://tomorrowsci.com/technology/%E8%8B%B1%E5%9C%8B-%E6%94%94%E6%88%AA%E7%B6%B2%E5%AF%A6%E9%A9%97-%E6%88%90%E5%8A%9F-%E6%B8%85%E9%99%A4-%E5%A4%AA%E7%A9%BA%E5%9E%83%E5%9C%BE/

43. 「遨龍一號」，百度百科。

44. 「『遨龍一號』不只是清道夫……戰時可『活捉』衛星當俘虜」，ETtoday新聞雲，2017年02月21日，https://www.ettoday.net/news/20170221/871141.htm

45. 大森敏行，「日本開發使用雷射照射清除太空垃圾的衛星」，日經中文網，2020/06/17，https://zh.cn.nikkei.com/industry/scienceatechnology/40941-2020-06-15-11-21-51.html

46. 「清理太空垃圾，中國航天專家給出雷射大炮轟擊方案，管用不？」，每日頭條網，2018-01-18，https://kknews.cc/zh-tw/science/r8ve96x.html

深度理解題目

解題說明：深度理解題目的答案部分能自本書中找到，部分必須自網路與
　　　　　其他參考書籍和資料中搜尋；但在你完成這些題目的答案後，
　　　　　將能獲得該題目更清晰與完整的概念。若需要答案參考可與五
　　　　　南圖書聯繫索取。

第一章

1. 請敘述你了解的「卡門線」，並說明它的物理意義。
2. 簡要說明「地球太空」的概要，並說明「地球太空」對人類的重要
   性。
3. 地球為什麼是人類與生物宜居的星球？其他星球沒有相近的環境，人
   類移居要克服哪些困難？
4. 簡要說明「地球太空」、「月球太空」與「地月太空」的相互間的位
   置關係。並列舉美國與中國因何已將地月太空列為未來航太發展的重
   要空間。
5. 行星際太空大約有多遼遠？至今已有幾個太空探測器飛出行星際太空？
6. 簡要列舉「行星際太空」內的天體的概況。
7. 你認為「深遠太空」該始自何處，請說明你的觀點。
8. 「臨近太空」具有什麼特性？近年來愈來愈被各航太強國重視，請列
   舉原因。
9. 列述太空的環境特性。

第二章

1. 請就第二章第2-1表所列各類太空飛行器，各列舉1或2個該類代表性太空飛行器的名字。

2. 第2-2表顯示，全球至今已有11個國家曾以自製的運載火箭成功發射自製的衛星，但當前持續每年至少進行1次航太發射的國家只有6個，試說明其原因。

3. 太空飛行器的國際識別編號有國際衛星識別碼（COSPAR ID）與衛星目錄序號（Satellite Catalog Number）兩種，你認為哪一種識別編號較能顯示該衛星的相關資訊，請說明你的觀點。

4. 截至2022年10月7日，60多年中全球累計共實施過6291次航太發射，累計總共將14130個太空飛行器送進太空軌道。當天發射的衛星名為Gazelle，國際衛星識別碼為2022-127A，衛星目錄序號為54023。進入太空軌道的太空飛行器只有14130個，衛星目錄序號卻已編達54023號，請說明其原因與意義。

第三章

1. 列舉「航空」與「航太」的特質差異。

2. 航太沒有飛行的極限，但太空飛行器在恆星際太空飛行面臨哪些難題，請列舉之，並逐一說明克服的可能性。

3. 為什麼發射火星探測器的「發射窗口」每26個月才出現一次？

4. 列舉「軌道太空飛行」與「亞軌道（次軌道）太空飛行」的差異。

5. 太空飛行器繞地球飛行的初始軌道遵循克卜勒三定律，請列述克卜勒三定律的要點。

6. 什麼是「霍曼轉移」？扼要說明你對它的了解，並列舉它的應用。

7. 扼要說明太空飛行器的「軌道保持」。

8. 扼要說明太空飛行器「重力助推」的應用。

第四章

1. 簡要列述（含功能）發射與回收太空飛行器必需的工程系統。
2. 扼要說明航太測控網系統的功能與其主要技術指標。
3. 航太測控網系統由哪些分系統組成？
4. 中國的航太測控網系統與美國的航太測控網系統各由哪些測控網整合組成？
5. 中國與美國的航太測控網皆在國內外全球多地布設測控站，其目的為何？
6. 列舉「天鏈跟蹤和數據中繼衛星網」的主要功能。
7. 扼要說明你了解的「甚長基線干涉測量系統」。
8. 航太測控網系統十分龐大且複雜，但係發展航太科技的必要設施，目前只有6個主要航太國家建有完善的航太測控網系統；一般國家自製或委製的太空飛行器入軌後，如何實施在軌測控與運控管理。

第五章

1. 列述人造衛星的基本構造。
2. 「衛星平台系統」的功能為何？研製「衛星公用平台」的優點為何？
3. 簡要列舉人造地球衛星軌道的6項要素。
4. 「地心軌道」與「日心軌道」有何不同？國際太空站飛行於什麼軌道？火星探測器如何飛向火星進行探測？
5. 人造地球衛星運行的任務軌道，按軌道離地面的高度可概分為：低地球軌道、中地球軌道、高地球軌道、墓地軌道與莫尼亞軌道，簡述各軌道的特色。
6. 設置墓地軌道的目的為何？
7. 列述太陽同步軌道的特色、形成的原因與重要性。
8. 簡要說明地球同步軌道與地球靜止軌道的相同與相異之處。
9. 列舉你對「地球同步轉移軌道」的了解。

10. 近年來研製「立方體衛星」甚為流行。簡述「立方體衛星」的設計理念、規格、特色，以及我國研製的「立方體衛星」。

11. 影響在軌地球人造衛星（太空飛行器）壽命的主要因素有哪些？

12. 列述你對「人造地球衛星星座」的了解。

13. 人造地球衛星編隊飛行的技術特徵有哪些？

第六章

1. 簡要說明運載火箭發射太空飛行器進入太空軌道的過程。

2. 簡述發射地球同步軌道衛星或地球靜止軌道衛星，入軌段採用「過渡入軌」的優、缺點。

3. 什麼是「超同步轉移軌道」，適合什麼情況下運用，有何優點。

4. 扼要說明運載火箭的「上面級」與其功用。

5. 為何近年來「一箭多星」方式發射人造地球衛星愈來愈流行？通常有那2種方式？

6. 簡述行星際飛行器飛往行星際太空星球的飛行過程。

7. 印度發射曼加里安號（Mangalyaan）火星軌道探測器時，運用「霍曼轉移」增加曼加里安號飛行速度與軌道高度，此一操作稱為「提升遠地點軌道機動」。請說明它與「進入地球同步軌道」操作有何同異。

8. 簡述運用「重力助推」之目的與條件。

9. 太空飛行器的返回地球軌道可概分為離軌段、過渡段、再入段和著陸段，分別予以說明。

10. 太空飛行器返回體能否安全返回大氣層，與進入「再入走廊」的再入角有密切關係，扼要予以說明。

11. 返回體常用的再入模式有：彈道式再入、升力式再入與滑翔式再入3種類型，簡要予以列述。

12. 簡述神舟號9號太空船自天宮一號目標飛行器返回地球的過程。

13. 扼要說明太空梭飛行器返回地球的過程。

第七章

1. 截至2022年10月7日，60多年中全球累計共實施過6291次航太發射，累計總共將14130個太空飛行器送進太空軌道，其中人造地球衛星超過總數的95%，簡要說明爲何人造地球衛星是人類大量發射的太空飛行器。

2. 應用最廣的人造地球衛星是那三類，並簡述其能蓬勃發展的原因。

3. 簡述通信衛星的功能，就衛星運行的軌道高度各列舉2種通信衛星系統。

4. 現代化成像衛星概分爲光學成像與雷達成像兩大類，請分別列述其特色。

5. 中國的「吉林1號」衛星星座是具有創新性的商業成像衛星系統，請上網深入了解後列舉該星座之特色。

6. 「高分專項」系列衛星係中國研製與發射的一個龐大民用照相衛星系列，請上網深入了解後列舉該系列各衛星成像酬載之類別與功能。

7. 衛星導航系統由三大部分組成，簡要列述之。

8. 衛星導航系統具有軍事與民用雙重功能，分別列舉之。

9. 全球共有6個衛星導航系統，其中美國的「全球定位系統（GPS）」、俄羅斯的格洛納斯（GLONASS）」、中國的北斗三期系統與歐洲的伽利略（Galileo）系統皆是全球性定位導航系統；印度的「印度區域導航衛星系統（IRNSS）與日本的「準天頂衛星系統（QZSS）」則是區域性定位導航系統。你認爲印度與日本因何只建區域性、而不是全球性衛星導航系統。

10. 請列表比較4大全球性衛星導航系統的衛星數目、軌道數據與定位精度。

第八章

1. 載人太空飛行可概分為三大部分，請列述是哪三大部分，並簡述目前發展之情形。

2. 載人太空飛行係人類循序漸進、冒險犯難、逐步探索發展出來的，請扼要列述載人太空飛行發展過程中的重要里程碑與其意義。

3. 上網或查資料深入了解太空站，列述太空站的組成、運行環境、功能與發展現況。

4. 太空站始自簡易的單艙段式（第一、二代），再發展為複雜的多艙段式（第三、四代）；多艙段太空站的結構方式由積木式再演進為桁架式。上網深入了解後就4代太空站的特徵 —— 艙段數、對接艙口（docking port）數、結構型態與同一代太空站名稱等予以列表說明。

5. 國際太空站是美、俄等國合作研建、運行於近地球軌道上的最大人造物體。請上網了解後列述國際太空站的：參與研製國家、艙段、建造日期、主要諸元、運行軌道、參與支持運作的太空船、營運情形與發展展望等。

6. 中國於1992年宣布展開「載人航太計畫」，分為三個步驟進行，依序驗證：無人太空飛行器重返與回收、載人太空飛行器重返與回收、太空人進行艙外活動、太空飛行器交會對接、太空人進駐軌道飛行器等過程，於2022年建構了天宮太空站。參考相關資料，按三步驟分別列述驗證各過程的情形。

7. 參考相關資料，列述中國天宮太空站的持色。

8. 簡述航太旅遊的發展情況。

9. 美國商業航太運輸產業興起的原因、推動商業航太貨運服務與商業航太載人服務的主要文件分別是什麼，以及美國商業航太貨運服務與商業航太載人服務的特色是什麼，請列舉之。

10. 請就美國目前提供商業航太貨運服務與商業航太載人服務的公司名稱、太空船名稱、運載火箭名稱與開始服務的年份，列表之。

第九章

1. 「探月」係指以無人探測器實施遙感探測月球與著月探勘，至今已六十餘年，依照參與活動的國家與探測特性可概略劃分爲兩輪。第一輪探月活動的期間自1958年至1976年，爲期約20年；第二輪探月活動始自1990年至今持續進行中。請分別列述第一輪、第二輪探月活動參與的國家與探測特性。

2. 第一輪探月活動中，蘇聯與美國的一些探測器各有突破性表現，請列舉其中具有里程碑的探測器與其重要性。

3. 第二輪探月活動各國探測器的探測項目之一爲探測月球水冰，試依年份列舉發現月球存在水冰的各國探測器。

4. 人類探月以來，僅有3個國家的無人探測器成功軟著陸月球，請依序列出這3個國家與其軟著陸月球的探測器名稱與年份。

5. 探測器軟著陸月球背面的困難是什麼？簡述嫦娥四號探測器如何克服此一困難。

6. 以色列的創世紀號探測器與印度的月船2號探測器先後於2019年發射，分別飛向月球，爭取繼蘇聯、美國與中國之後成爲第四個以探測器著陸月球的國家，但皆以失敗收場。簡述其軟著陸失敗的原因。

7. 參考與整理相關資料，簡要列述美國航太總署針對「阿波羅計畫」提出載人登月任務的4個飛行模式與其特點。

8. 簡要列舉蘇聯載人登月計畫失敗的原因。

9. 簡要列述美國載人重返月球的阿提米絲（Artemis）計畫，與阿波羅計畫的主要差異。

10. 按照美國航太總署擬訂的「阿提米絲計畫」內涵與當前進度，一女與一男太空人可能於那一年登陸月球表面，並簡述其登月的過程。

11. 美國航太總署已爲阿提米絲計畫太空人選定登陸月球的候選地點，簡述選定這些候選地點的因素。

12. 中國在完成「無人探月」階段的「繞」、「落」與「回」三個期段工程後，已規劃「無人探月」階段「第四期段工程」的後續科研，簡要列述「第四期段工程」的內涵。

13. 簡述中國載人登月計畫的構想。

14. 俄羅斯規劃了完整的探測器探月和載人登月計畫，發展這些計畫面臨的難題是什麼？

15. 歐洲航太總署宣稱將在月球南極的隕石坑建造名為「月球村」的月球基地，為何希望結合所有航太國家的能力，共同建造與共享「月球村」月球基地？

16. 人類進入航太時代以來，月球就是各國競相探測與試圖登陸的目標。時至今日，美國、中國、歐洲、日本、印度、以色列與韓國7國皆在以無人探測器環繞月球飛行進行遙感探測、或發展載人登月能力。扼要說明各國競相探測與登陸月球之目的為何？

第十章

1. 美國發射的帕克號太陽探測器飛行於接近太陽的日心軌道，能不被太陽鉅大引力吸向太陽毀滅，而能在熾熱的環境內繞飛太陽24次進行規劃的多次近距離探測，請列舉其能達成探測任務的設計特點。

2. 自1960年至2022年年底，人類陸續共發射了49組探測器採飛掠、環繞或登陸方式探測火星，其中能成功軟著陸火星的只有美國與中國的探測器。簡要說明探測器著陸火星的困難為何。

3. 簡述天問一號探測器的特色與其目前的探測成果。

4. 美國的毅力號火星車除了探勘火星外，並進行3項創新的實驗任務，試列舉這3項實驗的進行情況。

5. 美國發展出3種火星探測器在火星表面安全軟著陸的模式，簡要說明之。

6. 美國1977年發射的航海家1號探測器，於2012年8月25日飛越太陽圈進

入恆星際太空，成為第一個離開行星際太空（太陽圈）與飛得最遠的人造飛行器，並繼續向前飛行中。目前航海家1號距離地球達158.25天文單位（236.742億公里），針對航海家一號探測器美國航太總署航太測控網面臨的困難為何？

7. 本章介紹的太空探測器中，飛往探測太陽圈最遠星球——冥王星與古柏帶是哪一個探測器，扼要簡述其探測歷程。

第十一章

1. 俄羅斯的Roscosmos是怎樣的一個組織，它的功能為何？
2. 美國的航太科技研製體系殊異於蘇聯與俄羅斯，簡述該體系之概要。
3. 簡要列述中國的航太科技研製體系。
4. 歐洲多數國家皆各有主管航太科技事務的獨立機構，為何仍須成立歐洲航太總署？
5. 全球總共有將近200個國家，但航太科技歷經60餘年發展只有蘇聯／俄羅斯、美國、中國、歐洲太空總署、日本與印度，成為當前主要航太國家／組織，扼要說明原因。
6. 讀完本書前十一章，請你利用下面附表就6個主要航太國家/組織、2022年的航太科技實力予以評比。（填表說明：各國具有表中該項目能力者給予1分，不具有者為零分；全球性衛星導航系統得2分，區域性衛星導航系統得1分；2022年發射次數：成功1～10次得1分，成功11～20次得2分，以此類推）

項目	美國	中國	俄羅斯	歐洲太空總署	印度	日本
2022年發射次數						
發射人造衛星						

項目	美國	中國	俄羅斯	歐洲太空總署	印度	日本
載人太空飛行						
建造太空站						
衛星導航系統						
探測地外星球						
探測器著陸地外星球						
載人登陸月球						
深空小行星取樣						
總分						

第十二章

1. 通信衛星是當前應用最廣泛、最重要、商業化程度最高的航太科技產業。扼要列述通信衛星的功能與其效益。

2. 建造與維持太空站係一過程艱辛、耗費不貲的航太工程，第一梯隊的蘇聯、美國與中國皆先後建造過太空站，請簡述太空站有何獨特功能。

3. 扼要說明航太科技的內涵。

4. 簡述太空是如何趨於軍事化的。

5. 各航太國家競相研發反衛星武器，其中以2008年美國海軍伊利湖號飛彈巡洋艦，發射一枚RIM-161標準-3型飛彈，摧毀了離海面高247公里的報廢US-193衛星，最具反衛星戰力。請說明之。

6. 簡述「凱斯勒現象」。

7. 近年來各航太國家重視太空垃圾減量，具體的太空垃圾減量措施為何？

8. 多國分別研發不同的太空垃圾清除方法，為什麼航太強國對敵對國家研發的太空垃圾清除方法十分關切與警惕？

筆者近年發表的航太科技研發相關文章

　　本書因限於篇幅,只能就航太科技的基本概念與主要相關領域的發展歷程予以扼要說明。但近年來航太科技發展快速、創新,主要航太國家的研發成果繽紛絢麗、璀璨耀眼,不僅拓展了太空科技的新知與探測新技術,並且由創新的航太科技形成了多項新的航太產業,為航太經濟開創了更多的發展領域與利基,航太產業勢必是未來30年創造新科技與新經濟的火車頭。

　　近年來筆者經常將航太科技研發的新成果、新產業與新趨勢,撰寫成專文,發表於《全球防衛雜誌》月刊,讀者可就興趣挑選閱讀,以了解航太科技的新發展,補充本書之不足。

1. 人類太空壯舉──洞察號成功軟著陸火星。（第413期／2019年1月號）
2. 運載火箭的新秀──可複用式火箭。（第415期／2019年3月號）
3. 「貼近」探測太陽的帕克號探測器。（第416期／2019年4月號）
4. 歷史性創舉──中國「嫦娥四號」著陸月球背面。（第418期／2019年6月號）
5. 太空旅遊蓄勢待發。（第421期／2019年9月號）
6. 阿提米絲計畫:2024年美國太空人重返月球。（第426期／2020年2月號）
7. 2021年的火星探測器「群英會」。（第433期／2020年9月號）
8. 衛星導航系列之一:北斗系統完成全球覆蓋 挑戰美國GPS。（第435期／2020年11月號）
9. 衛星導航系列之二:GPS、格洛納斯與伽利略系統。（第437期／2021年1月號）

10. 衛星導航系列之三：「印度區域衛星導航系統」與日本「準天頂衛星系統」。（第438期／2021年2月號）

11. 商業航太運輸產業系列之一：美國商業航太貨運產業正在形成。（第441期／2021年5月號）

12. 商業航太運輸產業系列之二：美國商業航太載人產業方興未艾。（第443期／2021年7月號）

13. 中國開始研建天宮一號太空站。（第444期／2021年8月號）

14. 著陸火星　全球第二──中國祝融號火星車軟著陸火星。（第445期／2021年9月號）

15. 衛星另類發射模式之一：空中發射人造衛星入軌。（第446期／2021年10月號）

16. 衛星另類發射模式之二：海上發射人造衛星入軌。（第448期／2021年12月號）

17. 美歐對俄制裁嚴重影響國際航太合作。（第454期／2022年6月號）

18. 近地軌道──太空競爭的新邊疆系列之一：美英積極發射通信衛星搶佔太空近地軌道。（第455期／2022年7月號）

19. 近地軌道──太空競爭的新邊疆系列之二：中國迎頭趕上積極籌建低軌通信衛星星座。（第456期／2022年8月號）

20. 韓國發展航太科技系列之一：韓國研製人造衛星的戰略與歷程。（第458期／2022年10月號）

21. 韓國發展航太科技系列之二：韓國研製運載火箭的戰略與歷程。（第459期／2022年11月號）

22. 人類首次小行星防禦試驗任務：雙小行星改道測試取得成功。（第461期／2023年1月號）